NEW WCDP 新文京開發出版股份有限公司

新世紀 · 新視野 · 新文京 — 精選教科書 · 考試用書 · 專業參考書

New Wun Ching Developmental Publishing Co., Ltd.

New Age · New Choice · The Best Selected Educational Publications — NEW WCDP

第4版

生物科技產業概論

作者◎王祥光

UNDERSTANDING BIOTECHNOLOGY INDUSTRY

Fourth Edition

作者　王祥光

美國南加大醫學院生理學暨生物物理學博士(Ph.D., Department of Physiology and Biophysics, University of Southern California School of Medicine)

國家衛生研究院博士後研究員

唐誠生技製藥股份有限公司 Group leader（唐誠生技公司為美國 Tanox 生技公司的子公司，Tanox 在西元 2007 年為 Genentech 生技公司所收購）

中臺科技大學醫學檢驗生物技術系專任副教授

4 版序

PREFACE

本書出版至今，已近二十年。期間修訂過一次，改版二次，但生技產業的知識日新月異，與現代國家的經濟發展息息相關，因此不斷的改寫。第一版原本十個章節，第二版重整並增加內容為十三章；之後第三版除勘正錯誤、更新圖片外，並持續增加最新的生技產業知識。本版延續之前的寫作精神，繼續以圖解、創新、本土化與國際化為目標。同時也希望這方面的先進前輩，能秉持以往對個人的愛護與信任，給予必要的指正與建議，以期能為臺灣的生技產業發展，盡一己棉薄之力。

王祥光　謹識

初版序

PREFACE

從高中時代開始，偶然間會聽到師長或是看到報章雜誌提到分子生物學、生物技術、生物科技或是生技產業等這些在當時還是相當新的名詞，讓我開始對這些學問有著莫名的憧憬，同時也積極的想往這條路來走。幾年前，有機會任職於生技公司，接觸到生物科技一些實際的做法與訓練，這時才開始算是對於這個領域有了真正的了解與體驗。

近年來，由於政府及民間機構的大力鼓吹，生物科技儼然成為當代的一門顯學。任何的行業似乎都要與生物科技扯上關係，才算是跟得上時代的潮流；尤有甚者，一般人的日常話題似乎也離不開生物科技。可是過去十幾年來，我在研究機構、業界或是學術單位，所獲得的有關生物科技的知識或經驗，都讓我覺得一般大眾對於生物科技的認知，似乎都還是很模糊而遙遠的，與實際的情況有著很大的落差；而這個落差，根據我多年來的觀察，就存在於生物科技商業化的問題。因為生物科技的商業化和一般的行業有著非常大的不同，如果以一般商業的角度來看待生物科技這個產業，就會產生很多的誤解與錯誤的判斷。

基於生物科技產業可能是臺灣未來經濟發展的重要支柱，我覺得在臺灣正積極發展這項產業之際，有必要把生物科技產業相關的知識與主流的意見和看法，做一清楚的呈現與區隔，以使對生物科技產業有興趣的學生，能有一個踏入這個行業的入門書籍可以參考，而不會覺得無所適從。經過幾年來的資料收集與經驗的累積，我在能力許可的範圍內，把這些了解生物科技產業所必須具備的知識，以非學理的方式來陳述，希望學生能以吸收「common sense」的心態來學習，而不是為了要吸收高深的學問。由於目前國內外有關生物科技產業的知識，都零散於不同領域的書本中，並沒有專門匯集這些知識的教科書出現。因此，本書的出版是屬於新創與嘗試性的，疏漏與錯誤在所難免，所以期盼這個行業的先進與前輩能不吝給予指正與建議。

王祥光　謹識

前言

PREFACE

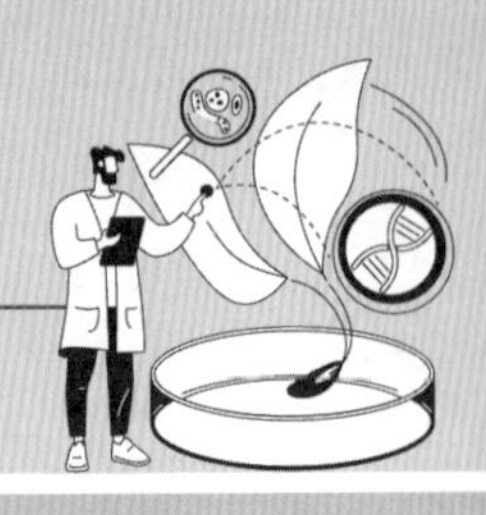

過去近四十年來，人類在生物科技上的長足進步，使得生物科技應用在人類生活的改善與提升，不僅是可行，甚至是更為便利。從早期單純的基因重組(recombinant DNA)，到目前最熱門的複製人，其間從提供人類醫療與健康所需的重組蛋白質，如胰島素、生長激素等生技製藥，到現今的基因轉殖生物、基因治療的發展與幹細胞未來在組織修復與器官移植方面的應用，生物科技從簡單到複雜；而最重要的是，生物科技的發展從基礎研究開始，近十幾年來已經慢慢導向為商業化的考量。縱使在很多的基礎科學研究機構，也多設有發展生物科技的部門或單位，而其最終的目標，也是希望將來能將研究成果應用在人類的生活改善上，這就需要靠生物科技的商業化來達成。

從廣義的定義而言，舉凡任何跟人類醫療或生物有關的技術發展，都可以叫做生物科技；例如醫療儀器的研發、健康食品、中草藥、觀賞用的螢光魚等等，都可以包括在生物科技的應用範疇內。但是從最近十多年來，歐美各國在這方面的發展來看，主流的生物科技應該具有以下兩個特徵；第一，以基因為發展的基礎；第二，與人類的醫療有關。這兩個特徵提供了生物科技發展的前瞻性與高獲利性,也就是生物科技商業化的重要依據。所以，社會上所常提到的「生物科技」、「生物技術」或者是「生化科技」等名詞，更精確的說，應該是指「生物科技產業」，或是簡稱為「生技產業」，因為這些被提到的生物科技，都已經被強烈的賦予商業化的期待。

從單純而學術性的「生物科技」要走向複雜的「生物科技產業」，其間存在著一些鴻溝，而本書的編排就是希望能以比較主流的看法與相關的知識來架起之間的橋樑。本書從生物科技的發展歷史開始，其實這也就是基因研究的歷史，接著就講到生物科技應用的過程，最後則是生物科技實際應用於產業界的相關知識。這樣的次第，目的就是希望學生對生物科技產業，能有一個清楚而正確的概念，並且也能區隔「生物科技」與「生物科技產業」之間的差異性何在。如此，學生未來如果想要踏入這個行業，或是從事與這個行業相關的工作，應該會有一個更正確的認知與判斷。此外，本書的人名或是其他生技產業相關的專有名詞，除了延用多年的中文譯名外，盡量以 Google 提供的譯名為主。不過學生為看懂相關的英文文獻，也就是要避免「中譯英」與「英譯中」之間的混淆，學生最好盡量以英文名稱來熟記。

目 錄

CONTENTS

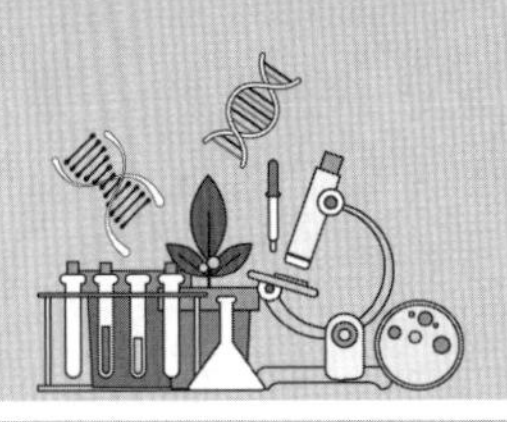

Chapter 01 生物科技的定義 1

Chapter 02 早期生物科技 13

CONTENTS

Chapter 01

生物科技的定義

The Definition of Biotechnology

- 1-1 現代生物科技的定義
- 1-2 古老／傳統的生物科技
- 1-3 現代生物科技

1-1 現代生物科技的定義 (The Definition of Modern Biotechnology)

"*Biotechnology*"一般中文翻譯成「生物科技」或是「生物技術」，甚至坊間還翻譯成「生化科技」，其中「生物科技」為本書所採用，以避免名稱上的混淆。"*Biotechnology*"是由"*bio*"與"*technology*"兩個希臘字合併形成的字詞（圖 1-1）。"*bio*"（希臘字：βίος，意指"life"—生命）指的是利用生物的過程或是與生物相關的事務，而"*technology*"（希臘字：τέχνη，意指"art, skill"—技藝、技術）指的是解決問題或是製造出有用產品的技術，通常與科學有關。因此，"*Biotechnology*"字面上的意義就是以生物為基礎的各項技術，尤其著重於與人類生活息息相關的農業、食品與醫學科學等方面的應用。全世界擁有最多會員的生技產業組織(The Biotechnology Innovation Organization, BIO)，曾經對於生物科技則有如下的定義："*The use of biological processes to solve problems or make useful products*"（利用各種與生物相關的步驟或程序，來解決問題或是製造出有用產品的技術）。之後，該組織進一步闡釋生物科技的定義："*At its simplest, biotechnology is technology based on biology - biotechnology harnesses cellular and biomolecular processes to develop technologies and products that help improve our lives and the health of our planet. We have used the biological processes of microorganisms for more than 6,000 years to make useful food products, such as bread and cheese, and to preserve dairy products.*"（生物科技以生物為基礎，利用無害的細胞和生物分子的程序，發展出有益於人類生活和健康的技術和產品。而且人類利用微生物來生產麵包、起司來保存乳製品的歷史，也已超過六千年了）。

Bio + **Technology** = **Biotechnology**
生物　科技　生物科技

圖 1-1　Biotechnology 的字義

事實上，早期國際上對於"*Biotechnology*"這個字的定義，也存在著大同小異的看法。例如，1992 年於巴西東南部的城市里約熱內盧(Rio de Janeiro)所舉辦的「聯合國生物多樣性會議」(UN Convention on Biological Diversity)中，對"*Biotechnology*"有如下的定義：

"*Biotechnology means any technological application that uses biological systems, living organisms, or derivatives thereof, to make or modify products or processes for specific use.*"

上文指的是「利用生物系統、活的生物體或是與生物相關的衍生物，以製造、改良或是處理產品，以提供特定用途的任何技術」，這是屬於比較簡單而廣義的講法。

此外，有別於舊版「北美產業分類系統」(The North American Industry Classification System, NAICS)把生物科技(biotechnology)歸類在「物理、工程與生命」等科學領域，且與研究和實驗相關的產業(NAICS Code 541710: Research and Development in the Physical, Engineering, and Life Sciences)；新版的 NAICS（2017 年）特別將生物科技相關的產業獨立為一個新的歸類：〈Code 541714 Research and Development in Biotechnology (except Nanobiotechnology) 〉。NAICS 是由美國、加拿大與墨西哥等三個國家所共同發展出來的商業歸類系統，主要是提供北美國家在經濟活動上的相關統計數字。美國已用這套系統來取代原有的 SIC 系統（U.S. Standard Industrial Classification system, SIC；美國標準產業分類系統）。表 1-1 為北美產業分類系統的分類架構，其中的 Sector 54 (Professional, Scientific, and Technical Services)便包含上述之〈Code 541714〉。近年來由於生技產業快速的發展，對經濟的影響層面也越來越大，但是舊有的 SIC 並沒有將生物科技"*Biotechnology*"這個產業包括在內，因此常造成統計上歸類的困難。新版的 NAICS 對於歸類在項目〈Code 541714〉的產業，有如下的說明：

"*This U.S. industry comprises establishments primarily engaged in conducting biotechnology (except nanobiotechnology) research and experimental development. Biotechnology (except nanobiotechnology) research and experimental development involves the study of the use of microorganisms and cellular and biomolecular processes to develop or alter living or non-living materials. This research and development in biotechnology (except nanobiotechnology) may result in development of new biotechnology (except nanobiotechnology) processes or in prototypes of new or genetically-altered products that may be reproduced, utilized, or implemented by various industries.*"

在 NAICS〈Code 541714〉的歸類說明中，事實上已經涵蓋了許多生技產業界的發展方向（表 1-2）。

起初美國官方對於"*Biotechnology*"的定義也未達到共識，因此遲至 2002 年 8 月才由商業部(The U.S. Department of Commerce)宣布進行一項針對生技產業的大規模調查—"Critical Technology Assessment of Biotechnology in U.S. Industry"，並且在次年的 8 月發表這項調查的摘要報告，接著在 10 月發表完整的報告。這份調查中對於"*Biotechnology*"有如下的定義：

"*The application of molecular and cellular processes to solve problems, conduct research, and create goods and services. It includes a diverse collection of technologies that manipulate cellular, sub-cellular, or molecular components in living things to make products or discover new knowledge about the molecular and genetic basis of life, or to modify plants, animals and micro-organisms to carry desired traits. Such technologies include, but are not limited to: genetic engineering (e.g., recombinant DNA, gene therapy, cloning, antisense); hybridoma technology (to produce monoclonal antibodies); polymerase chain reaction or PCR amplification; gene mapping; DNA sequencing; restriction fragment length polymorphism (RFLP) analysis; and protein engineering.*"（圖 1-2）

此定義對於"*Biotechnology*"的目標、內容與目前涵蓋的技術範圍，有著較以往更為明確的闡述，尤其產業界所應用的生物科技涵蓋的範圍中，列舉了現代主要的生物科技，包括有基因工程（重組 DNA 技術(recombinant DNA technology)）、基因治療(gene therapy)、基因複製(gene cloning)、反股技術(antisense technology)、融合瘤技術(hybridoma)、聚合酶連鎖反應(PCR)、基因定位(gene mapping)、DNA 定序(DNA sequencing)、限制片段長度多型性分析法(RFLP)、蛋白質工程等等。雖然融合瘤技術已漸為「嗜菌體呈現系統」(Phage Display System)所取代，這個定義到目前為止，對於現代"*Biotechnology*"還是相當完備的正式說法。

表 1-1　北美產業分類系統的分類架構(The North American Industry Classification System, NAICS)

Sector	Description
11	Agriculture, Forestry, Fishing and Hunting
21	Mining, Quarrying, and Oil and Gas Extraction
22	Unilities
23	Construction
31-33	Manufacturing
42	Wholesale Trade
44-45	Retail Trade
48-49	Transportation and Warehousing
51	Information
52	Pinance and Insurance
53	Real Eastate and Rental and Leasing
54	**Professional, Scientific, and Technical Services**
55	Management of Compames and Enterprises
56	Administrative and Support and Waste Management and Remediation Services
61	Educational Services
62	Health Care and Social Assistance
71	Arts, Enterainment, and Recreastion
72	Accommodation and Food Services
81	Other Services (except Public Administration)
92	Public administration

表 1-2　北美產業分類系統中，〈Code 541714〉所涵蓋的產業選項

Cloning research and experimental development laboratories
DNA technologies (e.g., microarrays) research and experimental development laboratories
Nucleic acid chemistry research and experimental development laboratories
Protein engineering research and experimental development laboratories
Recombinant DNA research and experimental development laboratories

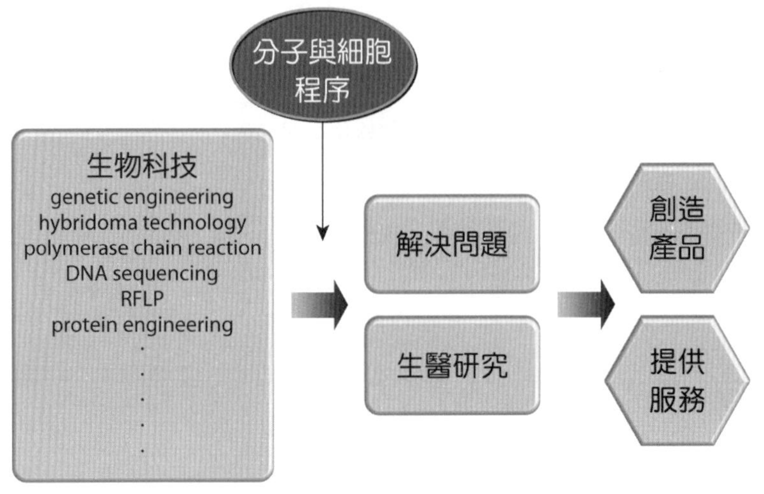

圖 1-2　現代生物科技的定義

1-2 古老／傳統的生物科技 (Ancient/Classical Biotechnology)

如上述所提對於“*Biotechnology*”可有如下廣義的定義：「凡是利用活的生物體（或是生物體的某些部分）來製造或是改良某些產品，或是發展出具特殊用途的微生物的任何技術」。例如，西元前 6,000 年代表古文明的沙摩人(Sumerians)和巴比倫人(Babylonians)已懂得利用酵母菌來釀製啤酒，或是西元前 4000 年的古埃及人發現如何利用酵母菌來發酵並製作麵包，這些類似的發酵過程，也曾出現於像是中國這樣的古老國家中。其他像是利用酸及細菌來製作優格(yogurt)，或是應用黴菌來生產起士(cheese)，甚至於醋(vinegar)及其他酒類的釀造，這些都是過去人類利用微生物的生物科技成就（圖 1-3）。

近代更將發酵技術提升至科學應用的層次，如西元 1897 年德國的化學家愛德華．比希納(Eduard Buchner, 1860~1917)（圖 1-4）發現在沒有活酵母菌的存在下，仍然可以利用酵母菌的萃取液來進行發酵作用。此項研究成果被視為現代生物化學(biochemistry)和酵素學(enzymology)的發展基礎。西元 1900 年首次發現細菌可以用來大量生產某些工業用的化學藥品：如甘油(glycerol)、丙酮(acetone)、丁醇(butanol)等等，這些生產過程都屬於發酵技術的應用。

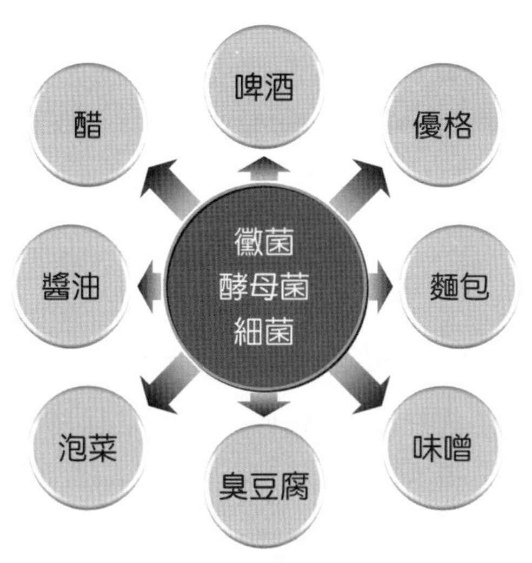

圖 1-3　古老／傳統的生物科技

圖 1-4　愛德華．比希納

人類早期動物的圈養，或是農作物的種植、收集及處理來當作藥物，以及酒的釀造與麵包的製作，甚至於發酵食物以製作成優格、起士，以及不同種類的豆類釀造食品等等的活動，也都屬於生物科技的範疇，不過這些技術一般都被稱為古老或是傳統的生物科技(ancient/classical biotechnology)。

1-3 現代生物科技 (Modern Biotechnology)

然而，美國生技產業界對"*Biotechnology*"的普遍認知，是指從 1970 年以後，以商業發展為目標的重組 DNA 和細胞培養的相關技術而言。因此，美國的食品藥物管理局(U.S. Food and Drug Administration, FDA)就曾定義"*Biotechnology*"為「任何可以修改基因的技術」。"*Biotechnology*"這個字在現代往往被賦予「賺錢」的期望，尤其是著重於跟現代人類藥物研發有關的技術。這是屬於比較狹隘的講法，但卻也是現代生物科技發展的主流方向，這個看法是根基於 1970 年代基因工程(genetic engineering)或稱為基因重組技術(recombinant DNA technology)的崛起。這些創新的生物科技使得人類有能力來操控基因，甚至於改造基因／編輯基因，再加上人類基因體計畫(Human Genome Project, HGP)的完成，徹底改變近代生物科技應用的範圍與層次；因此產生了所謂的農業生物科技(agricultural biotechnology)、藥物生物科技(pharmaceutical biotechnology)以及環境生物科技(environmental biotechnology)等等，而這三個領域的商業化，就是目前最受重視的商業生物科技(industrial biotechnology)，這其實也就是大家所普遍認知的生物科技產業(biotechnology industry)，也簡稱為「生技產業」(圖 1-5)。

這些以基因工程為發展基礎的生物科技，一般又稱為現代生物科技(modern biotechnology)，其實也可說是古老／傳統生物技術的延伸，也就是利用現代的技術來延續自古以來就有的「改善與增進人類生活條件」的目標。

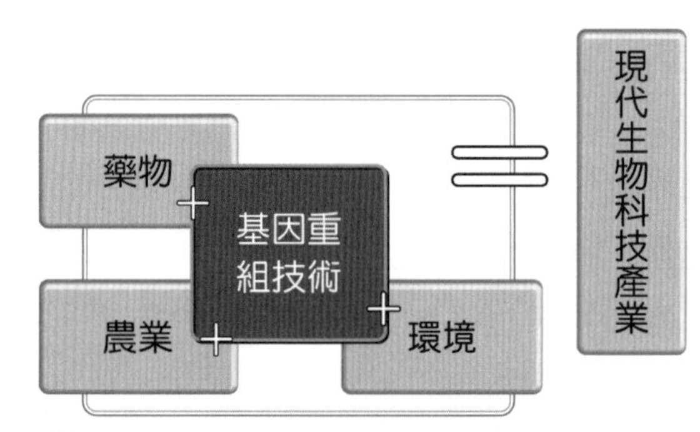

圖 1-5　現代生物科技產業的主流範疇

除此之外，依照產業發展方向的不同，生物科技還可用顏色區分為：

1. 紅色生物科技(red biotechnology)：與醫學研究有關的生物科技，著重於人類藥物的研發與疾病的治療。例如利用重組 DNA 技術和細胞培養的相關技術，以生產治療用的抗生素或是蛋白質藥物等等。甚至於利用幹細胞技術來修復部分損壞的器官或是替換整個器官，都包括在內。
2. 白色生物科技(white biotechnology)：將生物科技應用於某些化學物質的生產過程。例如生產新的化學物質或是研發汽車使用的新燃料等等，也可稱為灰色生物科技(grey biotechnology)。
3. 綠色生物科技(green biotechnology)：將生物科技應用於農業的過程。例如近年來常提到的基因轉殖或基因改造作物，就是利用現代的生物科技，來促進農作物的生產量、降低化學農藥的使用量，或是延緩水果腐爛的速度等等。一般相信，綠色生物科技對環境會有較為正面的影響。
4. 藍色生物科技(blue biotechnology)：指與海洋或是水產養殖相關的生物科技。

圖 1-6　以顏色代表的生物科技

Info 1-1 發酵 (Fermentation)

傳統的發酵，指的是利用酵母菌將糖轉變成酒精的過程。較廣泛的定義，則是指利用如酵母菌或細菌等微生物，將「碳水化合物」轉變成「酒精」或是「酸」的過程。發酵常用於酒和醋的釀製，或是利用發酵過程中，產生乳酸(lactic acid)的特性來製造出一些如優格(yogurt)、醃黃瓜(pickled cucumber)和韓國泡菜(kimchi)等的酸性食物。這類使用微生物或是酵素的過程，也可稱為"*bioprocess*"(生物程序)。

現代的"*bioprocess*"則被新的生物科技所改進，主要是利用一些直接與發酵過程相關的酵素(enzyme)，有效率且大量的生產人類所需的一些生活必需品，如藥物、食品、飲料…等等。因此近代也把新一代的發酵技術稱為"zymotechnology"或是"zymology"。

一般發酵可以分為酒精發酵(alcoholic fermentation)與乳酸發酵(lactic fermentation)，這兩種發酵方式皆利用糖解作用(glycolysis)來產生丙酮酸(pyruvic acid)，然後再將此產物進一步分解成酒精(ethyl alcohol)或是乳酸(lactic acid)。其發酵方式分別陳述如下：

1. **酒精發酵**：可以由酵母菌(*Saccharomyces*)來產生(圖 1-7)。
2. **乳酸發酵**：可以由乳酸桿菌(*Lactobacillus*)來產生(圖 1-8)。

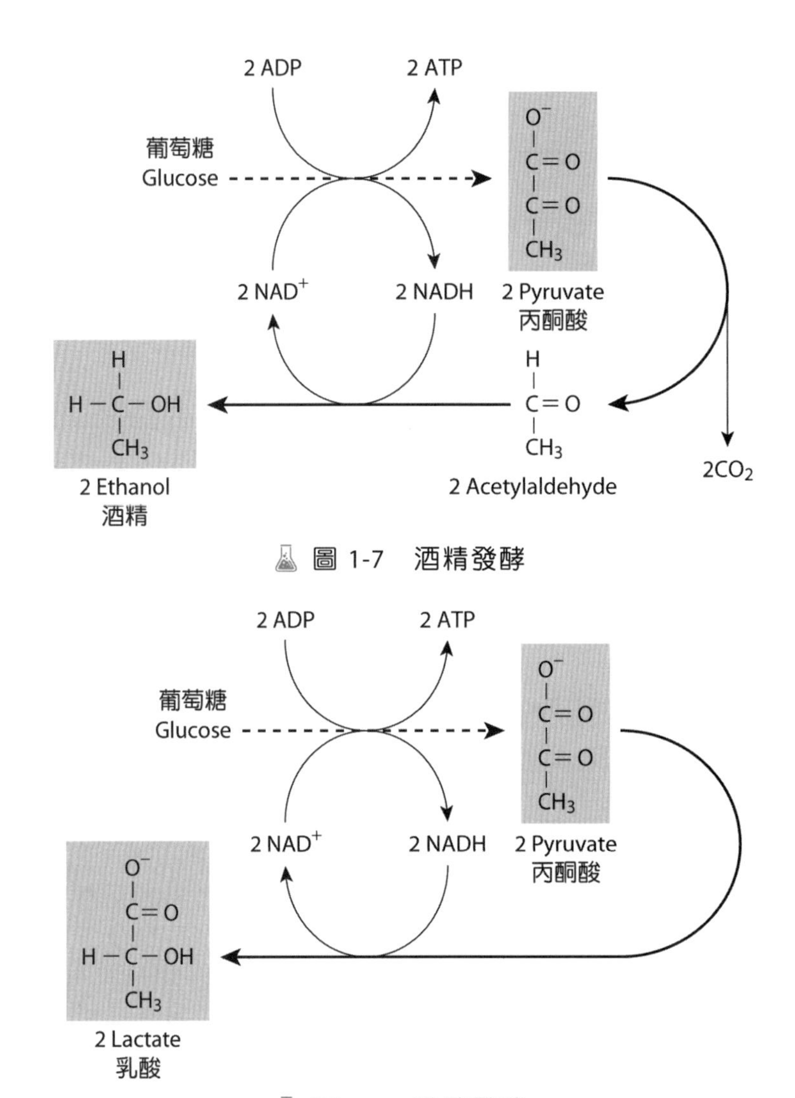

圖 1-7　酒精發酵

圖 1-8　乳酸發酵

由於地球暖化造成極端氣候的巨大影響，在環境生物科技這個領域中，對於碳淨零排放的應用，也是非常令人期待的課題。碳淨零排放（Net-zero emissions；又稱為「淨零碳排」）的概念始於「聯合國氣候變遷會議」(United Nations Climate Change Conference (COP21)) 中的《巴黎協議》(The Paris Agreement)。地球暖化的議題其實在更早之前已喧騰多年，但直到 2015 年的《巴黎協議》，最終才獲得足夠的重視與共識。當時共有 196 個國家簽署同意於 2050 年前，將地球暖化上升的溫度控制在攝氏 1.5℃以內。因此，碳淨零排放的目標在於溫室氣體(greenhouse gases, GHGs)的產生與移除之間能夠達到平衡，而溫室氣體大部分來自於二氧化碳的排放。要達到碳淨零排放要從許多層面著手，例如綠能發電、增加能源使用的效率、改用低碳能源，或是增加固碳的能力…等等；生物科技於減碳方面的應用，可以從生質能源(bioenergy)、生物固碳(carbon fixation/carbon biosequestration)及生物塑膠(bioplastic)等幾個目標來進行。

在生質能源方面，利用「生質燃料」(biofuel)來取代石化燃料(fossil fuel)早就是一個發展趨勢。根據美國能源資訊管理局(The U.S. Energy Information Administration, EIA)的解釋，「生質燃料」通常定義為從生物物質的原料中，所提煉的液態燃料及混和物。大部分的生質燃料使用於交通工具，對於降低二氧化碳的排放量有顯著的效果。美國 EIA 所統計的四大類生質燃料包括有：乙醇（ethanol, 酒精）、生質柴油(biodiesel)、再生柴油(renewable diesel)及其他的再生燃油等。其中乙醇可從植物富含的碳水化合物經由發酵作用（圖 1-7）取得，再生柴油則可從全新或回收的植物油及動物脂肪生產；這兩種生質燃料通常會與汽油或柴油混合一定的比例使用，以減低碳排放量。在生物固碳方面，可以利用基因編輯(gene editing)和重組 DNA 技術(recombinant DNA technology)來創造新的基因改造生物(genetically modified organisms, GMO)，以讓這些經基因改造後行使光合作用的植物與光／化學自養的微生物(photo / chemoautotrophic microorganisms)，增強從大氣中吸收二氧化碳的能力。而這些經過固碳強化改造的生物，也可以進一步成為提供生質燃料的原料來源。

此外，生物塑膠(bioplastic)的發展在碳淨零排放扮演的角色，也是令人期待。傳統塑膠是由石化燃料製成，這些產品難以自然分解，對於環境造成很大的傷害。而利用細菌或是植物所生產的糖及澱粉成分，可以製造出生物可分解(biodegradable)的生物塑膠。第一種生物塑膠「聚羥基丁酸酯」(polyhydroxybutyrate, PHB)早在 1926 年便由法國的生物學家莫里斯·勒穆瓦涅(Maurice Lemoigne)，從他所研究的細菌巨大芽孢桿菌(Bacillus megaterium)中發現。當時因石化原料生產的塑膠製品較為便宜，且技術也較成熟，所以莫里斯·勒穆瓦涅的發現在當時並未受到重視。時至今日，環境生態問題日趨嚴重及塑膠微粒(Microplastics)的危害，生物可分解的生物塑膠開始受到廣泛的注意。目前除了細菌可合成的 PHB 及「聚羥基鏈烷酸酯」(polyhydroxyalkanoate, PHA)外，由植物產生的醣類經細菌發酵後，也可以合成另一種生物塑膠原料「聚乳酸」(polylactic acid, PLA)。這些跟生物塑膠生產有關的細菌或是植物，科學家開始利用基因工程的方式予以改造，增加它們製造生物塑膠的能力。不過生物塑膠的廣泛使用，似乎也引起其他非預期的環保爭議。

議題討論與家庭作業

1. 中草藥的研發是否屬於生物科技的應用範疇之一？
2. 何謂健康食品？健康食品的研發與販售是否屬於生物科技產業的一環？
3. 美容化妝品如 Q10、膠原蛋白、玻尿酸和 EGF 等等，是否屬於生技產品？請就上述目前最熱門之四項產品分別討論。
4. 臺灣傳統美食「臭豆腐」的製作可否算是生物技術的應用？
5. 世界各國及臺灣政府在碳淨零排放方面，有何實質的做法與政策？
6. 為何臺灣從 2023 年 8 月起在某些特定場所禁用「聚乳酸」(polylactic acid, PLA)？

學習評量

1. 傳統的生物科技包括有哪些生活上常見的應用？
2. 何謂發酵？
3. 現代的生物科技產業有何特性？
4. 何謂北美產業分類系統(The North American Industry Classification System, NAICS)？這套系統對於生物科技相關產業的分類上，和舊有的 SIC (U.S. Standard Industrial Classification System)系統有何不同？
5. 「生物科技」和「生物科技產業」有何實質上的不同？
6. 請區分紅色生物科技、白色生物科技、綠色生物科技與藍色生物科技之間的差異性。何者屬於目前生技產業的發展主流？

Chapter 02

早期生物科技

Early Biotechnology

- 2-1 緒言
- 2-2 遠古的生物科技
- 2-3 生命哲學論辯
- 2-4 顯微鏡與微生物的觀察
- 2-5 雜交育種
- 2-6 細胞理論與生物演化
- 2-7 細菌學的發展
- 2-8 疾病與微生物
- 2-9 固氮作用

2-1 緒 言

由於基因研究是目前生技產業主流的發展方向，因此將整個生物科技的發展，以現代遺傳學大約的起始年代（1900 年）、DNA 雙股螺旋結構的發現年代（1953 年）與第一家現代生技公司成立的年代（1976 年），當作三個重要的年代分界點（圖 2-1）。

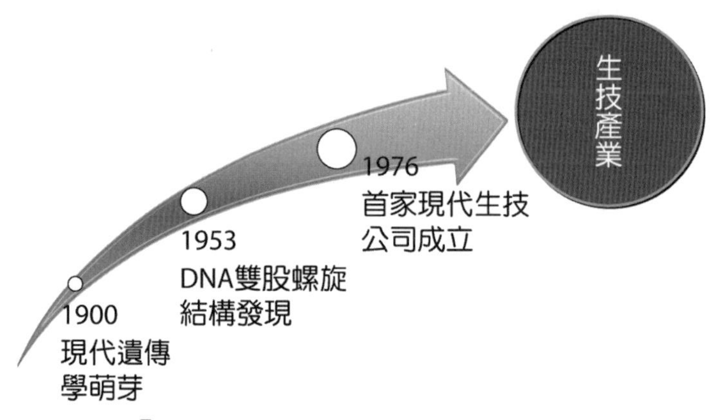

圖 2-1　生技產業發展年代分界點

在 1900 年之前的生物科技發展，以產業發展的角度來看，有幾項特色：(1)利用微生物的發酵作用，來改善與增進人類生活的品質；(2)動植物雜交育種(cross-breeding)的開始，以增加人類食物的來源、產量與品質；(3)疾病的認識與預防，尤其開始瞭解微生物的存在與疾病的關係（圖 2-2）。1900 年至 1952 年為現代遺傳學的起始階段，主要是從 DNA 的發現，到 DNA 結構的確認過程，人類瞭解到「基因」在生物體內扮演的重要角色。1953 年至 1975 年為現代生物科技的啟蒙年代。這個時期科學家們發現許多在分子生物學上重要的酵素，如限制酶(restriction enzyme)、連接酶(ligase)和 DNA 聚合酶(DNA polymerase)等重組 DNA 技術不可或缺的工具，讓基因的操控(gene manipulation)成為可能。1976 年之後，由於第一家以重組 DNA 技術為展基礎的生技公司 Genentech 成立，使得這項技術顯示出具有商業化的可行性，也就是可以廣泛的應用於人類相關的生活領域當中。這家現代生技公司的成立，也象徵著生技產業時代的來臨(advent of biotechnology industry)。

圖 2-2　1900 年之前的生物科技發展特色

2-2 遠古的生物科技

早期的生物科技主要著重於傳統的發酵過程與動植物育種技術的應用，並且開始思考與探索生物遺傳與性狀之間的關係。而早期生物科技發展的主要思維有二（圖 2-3）：

1. 如何維持人類的生存與子代的延續？

2. 如何改善人類生活的品質？

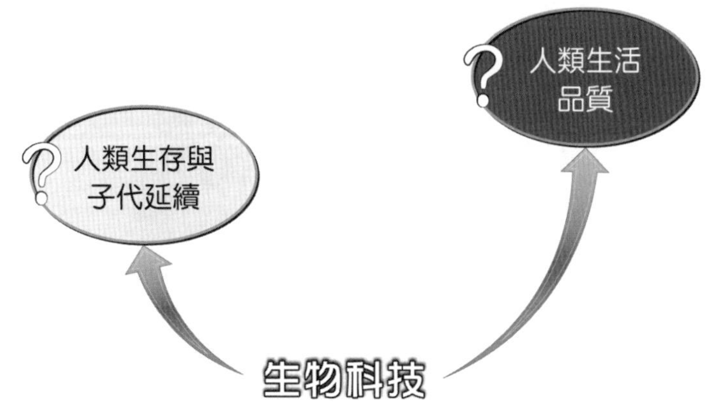

圖 2-3　早期生物科技發展的主要思維

在西元前 8,000~6,000 年間，人類開始種植農作物並圈養家畜，其中馬鈴薯逐漸成為人類主要的食物之一；另外，當時居住在美索不達米亞（Mesopotamia，即現今的伊拉克）的古代沙摩人(Sumerians)和巴比倫人(Babylonians)也會利用酵母菌來釀製啤酒。到西元前 4,000~2,000 年時，古埃及人進一步利用酵母菌發酵來製作麵包，而且古代中國和埃及等國也曾利用發酵的過程，製作出優格、起士、醋(vinegar)和酒等可以長期儲存的食物和飲料。甚至還發現巴比倫人利用特定的雄性棕櫚樹與雌性樹授粉而達到控制育種的目的—這可能是當時宗教儀式的一部分。此外，西元前 500 年古代中國人還懂得利用發霉的豆腐乳來治療燙傷，這可能是人類最早使用抗生素的紀錄。另外，約在西元 100 年時，中國人發明粉末狀的菊花(*chrysanthemum*)殺蟲劑。菊花是屬於 *Asteracear* 科 *Chrysanthemum* 屬的多年生草本開花植物，共約有 30 種左右，主要原生於亞洲和歐洲的東北部，一般可以長到 50~150 公分高。其中一種稱為 pyrethrum〔學名為 *Chrysanthemum*（或是 *Tanacetum*）*cinerariaefolium*〕的除蟲菊（圖 2-4），其萃取出來的物質—*pyrethrins*（除蟲菊酯），可以破壞昆蟲的神經系統，以防止蚊蟲的叮咬。這種物質相較於其他的化學殺蟲劑，對哺乳動物和鳥類具有較低的毒性，而且在光線照射的環境下，這類天然殺蟲劑可被分解或破壞，所以它是一種具有經濟價值的天然殺蟲劑(natural insecticide)與防蚊劑(insect repellent)。

圖 2-4　除蟲菊(pyrethrum)

2-3 生命哲學論辯

西元前 420~320 年間，古希臘的哲學家蘇格拉底(Socrates, 470? BC~399 BC)開始探索為什麼孩子不總是像他們的父母。當時古希臘的醫生希波克拉底(Hippocrates of Cos II or Hippokrates of Kos, BC 460~370)認為孩子的遺傳特性是由男性的精液(semen)與女性類似的液體所共同決定；但是另一位古希臘的哲學家亞里斯多德(Aristotle, BC 384~322)則對希波克拉底的意見持反對的立場，他認為孩子的遺傳性狀完全是由父親的精液來決定，母親只不過提供胎兒形成所需的物質而已。這時的哲學家主要著重在對生命的論述，尚未引入現代科學的實證方法（圖 2-5）。

圖 2-5　古希臘哲學家—蘇格拉底（左）、希波克拉底（中）及亞里斯多德（右）

2-4 顯微鏡與微生物的觀察

在西元 1100~1700 年間，人類已經漸漸開始從觀察生物中探究生命的現象。剛開始人們相信蛆(maggot)是來自於馬的鬃毛，所以就有〈自然發生說〉(spontaneous generation)的假說，認為生物(organism)是來自於無生物。例如，西元 1748 年科學家約翰・特伯維爾・李約瑟(John Turbeville Needham, 1713~1781)將肉湯加熱後，靜置幾天，發現仍有生物的產生。因此，他支持早期的「自然發生說」。(此為錯誤的實驗，可能肇因於滅菌的不完全或是事後的污染。)

不過顯微鏡的發明之後，科學的觀察讓生命的探究變的更為客觀與正確。西元 1595 年時，荷蘭的光學鏡片製造家查哈里亞斯・楊森(Zacharias Janssen, 1580~1638)，一般認為他在父親漢斯・楊森(Hans Janssen)的協助下，發明了世界上第一部簡易的複式光學顯微鏡（圖 2-6）。雖然只用一根管子加上兩端的鏡片，但已經可以把物體放大三倍到九倍之多。

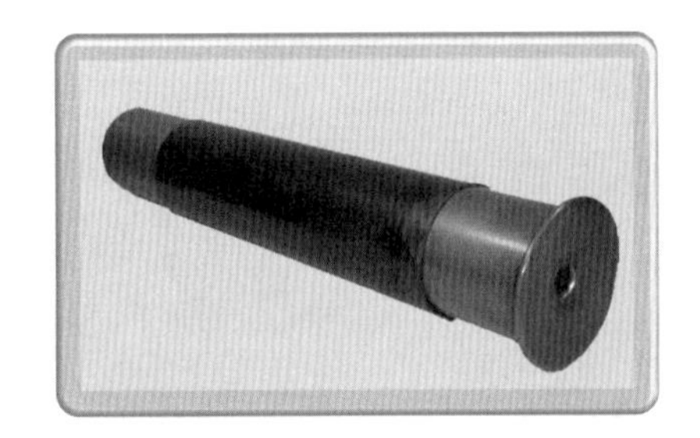

圖 2-6　查哈里亞斯・楊森（左）與第一部複式光學顯微鏡（右）

之後在西元 1663~1665 年間，羅伯特・胡克(Robert Hooke, 1635~1703)發現細胞的存在。他是一位英國的博物學家(polymath)，從小就對生物有很大的興趣。他利用自製的複式光學顯微鏡，觀察到軟木塞蜂巢式的基本結構，稱之為"cell"（細胞）。在 1665 年，他把利用顯微鏡和望遠鏡所觀察記錄的結果，出版《Micrographia》一書（圖 2-7）。他所設計的顯微鏡的型式，被後來稱為微生物學之父(The Father of Microbiology)的荷蘭科學家雷文霍克所採用。

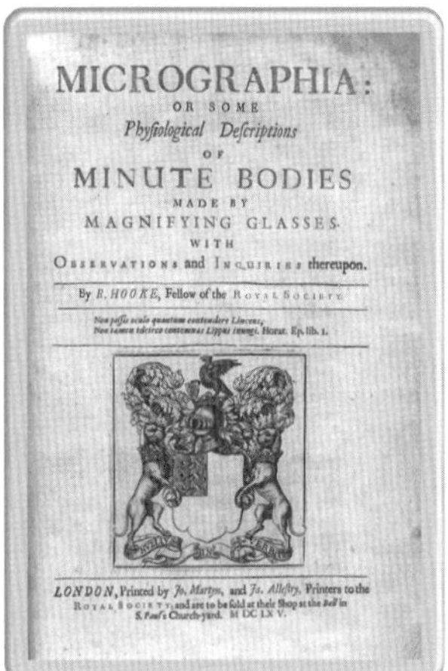

MICROGRAPHIA:
OR SOME
Physiological Descriptions
OF
MINUTE BODIES
MADE BY
MAGNIFYING GLASSES.
WITH
OBSERVATIONS and INQUIRIES thereupon.

By R. HOOKE, Fellow of the ROYAL SOCIETY.

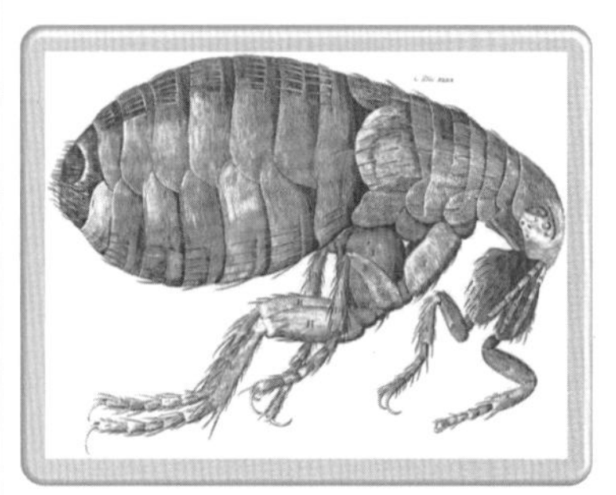

圖 2-7　羅伯特．胡克（左）與他出版的《Micrographia》一書（中），以及書中所刊載的跳蚤(flea)圖片（右）。

雷文霍克(Antoni van Leeuwenhoek, 1632~1723)是第一位利用複式光學顯微鏡，來觀察肌肉纖維、細菌、精蟲與微血管血流情形的科學家。他一生中共設計出約 400 種不同型式的複式光學顯微鏡，其中有九種流傳至今。他是第一個提出發酵可能與原蟲(protozoa)、細菌(bacteria)等微生物有關的科學家。約莫同時，義大利的醫師馬爾切洛．馬爾皮吉(Marcello Malpighi, 1628~1694)也利用顯微鏡來觀察微血管血液流動、連接腦和脊髓的神經束、蠶的解剖、雞蛋的發育與植物的構造等等（圖 2-8）。

圖 2-8　雷文霍克（左）與馬爾切洛．馬爾皮吉（右）

2-5 雜交育種

在西元 1760~1766 年間，約瑟夫．戈特利布．科爾路特(Joseph Gottlieb Kölreuter, 1733~1806)完成了許多煙草屬植物 *Nicotiana paniculate*（小花煙草）和 *Nicotiana rustica*（黃花菸草）異種間的雜交(hybrid)實驗（圖 2-9）。他發現雜交後的子代(offspring)外形，通常會比較像它們的親代(parent)，因此認為花粉具有決定後代特性的能力。這個想法在當時是一個全新的觀念，但不被接受。不過到了西元 1920~1930 年時，利用植物雜交產生的新品種，增加農作物生產量的方式，在美國已經普遍化。西元 1926 年亨利．阿加德．華萊士(Henry Agard Wallace, 1888~1965)成立"Hi-Bred Corn Company"公司，專門生產及販售雜交玉米的種子，這個公司現在稱為"Pioneer Hi-Bred International, Inc."。他後來更成為美國第 33 屆的副總統(1941~1945)。西元 1928 年蘇俄的生物學家格奧爾基．德米特里耶維奇．卡爾佩琴科(Georgii Dmitrievich Karpechenko, 1899~1941)也將蘿蔔(radish)與高麗菜(cabbage)雜交而產生具繁殖力的下一代優良品種。

西元 1930 年美國國會通過《植物專利法案》(Plant Patent Act)，允許雜交植物的產品可以申請專利保護。西元 1933 年，Henry Agard Wallace 將 1920 年代所發展出來的雜交玉米品種開始商業化量產。這種玉米每年增加的產量遠超過購買此品種種子的成本；而且在 1945 年之前，此種雜交玉米的產量已佔全美玉米總生產量的 78%。西元 1943 年美國洛克菲勒基金會(The Rockefeller Foundation)和墨西哥政府合作，開始利用雜交植物來增進農作物的生產量。這個計畫稱為"The Mexican Agricultural Program"（墨西哥農業計畫），以改善墨西哥的貧窮問題。由於在 1943 年開始使用雜交產生的小麥新品種，墨西哥首次在小麥的供給上可以自給自足。西元 1962 年高產量的雜交玉米品種開始在墨西哥試種，這就是後來所熟知的"Green Revolution"（綠色革命）的發起地。「綠色革命」一詞最早由美國國際開發署

圖 2-9 Joseph Gottlieb Kölreuter

(U.S. Agency for International Development, USAID)署長威廉．高德(William S. Gaud)在 1968 年 3 月 8 日的一次演講中提到：

"These and other developments in the field of agriculture contain the makings of a new revolution. It is not a violent Red Revolution like that of the Soviets, nor is it a White Revolution like that of the Shah of Iran. I call it the ***Green Revolution****."*

西元 1963 年諾曼．布勞格(Norman Borlaug, 1914~2009)發表新的小麥品種，其產量可以增加 70%。Borlaug 是美國一位著名的農業學家，同時也是一位人道主義者(humanitarian)，並且被稱為「綠色革命之父」(The Father of the Green Revolution)，他在 1970 年獲得諾貝爾和平獎。西元 1964 年美國的 "The Rockefeller and Ford Foundation"（洛克菲勒和福特基金會）、菲律賓政府和「國際稻米研究中心」(The International Rice Research Institute, IRRI)共同合作下，設立了第一個國際農業研究中心，並展開綠色革命，利用新品種的稻子與足夠的肥料，就可以將稻米產量加倍。此外，在 1953~1964 年間曾任蘇聯總書記的尼基塔．赫魯雪夫(Nikita Krushchev, 1894~1971)也將雜交的玉米品種引進蘇聯。

Info 2-1 雜交育種 (Hybrid Breeding)

雜交育種在生物學上是指屬於不同分類(taxa)的動植物間的交配。Taxa 是 Taxon 的複數，而 Taxon 又稱為 taxonomic unit，指在分類學上屬於同一個群體的動物或植物。這些群體的分類從大至小包括有：Kingdom（界）、Phylum（門）（可包括動物或植物）／Division（只包括植物）、Class（綱）、Order（目）、Family（科）、Genus（屬）、Species（種）、Subspecies（亞種）等等。而植物間的雜交育種通常是利用具有某種特殊性狀的親代(parent)，經交配後產生具不同性狀組合的子代(offspring)，然後再從這些子代中挑選出具特殊性狀組合的個體加以繁殖。這樣的植物稱為 "Hybrid plants"，而這種育種的方式通常是要篩選出種子產量高或是具抵抗病蟲害的農作物、或是甜度高的水果等等。臺灣在各類水果的育種技術與成就上，執世界牛耳，尤其培育出的優良西瓜種類與數量更是世界第一，其中貢獻最大的西瓜雜交育種專家，首推陳文郁先生(1925~2012)。

2-6 細胞理論與生物演化

西元 1830~1855 年間，德國科學家泰奧多爾．施旺(Theodor Schwann, 1810~1882)和馬蒂亞斯．雅各布．施萊登(Matthias Jakob Schleiden, 1804~1881)兩人提出 "Cell Theory"（細胞理論），認為所有生物均由細胞組成。另一位德國的科學家魯道夫．菲爾紹(Rudolph Virchow, 1821~1902)（後來被視為病理學之父）則更進一步強調「細胞來自於細胞」的概念。這些有關細胞的論述，後來促成達爾文演化論(Darwin's theory of evolution, 1859)與孟德爾遺傳論(Mendel's laws of inheritance, 1865)的提出，成為現代生物學的基礎（圖 2-10）。

圖 2-10 細胞理論的開創者—泰奧多爾．施旺（左）、馬蒂亞斯．施萊登（中）及魯道夫．菲爾紹（右）

達爾文(Charles Darwin)在西元 1859 年提出物種的起源是來自於演化的結果，同時進一步闡述「天擇」(natural selection)是促使物種演化最重要的因素。之後，奧地利的植物學家同時也是修道士的孟德爾(Gregor Johann Mendel, 1822~1884)，他觀察不同顏色、高度與豆莢大小的豌豆植物(pea plant)的雜交，提出了遺傳性狀是可以由上一代傳至下一代的結論，而這個遺傳性狀也就是存在於現在大家都知道的「基因」上。他被認為是現代基因科學的啟蒙者。在西元 1870~1890 年間植物育種學家開始將達爾文與孟德爾的理論應用於棉花的雜交上，並且創造出許多高品質的棉花種類。例如，西元 1879 年美國的植物學家威廉．詹姆斯．比爾(William James Beal, 1833~1924)也首次在實驗室裡創造出玉米的雜交品種，並且發現這種雜交後的品種，其產量可以增加 21~51%。達爾文更在西元 1871 年發表《The Descent of Man and Selection Relation to Sex》一書，將他對於演化的觀點，用來推論人類的起源，並在西元 1875 年提出"Gemmules"（胚芽／芽球）的概念，來解釋遺傳現象(inheritance)的機轉。之後，華爾瑟·弗萊明(Walther Flemming, 1843~1905)在西元 1882 年發現細胞內的有絲分裂(mitosis)與染色體(chromosomes)。西元 1887 年比利時的胚胎學家愛德華·凡·貝內登(Edouard Van Beneden, 1846~1910)發現每一種生物均有固定數目的染色體，並且也觀察到具單套染色體(haploid)的精子與卵子形成時的減數分裂過程(meiosis)。

2-7 細菌學的發展

西元 1856~1863 年間，法國的科學家路易·巴斯德(Louis Pasteur, 1822~1895)提出發酵是由微生物所造成的理論。他在實驗中發現發酵與酵母菌及細菌的生理活動有關。路易·巴斯德是法國一位兼具微生物學與化學專長的科學家。他用實驗證明動物疾病是由微生物所造成，並且發明了使用於兔子的疫苗。他在西元 1880 年研究家禽的霍亂(fowl cholera)時，他發現了「弱毒性」的菌種(attenuated strains)；這種減毒的菌種不僅不會致病，而且還可以避免家禽將來感染此種疾病的危險。因此，他便利用減毒的家禽霍亂與炭疽桿菌(*B. anthrax*)菌種當作疫苗(vaccine)，來預防動物感染霍亂與炭疽病(anthrax)這兩種疾病，此為免疫學和預防醫學上的重大里程碑。另外最為人知的是，他發明所謂的「巴斯德殺菌法」(pasteurization)用來避免牛奶和酒的腐敗，這種低溫殺菌方式一直延用到現代。

德國的醫生羅伯·柯霍(Robert Koch, 1843~1910)在 1877 年發現炭疽桿菌(*B. anthrax*)，1882 年發現結核桿菌(*B. tuberculosis*)，1883 年發現霍亂弧菌(*V. cholerae*)，並在次年和和弗里德里希·洛夫勒(Friedrich Loeffler, 1852~1915)提出著名的"Koch's postulates"（柯霍假說）。Robert Koch 利用天竺鼠(guinea pig)當作實驗動物，發現受到細菌感染可能是人類肺結核疾病的主因。他是第一位建立「特定疾病是由特定微生物造成」理論的科學家。Robert Koch 在西元 1881 年也發現細菌可以生長在馬鈴薯的切片、明膠培養基(gelatin medium)以及洋菜培養基(agar medium)等固態物體上。其中含營養成分的洋菜培養基，後來更成為分離與鑑定菌種的標準方法。他在 1905 年獲得生理學或醫學領域的諾貝爾獎。Louis Pasteur、Ferdinand Cohn 與 Robert Koch 三人，被視為現代細菌學(Bacteriology)的主要創始者（圖 2-11）。

之後，西元 1884 年丹麥的細菌學家漢斯・克里斯蒂安・革蘭(Hans Christian Joachim Gram, 1853~1938)發展出細菌染色的技術，稱為“The Gram Stain”（革蘭氏染色）。西元 1887 年德國的細菌學家朱利斯・理查德・佩特里(Julius Richard Petri, 1852~1921)發明培養細菌用的培養皿（目前稱為“Petri plate”或是“Petri dish”就是以他命名，常使用的培養皿直徑約為 9 公分），為後來細菌的菌種分離與觀察奠定非常重要的基礎。

圖 2-11 現代細菌學的開創者－路易・巴斯德（左）、Ferdinand Cohn（中）及羅伯・柯霍（右）

“Koch’s postulates”（柯霍假說）最初是在 1884 年由 Robert Koch 和 Friedrich Loeffler 兩人提出，用來描述微生物和疾病關係的四項標準，後來由柯霍進一步確立並於 1890 年發表。柯霍假說如下：

1. 得病的生物體內，必定可以發現在健康個體中未存在的微生物。

2. 此微生物必定可以從染病的生物體中，被分離並生長成純化的品種。

3. 純化的微生物感染健康的個體，必定可以造成相同的疾病。

4. 健康的個體被純化的微生物感染之後，微生物必定可以再次被分離出來，而且與感染前接種的致病性微生物完全相同（圖 2-12）

柯霍假說

得病的生物體內，必定可以發現在健康個體中未存在的微生物

微生物必定可以從得病的生物體中，被分離並生長成純化的品種

純化的微生物感染健康的個體，必定可以造成相同的疾病

健康的個體被純化的微生物感染之後，必定可以再次被分離出來，而且與感染前接種的致病性微生物完全相同

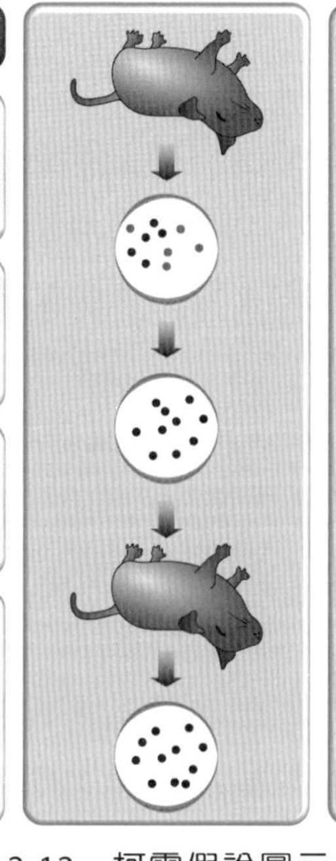

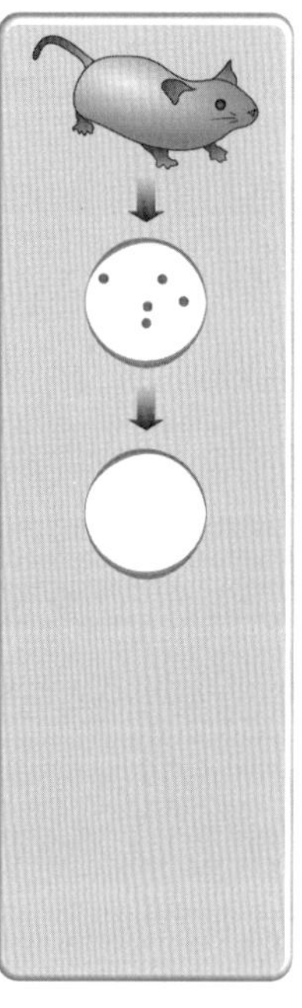

圖 2-12　柯霍假說圖示

2-8 疾病與微生物

在人類疾病方面，西元 1850 年匈牙利的醫師伊格納茲．塞麥爾維斯(Ignaz Semmelweis, 1818~1865)曾利用流行病學的觀察結果，提出在母親間流行的產褥熱(childbed fever)，可能是藉由醫生來傳染的假說。不過這樣的論點讓他受到其他醫學專業人員的排斥，而失去了工作。西元 1878 年英國的外科醫師約瑟夫．李斯特(Joseph Lister, 1827~1912)利用“Most Probable Number”(MPN)的技術（一種估算活菌數的方法），分離出單一的細菌菌落，開始瞭解疾病的傳染過程。西元 1885~1895 年德國的生理學家埃米爾．阿道夫．馮．貝林(Emil von Behring, 1854~1917)研發出第一個治療白喉(diptheria)的抗毒素(antitoxin)，並在西元 1893 年時，由李斯特機構(The Lister Institute)的科學家分離出白喉抗毒素(diphtheria antitoxin)。西元 1897 年蘇格蘭的醫生羅納德．羅斯(Ronald Ross,

1857~1932)發現造成瘧疾(malaria)的原蟲“Plasmodium”，並且發現瘧蚊(*Anopheles* mosquito)可以在人類之間傳染這種疾病。西元 1900 年美國的軍醫沃爾特・里德(Walter Reed, 1851~1902)更發現黃熱病(yellow fever)是經由蚊子攜帶病毒所傳染的疾病，這是第一次發現病毒可以造成人類的疾病。

在其他生物的疾病方面，西元 1886 年美國的植物學家約瑟夫・查爾斯・亞瑟(Joseph Charles Arthur, 1850~1942)用實驗證明梨子的枯萎病(pear fire blight)是由細菌造成。西元 1892 年蘇俄的生物學家德米特里・伊凡諾夫斯基(Dmitry Iosifovich Ivanovsky, 1864~1920)發現造成菸草鑲嵌病(the tobacco mosaic disease)的微生物，比細菌還小並且可以通過過濾器，他稱這種植物致病性的微生物為“filterable viruses”（濾過性病毒）。西元 1897 年德國的細菌學家弗里德里希・洛夫勒(Friedrich August Johannes Löffler, 1852~1915)和保羅・弗羅施(Paul Frosch, 1860~1928)發現牛的口蹄疫(foot-and-mouth disease, FMD)也是由比細菌還小的微生物所造成。這種可以通過過濾器的微生物，就是現在所知的「病毒」(virus)。西元 1899 年荷蘭的微生物學家馬丁努斯・威廉・拜耶林克(Martinus Willem Beijerinck, 1851~1931)確認了 Ivanovsky 在菸草鑲嵌病研究上的結果，並認為病毒可以嵌入宿主植物的細胞原生質(protoplasm)中。西元 1911 年美國的病毒學家裴頓・勞斯(Peyton Rous, 1879~1970)發現第一個造成動物癌症的病毒。他將雞的腫瘤萃取物注射到健康的雞身上，結果被注射的雞也得到相同的腫瘤，因此發現造成此種雞腫瘤的“Rous sarcoma virus”（勞氏肉瘤病毒）。因為這項成就，他得到 1966 年的諾貝爾獎（圖 2-13）。

圖 2-13　發現微生物與疾病關係的科學家，由左至右依序為：約瑟夫・查爾斯・亞瑟、德米特里・伊凡諾夫斯基、弗里德里希・洛夫勒及裴頓・勞斯。

2-9 固氮作用 (Nitrogen Fixation)

西元 1895 年蘇俄的微生物學家謝爾蓋．尼古拉耶維奇．維諾格拉茨基(Sergei Nikolaievich Winogradsky, 1856~1953)發現 *Clostridia*（梭菌綱）細菌可以在沒有氧氣的條件下，進行固氮作用(nitrogen fixation)。之後，西元 1901 年荷蘭的微生物學家馬丁努斯．威廉．拜耶林克(Martinus Willem Beijerinck, 1851~1931)更分離出五種嗜氧的固氮細菌（圖 2-14）。

圖 2-14　發現固氮作用的科學家—Sergei Winogradsky（左）及 Martinus Beijerinck（右）

Info 2-2 ● 固氮作用 (Nitrogen Fixation)

氮源對於所有生物的生長是一種不可或缺的礦物質營養素，不管是蛋白質或是核酸的合成，甚至於其他細胞的結構組成，氮均扮演一個非常重要的角色。在我們生存的地球上，大氣層中含有 79%的氮氣，提供了生物體絕大部分所需氮的來源。然而氮分子(N_2)含有三鍵(triple bond, N≡N)，其鈍性(inert)很難直接讓生物體利用。因此，氮必需被「固定」(fixed)成 ammonium（NH_4^+，銨根離子）、nitrogen dioxide（NO_2，二氧化氮）或是 nitrate（NO_3^-，硝酸鹽）的形式，才能在生物體內進一步被利用。在大自然界中，一些如細菌或是厭氧的*actinobacteria*（放線菌）菌種，對於固氮作用，有著極為重要的角色。這些具固氮能力的原核生物(prokaryotes)，通常以共生的方式(symbiosis)，為其他的生物，如植物、白蟻(termite)或是原生生物(protozoa)等，提供氮的來源（圖 2-15）。生物性的固氮作用(biological nitrogen fixation, BNF)是利用細菌細胞內一種稱為 nitrogenase（固氮酶）的酵素將大氣中的氮分子(N_2)轉化成 ammonia，以供其他的生物體所利用。其轉化的方程式如下：

$$N_2 + 8H^+ + 8e^- + 16ATP \xrightarrow{\text{Nitrogenase}} 2NH_3 + H_2 + 16ADP + 16Pi$$

值得一提的是，nitrogenase 很容易被氧分子所抑制，因此厭氧細菌在固氮作用方面，似乎有較大的優勢。

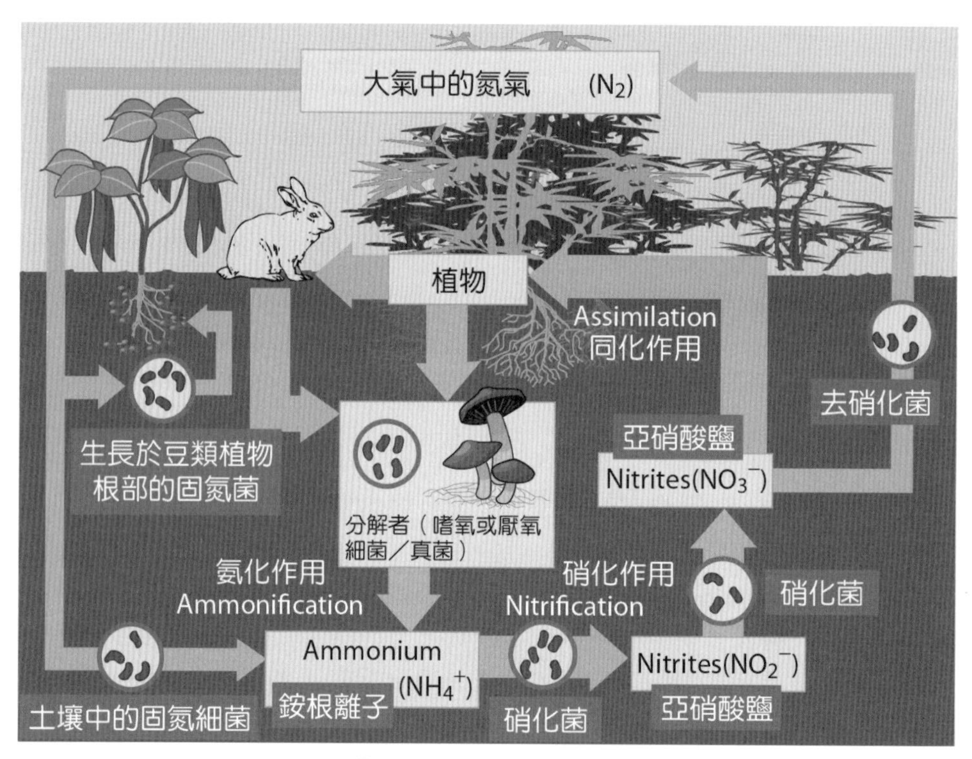

圖 2-15 固氮作用

（圖片來源：US Environmental Protection Agency）

議題討論與家庭作業

1. “Koch’s postulates”（柯霍假說）包括哪四項影響近代醫學研究的重點？這些假說如何影響近代醫學的研究？
2. 美國專利權的審核是由哪個機構所負責？專利權對於生技產業的發展有何重要性？並請探討西元 1930 年美國國會所通過的植物專利法案(Plant Patent Act)，對於農業生技產業發展的影響性。
3. 請討論雜交育種與「綠色革命」之間的關係。
4. 臺灣各種優良的農產品，如香而 Q 的稻米、超甜的水果、優美的蘭花…等等，是如何改良而來的？這些產品與生技產業的關係為何？
5. 請由網路查尋“The Ames Test”的原理以及這項 test 在藥物的臨床前試驗所扮演的角色。

學習評量

1. 為何菊花(chrysanthemums)可以當作殺蟲劑？
2. 請說明「自然發生說」(Spontaneous Generation)的內容及其相關科學家的研究。
3. 何謂「細胞理論」(Cell Theory)？這個理論對於現代生物學研究的重要性為何？
4. 請說明複式光學顯微鏡在生物醫學研究方面的重要性。
5. 以生技產業的角度來看，Louis Pasteur (1822~1895)在這方面的主要貢獻為何？

MEMO

Chapter 03

現代遺傳學與生物科技

Modern Genetics and Biotechnology

3-1 緒言

兩次世界大戰造成了數千萬人的死亡，也讓醫學研究達到了新的極限，很多不同領域的科學開始整合去探討生物繁殖的奧秘與機轉，其中最基本的問題就是開始探討 DNA 的本質與結構。由於達爾文在生物演化方面的成就，以及孟德爾遺傳論在 1900 年代初期分別被荷蘭的植物學家許霍・德弗里斯(Hugo Marie de Vries, 1848~1935)、澳洲的農業學家埃里克・馮・切爾馬克(Erich von Tschermak, 1871~1962)和德國的植物遺傳學家卡爾・科倫斯(Carl Correns, 1864~1933)等三位科學家重新發現其重要性，因此成為現代遺傳學(Genetics)的重要基礎（圖 3-1）。

圖 3-1　孟德爾遺傳論的再發現者—Hugo Marie de Vries（左）、Erich von Tschermak（中）及 Carl Correns（右）

3-2 果蠅與現代遺傳學

二十世紀初期，果蠅（學名 *Drosophila melanogaster*，俗名 fruit fly）開始應用於基因的研究。野生型的果蠅具黃棕色的身體與磚紅色的眼睛。母果蠅長約 2.5 公釐(millimeter／毫米；mm)，略大於雄果蠅（圖 3-2）。果蠅的生命週期會隨著環境溫度的變化而有所不同；在 29°C 下，約為 30 天左右（圖 3-3），比其他的哺乳動物壽命短了很多，所以很適合科學研究，因為可以在短時間內看到實驗的結果。

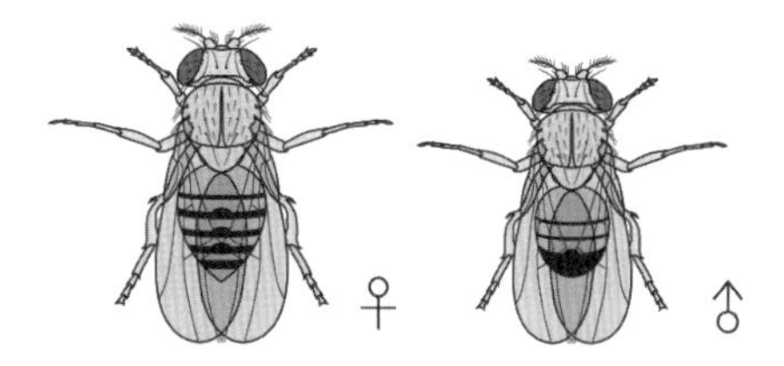

圖 3-2 果蠅型態（圖片來源：Wikimedia Commons）

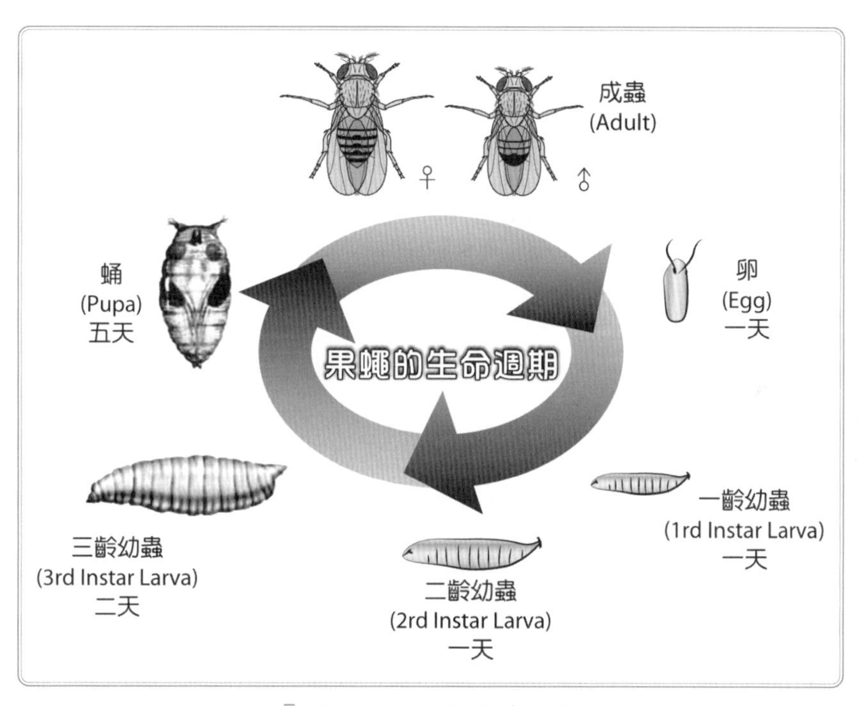

圖 3-3 果蠅生命週期

美國的昆蟲學家(entomologist)查爾斯・W・伍德沃思(Charles W. Woodworth, 1865~1940)（圖 3-4）是第一位提出利用果蠅來進行遺傳學研究的科學家。當時的另一位遺傳學家威廉・歐內斯特・卡斯爾(William Ernest Castle, 1867~1962)接受建議並開始進行果蠅近親繁殖的實驗。之後再經由研究團隊中的成員弗蘭克・尤金・盧茨(Frank Eugene Lutz, 1879~1943)，輾轉將這種果蠅研究系統介紹給托馬斯・亨特・摩爾根(Thomas Hunt Morgan, 1866~1945)，於是開啟了現代遺傳學(modern genetics)的研究。西元 1907~1911 年間，美國的遺傳學家 Morgan 利用果蠅來證明染色體攜帶有主導遺傳性狀的物質，開始找出基因在染色體上的位置，並在西元 1926 年出版《The Theory of the Gene》一書。西元 1921 年 Morgan 的學生赫爾曼・約瑟夫・馬勒(Hermann J. Muller)，發現 X 光可以快速引起果蠅的基因突變，因此更進一步詳細描述基因複雜的結構。

圖 3-4　Charles W. Woodworth

西元 1913 年，也是 Morgan 學生的美國遺傳學家阿爾弗雷德・斯特蒂文特(Alfred Henry Sturtevant, 1981~1970)，他分析位於果蠅 X 染色體上六個隱性基因的突變，而建構出第一個"Gene Map"（基因圖譜）。

果蠅具有一對性染色體與三對體染色體(autosome)（圖 3-5），其基因體定序於西元 2000 年完成，當時共定序 1 億 3950 萬鹽基對，經解譯後，發現可能有 15,016 個基因。經過多年來不同品種果蠅基因定序資料的累積與比對，目前估計果蠅基因體約有 155~223 百萬鹽基對(megabase, Mb)（平均 196 Mb），共含有超過 13,000 個以上的基因。人類約莫 75%與疾病相關的基因，均可在果蠅身上找到；而約 50%的果蠅基因也與哺乳動物類似。

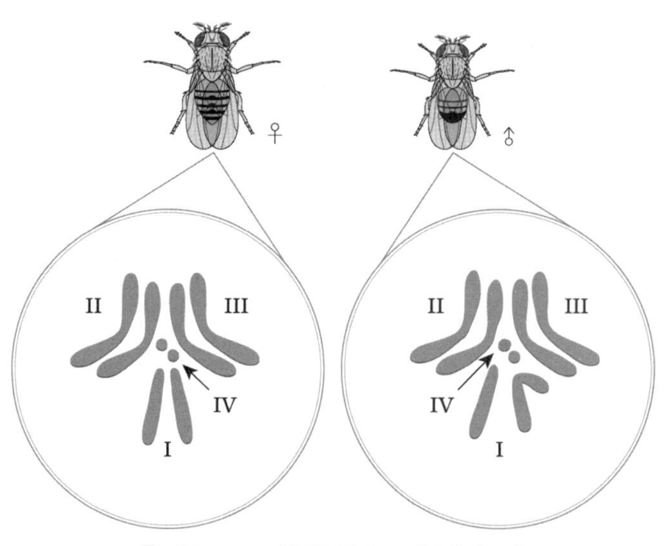

圖 3-5 果蠅具有四對染色體

長久以來，果蠅一直被當作帕金森氏症(Parkinson's disease)、亨丁頓舞蹈症(Huntington's disease)、脊髓性小腦萎縮症(spinocerebellar ataxia, SCA)和阿茲海默症(Alzheimer's disease)等退化性腦神經疾病研究的模型生物(model organism)，另外也被用來研究老化(aging)、氧化壓力(oxidative stress)、免疫力(immunity)、糖尿病(diabetes)、癌症(cancer)甚至於藥物成癮(drug abuse)等的分子機轉（圖 3-6）。

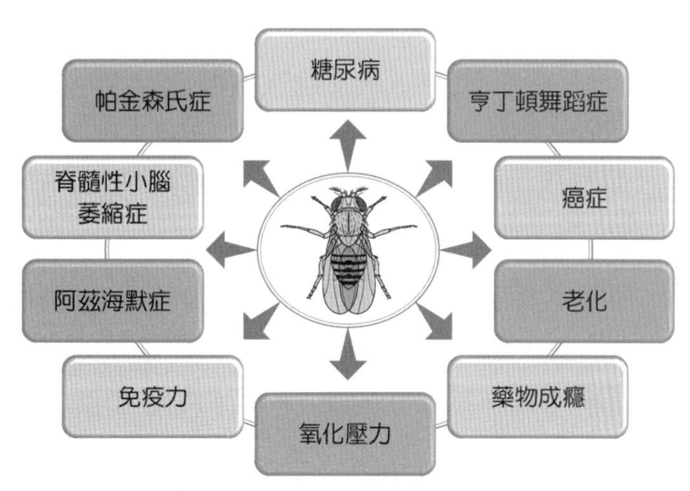

圖 3-6 果蠅與疾病的研究

3-3 基因概念的形成與基因的發現

基因年表

- 西元 1868 年，瑞士的生物學家弗雷德里希．米歇爾(Fredrich Miescher, 1844~1895)從廢棄繃帶的膿包細胞上，分離出稱為"*nuclein*"（核素）的物質，這種物質後來被證明含有核酸。
- 西元 1883 年，德國的生理學家奧古斯特．魏斯曼(August Weismann, 1834~1914)在他發表的《The Germ-Plasm》一書中，斷言親代雙方對於子代的遺傳性狀具有相同的貢獻，而且有性生殖可以形成新的遺傳性狀組合，並且強烈認為染色體攜帶有遺傳性狀。
- 西元 1900 年，美國科學家沃爾特．薩頓(Walter Sutton, 1877~1916)在蚱蜢細胞(grasshopper cells)中，發現同源染色體配對(homologous pairs of chromosomes)的現象。西元 1902 年，他進一步認為配對的染色體可能攜帶有孟德爾所稱的遺傳性狀。
- 西元 1903 年，Walter Sutton 和特奧多爾．博韋里(Theodor Boveri, 1862~1915)在各自獨立的研究中，發現每一個卵子或精子細胞只攜帶有成對染色體中的一個。
- 西元 1904 年，英國的遺傳學家威廉．貝特森(William Bateson, 1861~1962)，發現某些遺傳性狀會互相影響，這種觀念現今稱為"gene linkage"（基因鏈結），並進而引導出另一個重要的觀念"Gene Map"（基因圖譜）的產生。
- 西元 1905 年，美國的遺傳學家埃德蒙．比徹．威爾遜(Edmund Beecher Wilson, 1856~1939)和內蒂．瑪麗亞．史蒂文斯(Nettie Maria Stevens, 1861~1912)兩位科學家在自各自獨立的研究中，發現性別可能是由 X 和 Y 染色體來決定—雄性由一個 Y 染色體決定，而雌性則由兩個 X 染色體決定。
- 西元 1905~1908 年，威廉．貝特森、雷吉納德．普內特 (Reginald Crundell Punnett, 1875~1967)和其他的科學家發現某些基因可以影響其他基因的功能。

- 西元 1906 年，"Genetics"（「遺傳學」或稱為「基因學」）名詞的出現。
- 西元 1908 年，英國的醫生阿奇博爾德．加羅德(Archibald Edward Garrod, 1857~1936)根據分析家族的疾病史(family medical history)，他發現所謂的「先天性代謝異常」(inborn errors of metabolism)。這是科學家首次發現遺傳學(genetics)在生物化學上所扮演的重要角色，但是這種觀念直到 1940 年代經過 Beadle 和 Tatum 的進一步研究後，才被大家所接受。
- 西元 1909 年，威廉．約翰森(Wilhelm Johannsen, 1857~1927)為了要描述遺傳性狀的攜帶物質，創造了"Gene"（基因）這個字。並且衍生出"genotype"（基因型）與"phenotype"（表現型）兩個名詞："genotype"指生物體的基因組成；"phenotype"則指基因在生物體所表現出來的性狀。
- 西元 1909 年，俄裔的美國化學家菲巴斯．阿龍．西奧多．利文(Phoebus Aaron Theodore Levene, 1869~1940)分析 DNA 的成分時，發現它含有腺嘌呤(adenine)、胞嘧啶(cytosine)、鳥糞嘌呤(guanine)、胸腺嘧啶(thymine)、去氧核糖(deoxyribose)和一個磷酸根(phosphate group)（圖 3-7）。他在 1909 年發現核糖(ribose)，1929 年發現去氧核糖(deoxyribose)，其中核糖為組成 RNA 的物質。

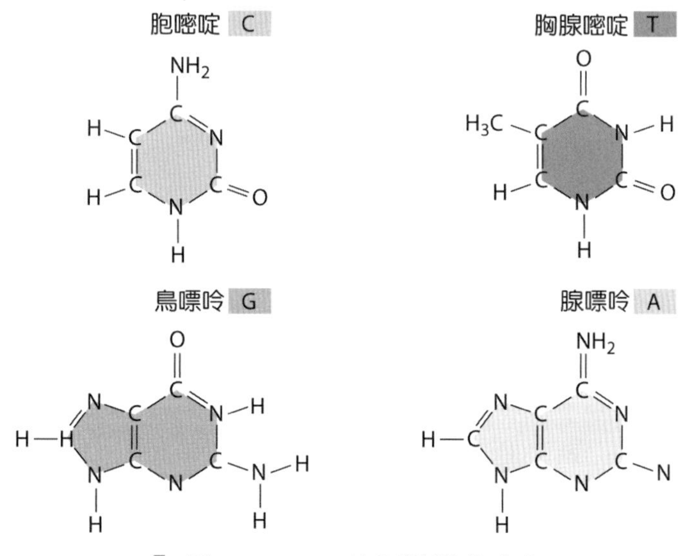

圖 3-7　DNA 的四種組成成分

- 西元 1912 年，威廉・貝特森首次將孟德爾的理論應用於動物的遺傳研究中。
- 西元 1912 年，澳洲的物理學家威廉・勞倫斯・布拉格(William Lawrence Bragg, 1890~1971)發現 X 光可以用來研究結晶物質的結構，因而促成後來"X-ray crystallography"（X 光結晶學）的發展，開始探討核酸和蛋白質的化學結構。
- 西元 1917 年，哈羅德・亨利・普洛(Harold Henry Plough)發現果蠅在不同的溫度下，產生染色體間的重組現象(rearrangement of chromosomes)。
- 西元 1917~1918 年，美國的遺傳學家休厄爾・賴特(Sewall Green Wright, 1889~1988)研究天竺鼠、小鼠、大鼠、兔子、馬和其他哺乳動物皮毛顏色的遺傳特徵，發現這種皮毛的遺傳性狀可能跟酵素的作用有關。他被視為是"Theoretical Population Genetics"（理論群體遺傳學）的創始者。
- 西元 1918 年，美國的解剖和胚胎學家赫伯特・麥克林・伊文斯(Herbert McLean Evans, 1882~1971)發現人類有 48 個染色體。不過這個觀察後來被證明是錯誤。
- 西元 1928 年，英國的醫師弗雷德里克・格里菲斯(Frederick Griffith, 1879~1941)發現有某種"transforming principle"（轉型物質）可以將粗糙型無致病性的肺炎鏈球菌「轉型」成平滑型致病性的肺炎鏈球菌。16 年後，加拿大裔的美國醫師奧斯瓦爾德・埃弗里(Oswald Theodore Avery, 1877~1955)確認這個「轉型物質」就是 DNA。
- 西元 1928 年，美國的遺傳學家路易斯・斯塔德勒(Lewis John Stadler, 1896~1954)發現不同型式的放射線（包括紫外線(ultraviolet radiation)）可以造成基因的突變。他利用這些放射線照射一些重要的農業經濟作物，像是玉米(maize)和大麥(barley)等等，以觀察這些放射線對植物突變的影響。
- 西元 1929 年，菲巴斯・利文(Phoebus Aaron Theodore Levene, 1869~1940)發現含"deoxyribose"（去氧核糖）的核酸，這種核酸後來就稱為 DNA。
- 西元 1934 年，約翰・戴斯蒙德・伯納爾(John Desmond Bernal, 1901~1971)發現可以利用 X 光結晶圖(X-ray crystallography)來研究蛋白質的結構。

- 西元 1935 年，美國的生化病毒學家溫德爾·梅雷迪思·斯坦利(Wendell Meredith Stanley, 1904~1971)將菸草鑲嵌病毒(tobacco mosaic virus)形成結晶，並在 1936 年從此病毒中純化出 DNA。
- 西元 1935 年，蘇俄的科學家安德里·貝洛澤爾斯基(Andrei Nikolaevich Belozersky, 1905~1972)首次純化出 DNA。
- 西元 1937 年，弗雷德·鮑登(Frederick Charles Bawden, 1908~1972)發現菸草鑲嵌病毒的核酸中含有 RNA。
- 西元 1938 年，在很多的實驗室利用 X 光結晶圖進行蛋白質和 DNA 等大分子結構的研究，因此"Molecular biology"（分子生物學）名詞開始出現。
- 西元 1939 年，安德里·貝洛澤爾斯基(Andrei Nikolaevich Belozersky, 1905~1976)發現細菌含有 DNA 和 RNA 兩種物質。
- 西元 1941 年，"Genetic engineering"（基因工程）名詞首次被丹麥的微生物學家阿爾弗雷德·約斯特(Alfred Jost, 1916~1991)所使用。
- 西元 1941 年，喬治·韋爾斯·比德爾(George Wells Beadle, 1903~1989)和愛德華·勞里·塔特姆(Edward Lawrie Tatum, 1909~1975)兩位科學家根據他們在黴菌"*Neurospora*"（鏈孢霉屬）的研究結果，提出"one gene, one enzyme"（一個基因形成一個酵素）的假說。
- 西元 1944 年，奧斯瓦爾德·埃弗里(Oswald Theodore Avery)、科林·麥卡蒂(Colin MacLeod, 1909~1972)和麥克林恩·麥克勞德(Maclyn McCarty, 1911~2005)等人證明造成肺炎鏈球菌的轉型物質為 DNA—即 DNA 攜帶有決定性狀的物質。
- 西元 1946 年，馬克斯·路德維希·亨寧·德爾布呂克(Max Ludwig Henning Delbrück, 1906~1981)和阿弗雷德·赫希(Alfred Day Hershey, 1908~1997)分別發現由不同病毒取得的遺傳物質，經過「基因重組」後可以產生新種類的病毒。

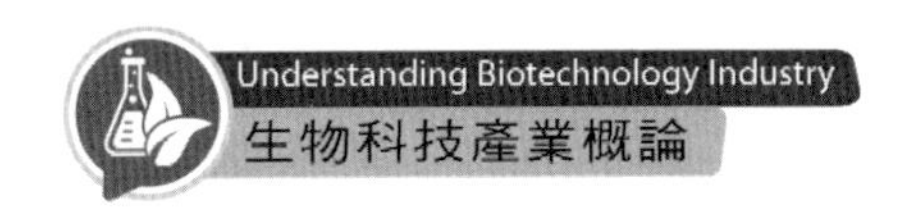

- 西元 1946 年，愛德華・勞里・塔特姆(Edward Tatum, 1909~1975)和 喬舒亞・萊德伯格(Joshua Lederberg, 1925~2008)發現發現細菌有性生殖的方式—“conjugation”（接合生殖，圖 3-8），亦即一個細菌將複製的染色體直接傳遞給另一個細菌的方式。

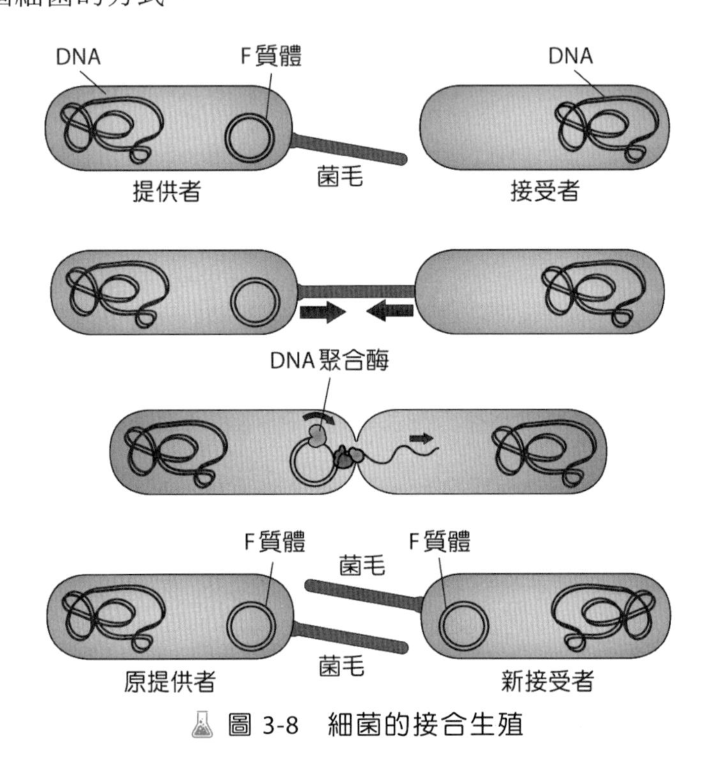

圖 3-8 細菌的接合生殖

- 西元 1944~1947 年，美國的植物遺傳學家芭芭拉・麥克林托克(Barbara McClintock, 1902~1992)發現位於玉米中的跳躍基因—“transpoable elements”或是稱為“jumping genes”，並在 1983 年獲得生理學或醫學領域的諾貝爾獎。
- 西元 1949 年，萊納斯・鮑林(Linus Pauling)等人在 1949 年於《科學》期刊中，發表有關鐮刀型貧血(sickle cell anemia)的論文，他證明鐮刀型貧血是一種血紅素蛋白發生突變的分子疾病(molecular disease)。

- 西元 1950 年，奧地利的生化學家埃爾文．查戈夫(Erwin Chargaff, 1905~2002)發現 DNA 中，adenine 的含量和 thymine 的含量是相等的，而且 guanine 的含量和 cytosine 的含量也是相等的（圖 3-9）。這個發現被稱為 "Chargaff's Rules"，後來並成為 Watson 和 Crick 提出 DNA 結構的重要立論基礎。
- 西元 1952 年，比利時的生化學家 Jean Louis Auguste Brachet (1909~1998)認為 RNA 可能在蛋白質的合成中扮演重要的角色。

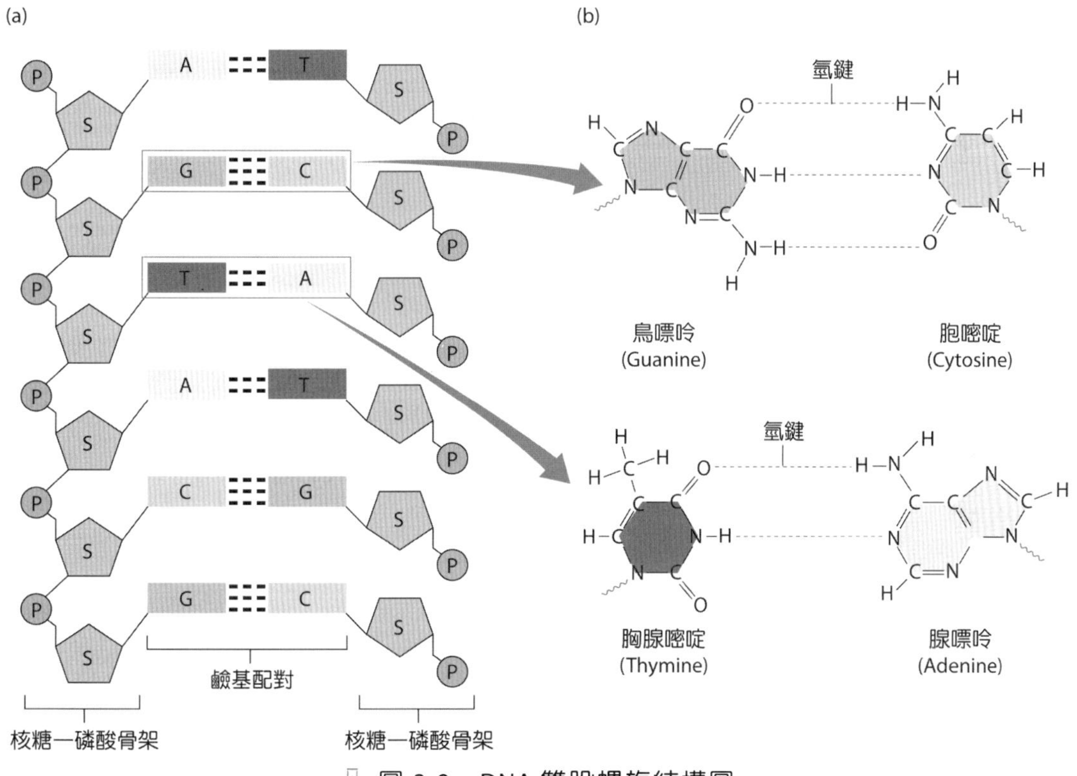

圖 3-9　DNA 雙股螺旋結構圖

Info 3-1 核苷酸(Nucleotide) vs.核苷(Nucleoside)

核苷酸(nucleotide)含有一個含氮鹼基(nitrogenous base)、一個五碳糖（核糖或去氧核糖，ribose or deoxyribose）和至少一個磷酸鹽(phosphate group)。與核苷酸相比，核苷(nucleoside)僅含一個含氮鹼基和一個五碳糖，但不含磷酸鹽（圖 3-10）。

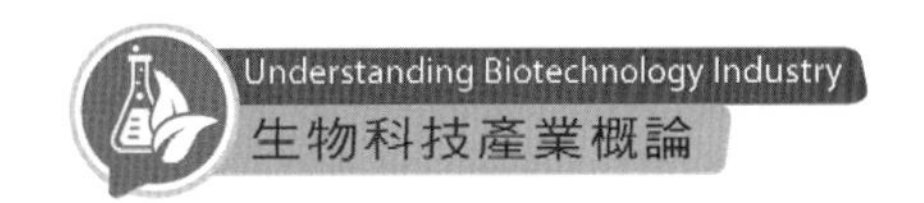

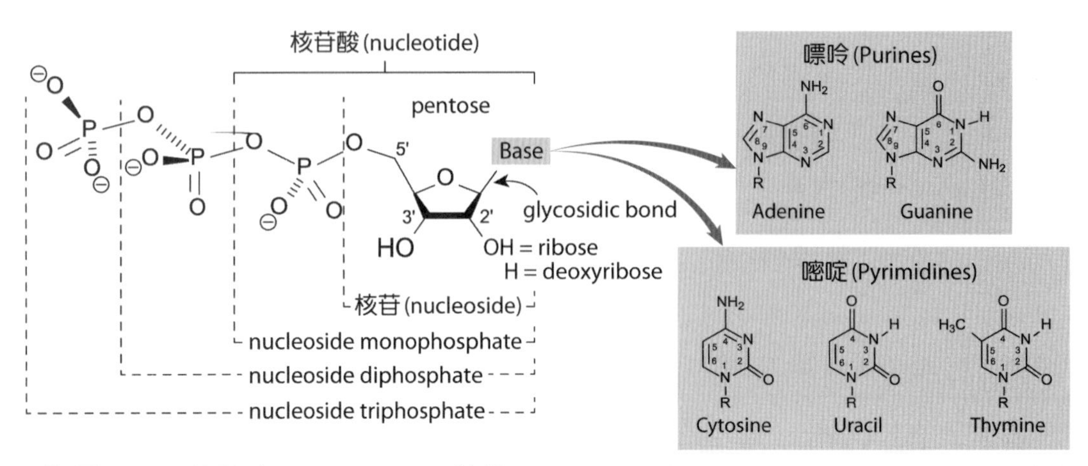

圖 3-10 核苷酸(nucleotide) vs.核苷(nucleoside)（圖片來源：Wikimedia Commons）

3-4 噬菌體與基因研究

簡單而言，噬菌體(bacteriophage, phage)就是一種可以感染細菌的病毒。其遺傳物質可以是 DNA（deoxyribonucleic acid，去氧核糖核酸）或是 RNA（oxyribonucleic acid，核糖核酸），其外包裹保護的蛋白質外殼，基因數目可以從數個至數百個不等（圖 3-11）。當噬菌體感染細菌時，會將其基因體(genome)注射入細菌的細胞質中（圖 3-12），然後進行病毒複製(replication)（圖 3-13）。

- 西元 1915 年，噬菌體的發現—英國的細菌學家弗雷德里克．威廉．圖爾特(Frederick William Twort, 1877~1950)發現一種細菌的疾病，稱為"glassy transformation"。他發現這是一種細菌的傳染性疾病，造成這種疾病的物質可以被過濾，但是卻無法在光學顯微鏡底下觀察到。他認為這種物質可能是「濾過性病毒」或是酵素。
- 西元 1917 年，法裔加拿大籍的微生物學家費利克斯．德雷勒(Félix d'Herelle, 1873-1949)將感染細菌的病毒稱為"bacteriophage"（噬菌體）。
- 西元 1934 年，匈牙利／猶太裔的物理化學家馬丁．施萊辛格(Martin Schlesinger)純化出噬菌體，並且發現噬菌體含有相同量的蛋白質和 DNA。

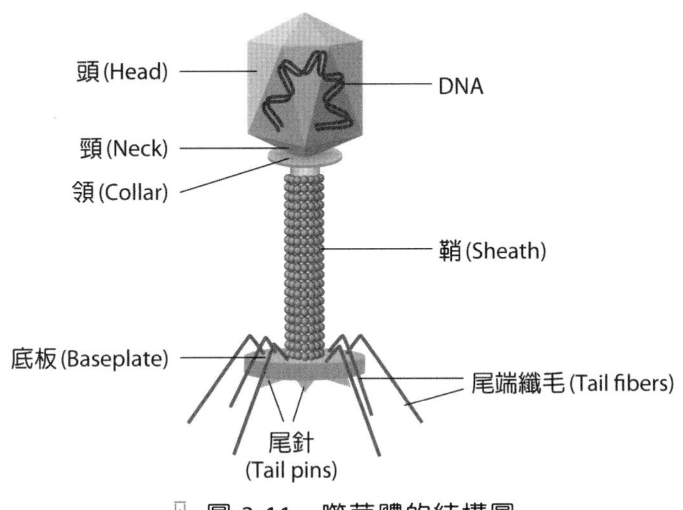

圖 3-11 噬菌體的結構圖

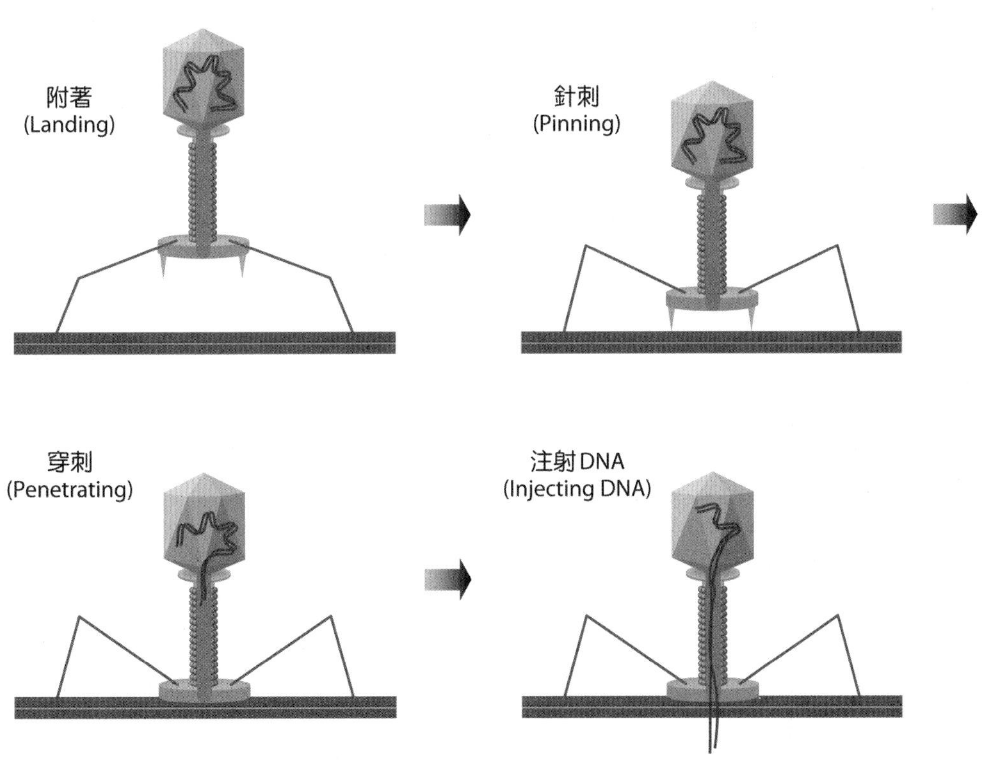

圖 3-12 噬菌體的感染圖示

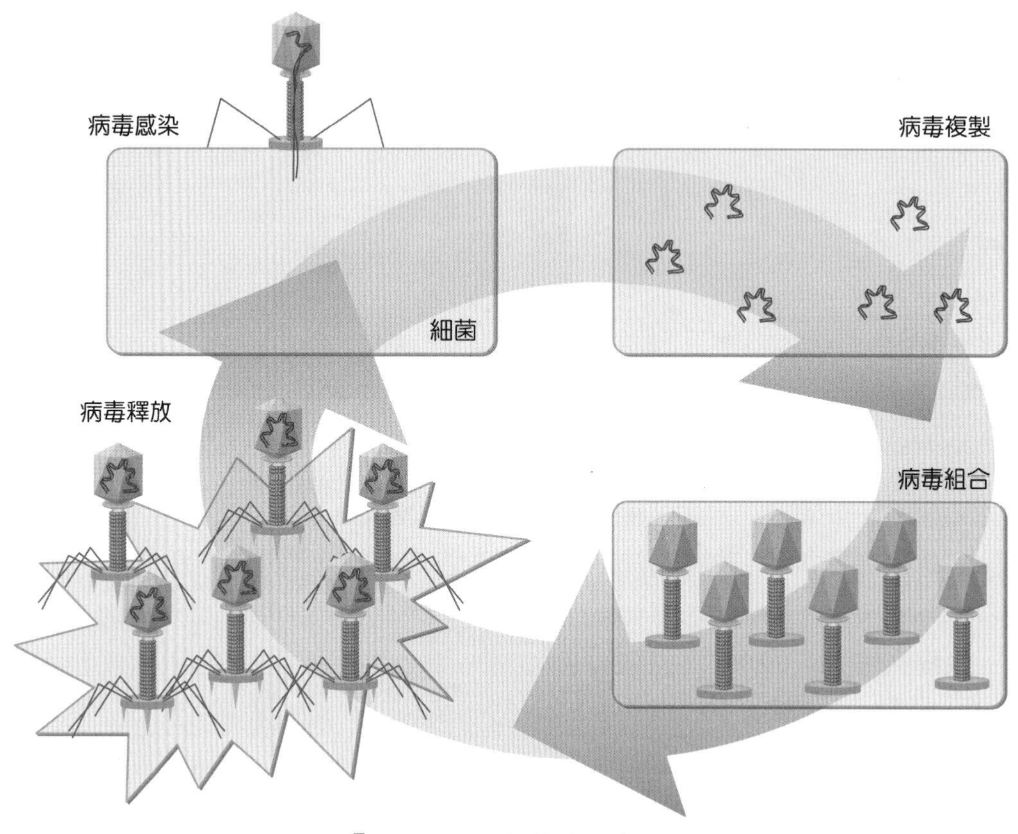

圖 3-13 噬菌體的複製

- 西元 1942 年，電子顯微鏡應用於噬菌體的鑑別。
- 西元 1945 年，馬克斯・德爾布呂克(Max Ludwig Henning Delbrück, 1906~1981)和薩爾瓦多・盧瑞亞(Salvador Edward Luria, 1912~1991)利用噬菌體來研究遺傳物質如何在宿主細菌中移轉。
- 西元 1951 年，美國的微生物免疫學家埃絲特・萊德伯格(Esther Miriam Lederberg, 1922~2006)發現大腸桿菌(*E. coli*)的噬菌體—“lambda phage”。他也是細菌遺傳學的先驅之一。
- 西元 1952 年，美國的分子生物學家喬舒亞・萊德伯格(Joshua Lederberg, 1925~2008)和他的研究生諾頓・津德爾(Norton Zinder, 1928~2012)發現細菌另一種間接交換遺傳物質的方式—“transduction”（性狀轉導），亦即細菌的基因可以藉由噬菌體的感染來傳遞（圖 3-14）。

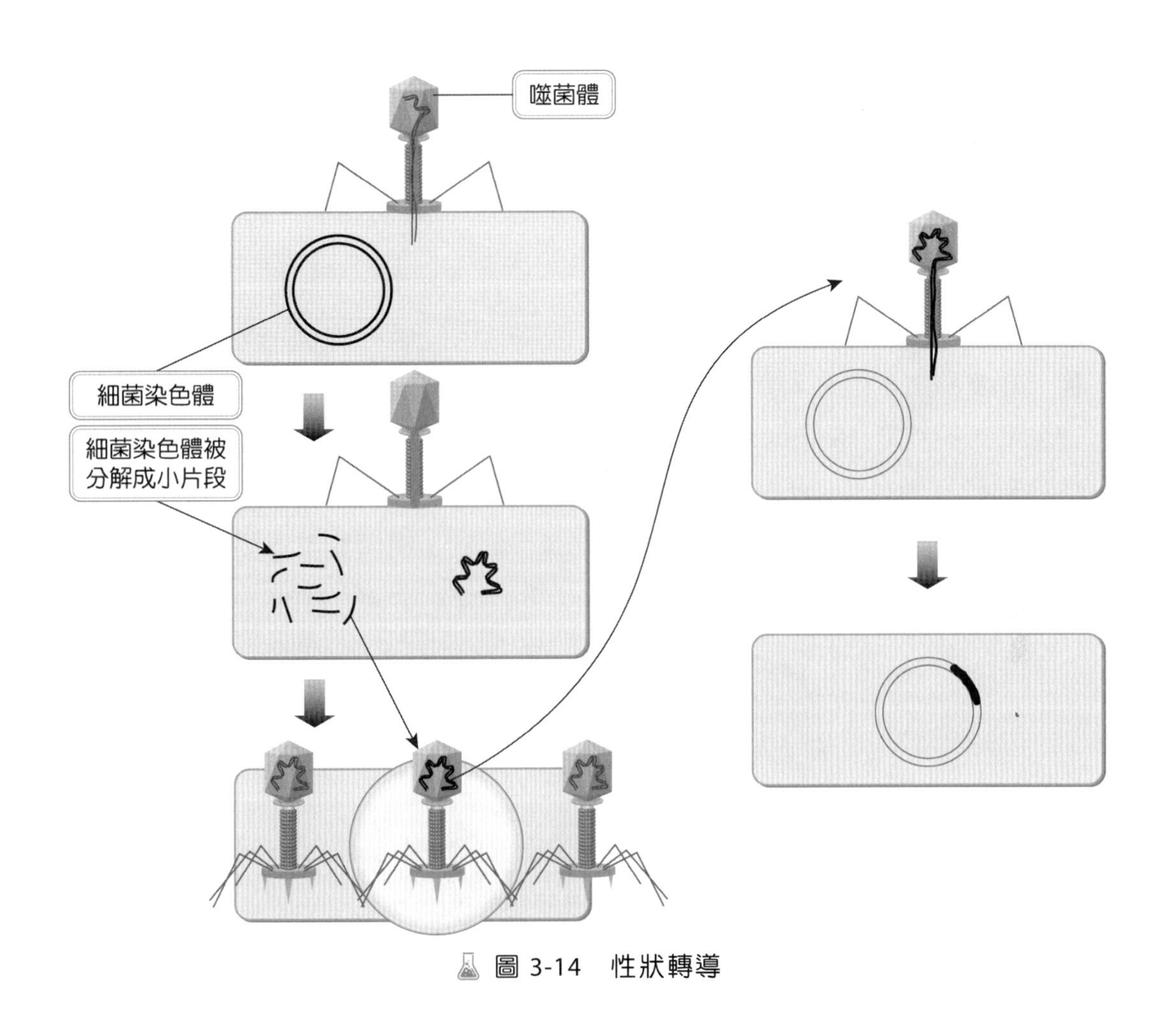

圖 3-14 性狀轉導

➲ 西元 1952 年，美國的細菌遺傳學家阿弗雷德・赫希(Alfred Day Hershey, 1908~1997)和瑪莎・蔡斯(Martha Cowles Chase, 1927~2003)利用同位素 ^{32}P 和 ^{35}S 來證明噬菌體的遺傳物質是 DNA。

3-5 現代生物科技的濫觴 (The Dawn of Modern Biotechnology, 1953~1975)

西元 1953~1975 年間，DNA 結構的發現促成分子生物學(molecular biology)和遺傳學(genetics)研究的快速發展，為未來的生物科技革命(The biotechnology revolution)鋪路。

- 西元 1953 年，詹姆斯．杜威．華生(James Dewey Watson, 1928~)和弗朗西斯．哈利．康普頓．克里克(Francis Harry Compton Crick, 1916~2004)兩位科學家在《自然》期刊上，首次發表 DNA 的雙股螺旋結構，促使現代遺傳學加速發展（圖 3-15）。
- 美國的科學家喬治．奧托．蓋(George Otto Gey, 1899~1970)利用細胞培養技術，在實驗室中建立人類 HeLa 細胞株。他從子宮頸癌(cervical cancer)病人亨麗埃塔．拉克斯(Henrietta Lacks, 1920~1951)的身上取得腫瘤細胞，然後將這些癌細胞在體外(*in vitro*)培養成不死的人類細胞株(immortalized human cell line)。癌細胞株的建立對於人類的生物醫學研究，有著極其重要的地位。

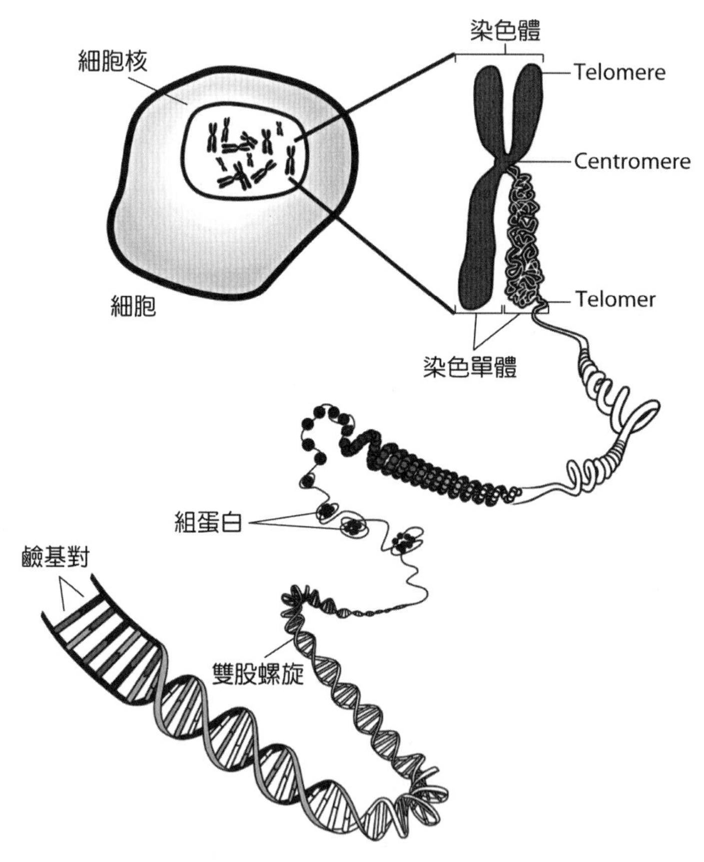

圖 3-15　細胞與染色體

（圖片來源：National Human Genome Research Institute, NHGRI）

- 西元 1956 年，阿瑟．科恩伯格(Arthur Kornberg, 1918~2007)首次發現 DNA 聚合酶 I (DNA polymerase I)，人類開始瞭解 DNA 如何被複製。Kornberg 是一位美國的生化學家，首次發現合成 DNA 的生物機轉。在 1956 年，他分離出合成 DNA 所需的酵素—DNA 聚合酶 I (DNA polymerase I)，並在 1958 年首次在試管內合成 DNA，為他贏得 1959 年生理學或醫學領域的諾貝爾獎。
- 西元 1956 年，德國的生化學家海因茨．路德維希．弗倫克爾．康拉特(Heinz Ludwig Fraenkel-Conrat, 1910~1999)發現菸草嵌鑲病毒(tobacco mosaic virus)具有自我組合(self -assembly)的能力。
- 西元 1957 年，Francis Crick 和烏克蘭出生的科學家喬治．伽莫夫(George Gamov, 1904~1968)嘗試以 "Central Dogma" 理論（中心法則）來解釋從 DNA 開始，經 messenger RNA (mRNA)到蛋白質合成的過程（圖 3-16）。他們認為 DNA 含有決定胺基酸序列的資訊。

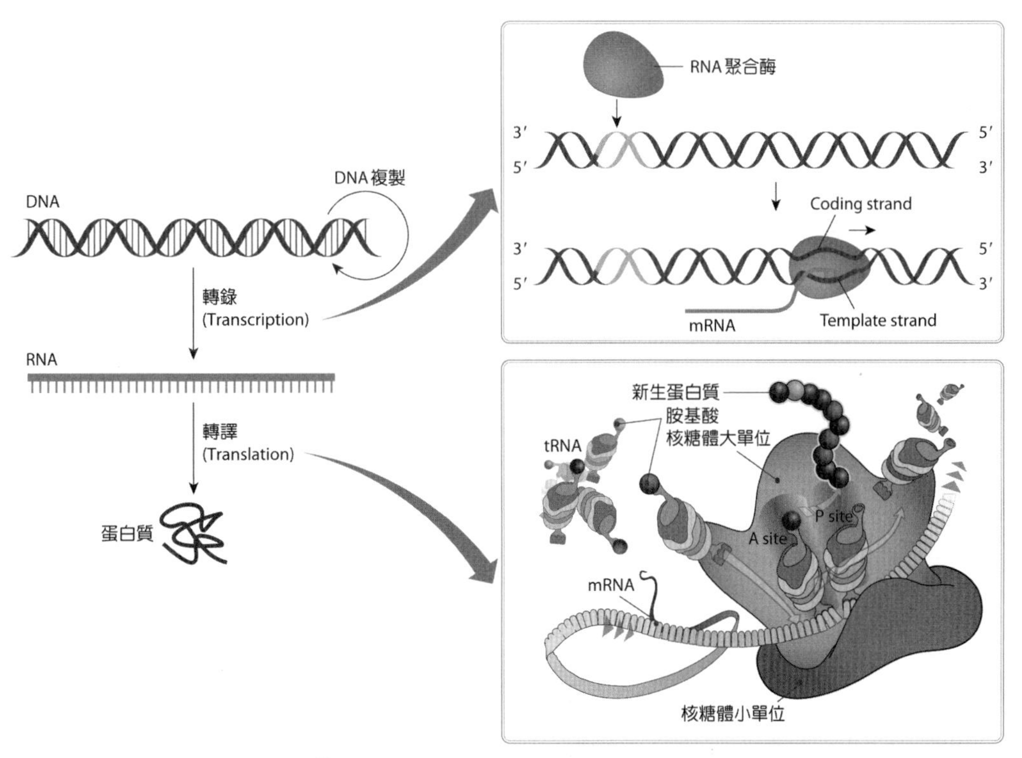

圖 3-16 Central Dogma 理論

（右下圖來源：Wikimedia Commons，作者 LadyofHats）

- 西元 1957 年，美國的遺傳學／分子生物學家馬修．梅瑟生(Matthew Stanley Meselson, 1930~)和富蘭克林．史達(Franklin William Stahl, 1929~)兩人發現 DNA 如何複製、重組和修護的過程（圖 3-17）。
- 西元 1958 年，鐮刀型貧血(sickle cell anemia)被發現與一個胺基酸的改變有關。
- 西元 1959 年，發明全身性抗黴菌感染藥物(systemic fungicides)、發現干擾素(interferon)，以及合成第一個化學抗生素。同時期法國的生物學家方斯華．賈克柏(Francois Jacob, 1920~2013)和賈克．莫諾(Jacques Lucien Monod, 1910~1976)發現細菌染色體上基因調控的機制—“repressor”（抑制子）和“operon”（操縱子）。
- 西元 1961 年，美國的生化／遺傳學家馬歇爾．沃倫．尼倫伯格(Marshall Warren Nirenberg, 1927~2010)和德國的生化學家約翰內斯．海因里希．馬塔埃(Johannes Heinrich Matthaei, 1929~)所組成的團隊，利用只含有 uracil 的單股 mRNA，表達出只含有胺基酸 phenylalanine 的蛋白質片段，開啟了基因密碼的解譯。

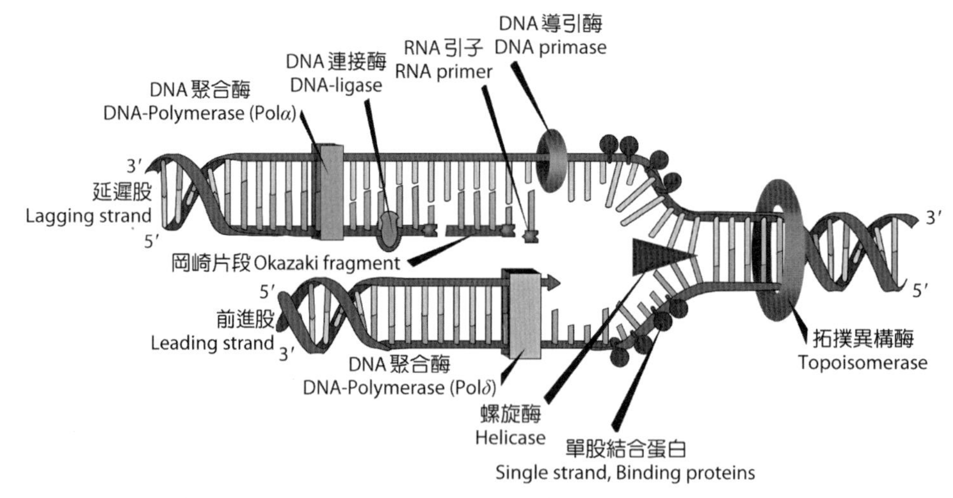

圖 3-17 DNA 複製(DNA replication)時，螺旋酶(helicase)和拓樸異構酶(topoisomerase)會先打開 DNA 的雙股螺旋結構，然後 DNA 聚合酶(DNA polymerase)會合成前進股(leading strand)，另一種 DNA 聚合酶則會結合到延遲股上，合成不連續性的 DNA 片斷，稱為岡崎片斷(Okazaki fragment)。這些 DNA 片斷最終會被 DNA 連接酶(DNA ligase)串連成單股 DNA。（圖片來源：Wikimedia Commons，作者 LadyofHats）

- 西元 1962 年，Watson、Crick 和 Wilkins 因為在 DNA 結構上的研究，共同獲得了諾貝爾獎。另一位對 DNA 結構有重要貢獻的科學家 Rosalind Franklin，因已過逝，來不及獲獎。（諾貝爾獎並不頒給已過逝的科學家）

- 西元 1965 年，Harris 和 Watkins 首次成功把老鼠和人類的細胞融合，並發表於《自然》期刊中。這項成就促成 1975 年融合瘤技術(hybridoma technology)的發明，也才有了第一個單株抗體(monoclonal antibody)的產生。

- 西元 1966 年，美國的生化學家塞韋羅．奧喬亞(Severo Ochoa de Albornoz, 1905~1993)在 RNA 合成、基因密碼的解譯（即三個核苷酸的排列次序，可以決定一個胺基酸的種類），有著絕對的貢獻（圖 3-18）。

- 西元 1967 年，Arthur Kornberg 和他在史丹福的研究團隊，利用合成的方式，將 5,300 個核苷酸(nucleotide)組合成為第一個具有傳染性的合成病毒 DNA 分子。

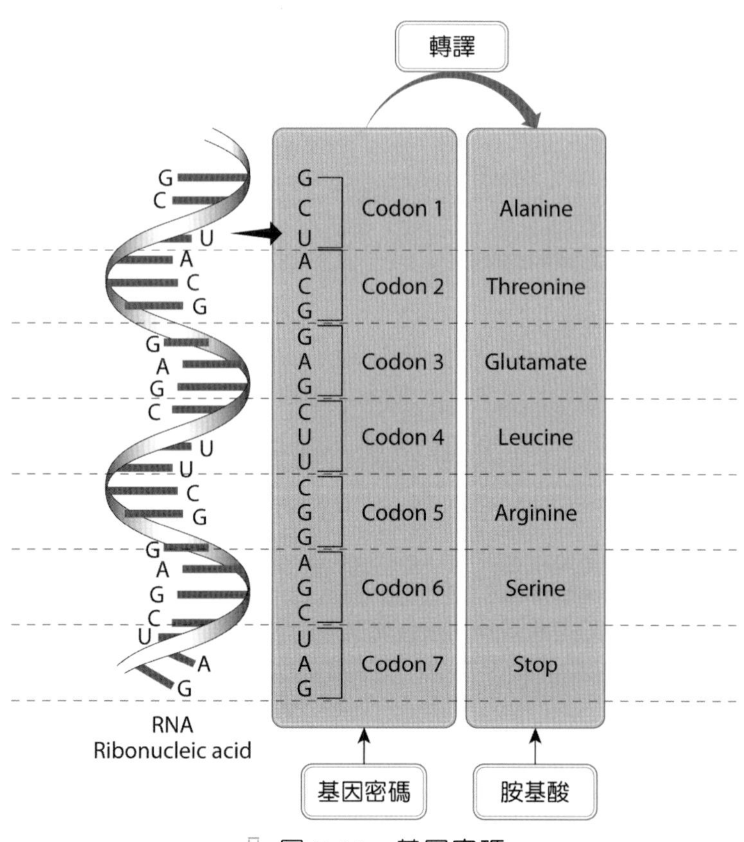

圖 3-18 基因密碼

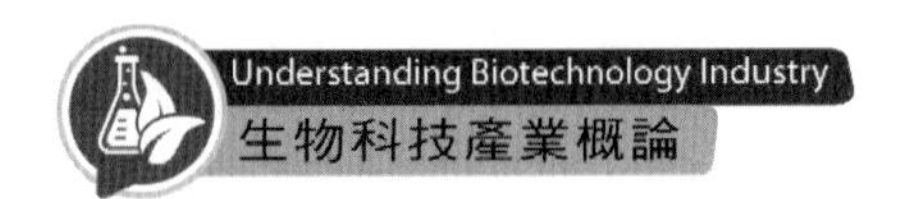

➲ 西元 1970 年，發現可以切斷 DNA 的限制酶(restriction enzymes)（圖 3-19）以及連接 DNA 的連接酶(ligase)（圖 3-20），因而開啟了基因複製(gene cloning)的時代。

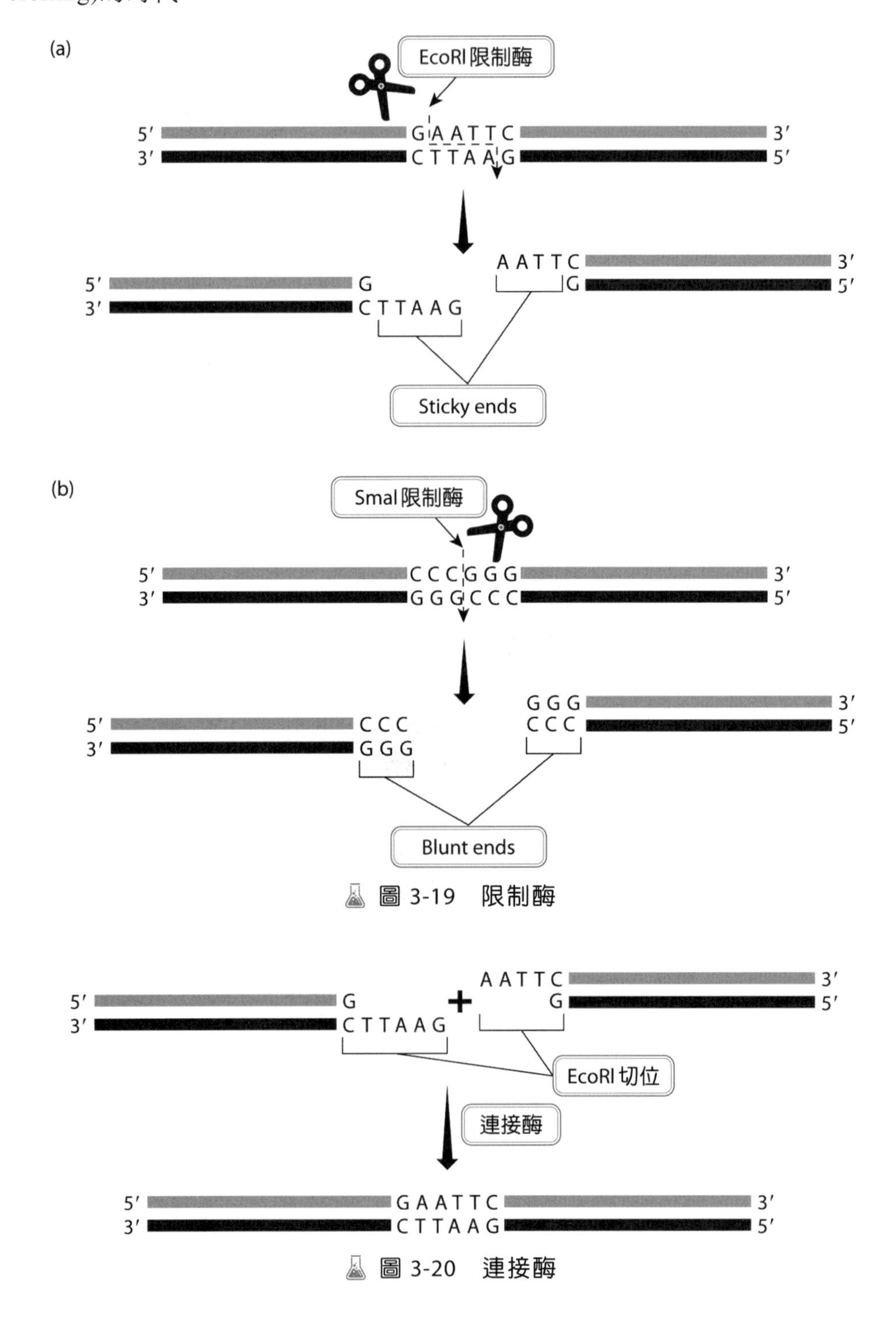

圖 3-19　限制酶

圖 3-20　連接酶

- 西元 1970 年，美國加州大學舊金山分校的病毒學家，在病毒中發現了第一個致癌基因(oncogene)－SRC，這個基因後來發現跟許多癌症的發生有關。
- 西元 1970 年，科學家霍華德・馬丁・特明(Howard Martin Temin, 1934~1994)、羅納托・杜爾貝科 Renato Dulbecco (1914~2012)和戴維・巴爾的摩(David Baltimore, 1938~)分別在各自的研究中發現“reverse transcriptase”（反轉錄酶）。這種酵素可以在宿主細胞內，以 RNA 為模板(template)複製出跟 RNA 病毒互補的 DNA 分子（稱為 cDNA）。
- 西元 1970 年，瑞典的科學家托爾比約恩・卡斯佩森(Torbjörn Oskar Caspersson, 1910~1997)、洛雷・澤希(Lore Zech, 1923~2013)和他們的同事，發明人類和其他哺乳動物細胞染色體的染色方法。

Info 3-2 基因科技與基因安全

西元 1971 年美國史丹佛大學的生化學家保羅・伯格(Paul Berg, 1923~2023)利用限制酶與連接酶合成第一個重組 DNA 分子。次年，Paul Berg 和一些科學家在《科學》期刊上發表一封公開信，呼籲科學家們應該開始正視重組 DNA 技術的安全性。建議在安全疑慮尚未釐清之前，應該停止相關的重組 DNA 實驗。他們並且要求美國國家衛生院(The National Institutes of Health, NIH)盡速訂定相關重組 DNA 實驗的準則。這些呼籲促成了 1975 年在加州舉行的 Asilomar Conference。NIH 在西元 1974 年成立重組基因的審查委員會來監督審核此類的科學研究。西元 1975 年美國政府受驅策而開始草擬重組 DNA 實驗的指導原則。在 1975 年 2 月，140 位包括生物學家、律師、歷史學家、倫理學家、醫師以及 16 位的媒體工作者，一起參加在美國加州 Asilomar Conference Center (Asilomar Conference, California)舉行的第 25 屆的年會，探討當時剛開始的一項生物上的重大議題—「重組 DNA 研究的安全」(the safety of recombinant DNA research)。這時科學家們才剛開始發展可以把 DNA 片段切斷與連接的技術，就已經體認到這個技術在未來可能造成的負面影響。因此，科學家將這次歷史性的會議稱為“Asilomar Conference”。次年美國國家衛生院的重組基因諮詢委員會(Recombinant DNA Advisory Committee, RAC)依據前一年“Asilomar Conference”的結論，發表首份的重組基因實驗指引《NIH Guidelines for Research Involving Recombinant DNA Molecules》。這份指導原則後來也成為世界其他國家在重組基因實驗方面的依循準則。之後，西元 1986 年美國

政府發表“Coordinated Framework for Regulation of Biotechnology”，以比傳統基因工程更為嚴格的角度來規範所創造出來的重組 DNA 生物(rDNA organisms)。同年經濟合作與發展組織〔The Organization of Economic Cooperation and Development (OECD) Group〕的專家，對於生物科技的安全性提出了以下的警告：

"Genetic changes from rDNA techniques will often have inherently greater predictability compared to traditional techniques" and "risks associated with rDNA organisms may be assessed in generally the same way as those associated with non-rDNA organisms."

- 西元 1972 年，初次發現人類基因與黑猩猩(chimpanzee)及大猩猩(gorillas)的基因有 99%的相似性。
- 西元 1973 年，美國的科學家赫伯特．博耶(Herbert Boyer, 1936~)和斯坦利．科恩(Stanley Cohen, 1922~2020)利用限制酶和連接酶，將蟾蜍(toad)基因表達在大腸桿菌中（圖 3-21）。這項重組 DNA 技術，在史丹佛大學技轉中心主任 Niels Reimers 的鼓勵下，提出了專利的申請。
- 西元 1973 年，美國加州大學柏克萊分校的生化學家布魯斯．埃姆斯(Bruce Ames, 1928~)發明了檢測破壞 DNA 的化學物質的方法，這種檢驗方式“The Ames Test”，後來成為偵測致癌物質(carcinogenic substance)的標準方法。
- 西元 1975 年，德國的生物學家喬治斯．克勒(Georges Köhler, 1946~1995)和英國的科學家色薩．米爾斯坦(César Milstein, 1927~2002)在西元 1975 年發明了細胞融合的技術，而產生第一種單株抗體。這項技術稱為融合瘤技術(hybridoma technology)。因為這項發明，他們共同獲得了 1984 年生理學或醫學領域的諾貝爾獎。

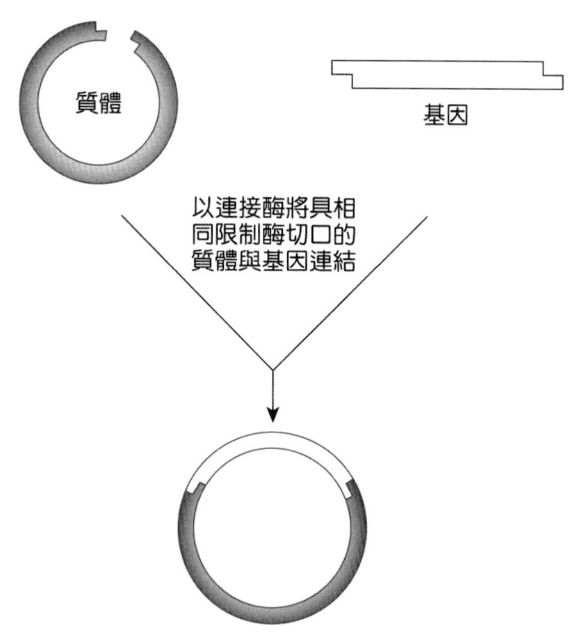

圖 3-21　重組 DNA 技術的簡單圖示。先以限制酶分別將質體與基因切出具相同切口的 DNA 片段，然後再利用連接酶將此兩 DNA 片段組合。

議題討論與家庭作業

1. 請討論果蠅（學名 *Drosophila melanogaster*）的研究對於現代遺傳學的影響。
2. 請由網路（google 或 ChatGPT）查尋“gene linkage”和“genetic maps”兩個名詞的解釋與其重要性。
3. 請討論達爾文及孟德爾的理論如何影響現代遺傳學的發展。
4. 請討論重組 DNA 技術(recombinant DNA technology)如何影響現代生技產業的發展。

學習評量

1. 請解釋“Genotype”和“Phenotype”等兩個名詞。
2. 噬菌體的研究對遺傳學有何重要性？與 DNA 雙股螺旋結構的發現有何關聯性？
3. 請簡述召開“Asilomar Conference”的主要用意。
4. 請問美國國家衛生院(The National Institutes of Health)設立「重組基因諮詢委員會」(Recombinant DNA Advisory Committee, RAC)的主要目的為何？

Chapter 04

生物科技時代的來臨

The Advent of Modern Biotechnology Age

4-1 引言

由於重組 DNA 技術（或稱為基因工程）的快速發展，加上學術界和產業界的攜手合作，使得人類的基因產物可以利用細菌來量產成治療用的蛋白質（圖 4-1），不僅象徵生物科技時代的來臨，也代表生物科技產業的萌芽（西元 1976 年迄今）。Genentech 公司剛創立時，即以此技術為基礎進行藥物研發，相關重要事件如下：

- 西元 1976 年，美國科學家 Herbert Boyer 和 Robert Swanson 成立了 Genentech, Inc.。這是全世界第一家將基因工程的產品商業化的現代生技公司。

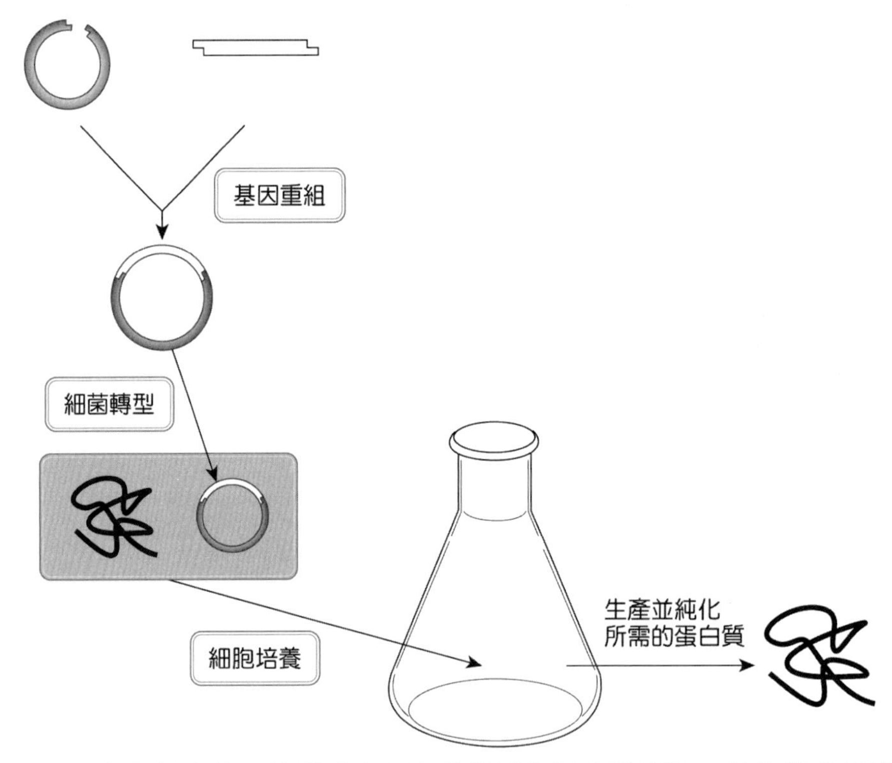

圖 4-1　以含有外來基因的質體表現出此基因的蛋白質產物。首先將此新質體轉型入大腸桿菌的細胞內，然後在含有適當培養基的器皿中大量增殖此種轉型後的細菌，並表現出外來基因的蛋白質產物，之後進行蛋白質純化，如果必要的話，再予以化學修飾。

- 西元 1977 年，Genentech, Inc.宣布成功的將人類 somatostatin 基因（體抑素基因）首次在細菌中表達出具功能性的蛋白質。
- 西元 1978 年，Genentech, Inc.和美國國家醫學中心(National Medical Center)共同宣布利用重組 DNA 技術，在大腸桿菌中表達出人類胰島素的蛋白質。
- 西元 1980 年，Genentech, Inc.科學家將人類的干擾素基因放入大腸桿菌中表達出蛋白質。同年，美國將基因複製的專利權授予 Cohen 和 Boyer 兩位科學家。
- 西元 1982 年，Genentech, Inc.獲得 FDA 核准使用第一個生技製藥—利用基因工程於細菌細胞中生產的人類胰島素蛋白質。
- Eli Lilly 藥廠獲得 Genentech, Inc.的授權，開始生產並販售重組人類胰島素。
- 西元 1986 年，第一個抗癌的生技製藥—干擾素(interferon)的生產。

4-2 現代生物科技年表

現代生物科技的年度重要事件分列如下：

西元 1976 年

- 西元 1976 年，重組 DNA 技術開始應用於人類的遺傳疾病上，並將分子雜交技術(molecular hybridization)應用於 alpha 型海洋性貧血(alpha-thalassemia)的診斷上。
- 美國加州大學舊金山分校的約翰・米高・畢曉普(J. Michael Bishop, 1936~)和哈羅德・艾利洛・瓦慕斯(Harold Eliot Varmus, 1939~)兩位病毒學家發現致癌基因(oncogene)會存在於動物的染色體中，如果這些基因的結構或是蛋白質的表現量改變的話，將會使細胞產生癌化現象。

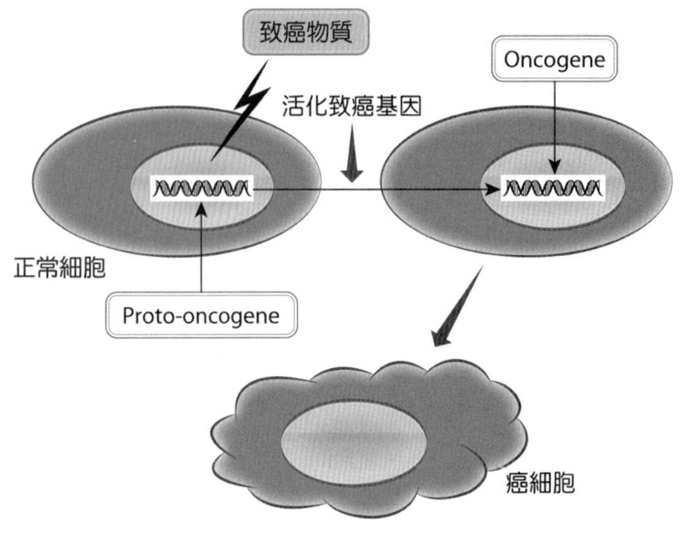

圖 4-2　致癌基因的作用

西元 1977 年

- 兩位美國哈佛大學的科學家(Harvard University)—華特．吉爾伯特(Walter Gilbert, 1932~)和艾倫．馬克薩姆(Allan Maxam, 1942~)，發展出利用化學藥品來定序 DNA 的方法，以取代傳統的酵素法。

西元 1978 年

- 北卡羅萊那州的科學家可以將特定的突變帶入基因特定的位置中。

西元 1979 年

- 美國加州大學舊金山分校(University of California, San Francisco)的霍華德．古德曼(Howard M. Goodman)等人複製出人類生長激素(human growth hormone)的基因。

西元 1980 年

- 任職於美國加州 Centus 公司(Cetus Corporation)的凱利．班克斯．穆利斯(Kary Banks Mullis, 1944~2019)等人，發明了 PCR（polymerase chain reaction, 聚合酶連鎖反應）技術（圖 4-3 及圖 4-4），並獲得此項技術的專利權。在 1991 年的夏天，Centus 公司將此項專利以 3 億美金的天價授權給羅氏藥廠(Hoffman-La Roche, Inc.)。

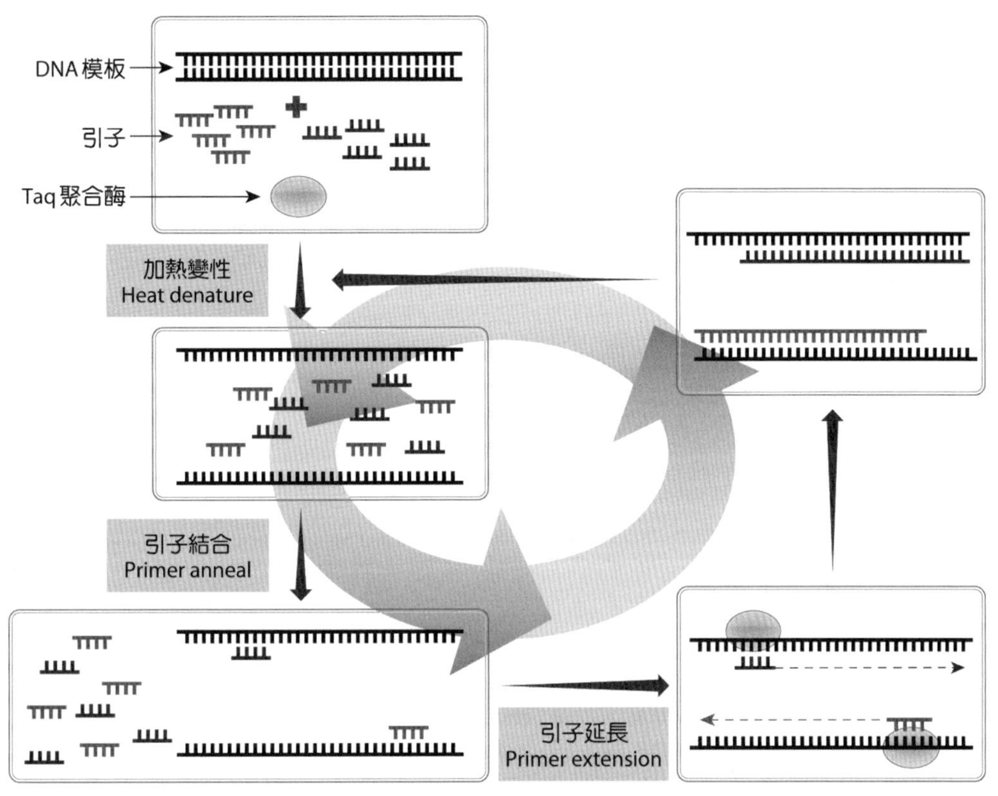

圖 4-3 聚合酶連鎖反應技術(PCR)(一)

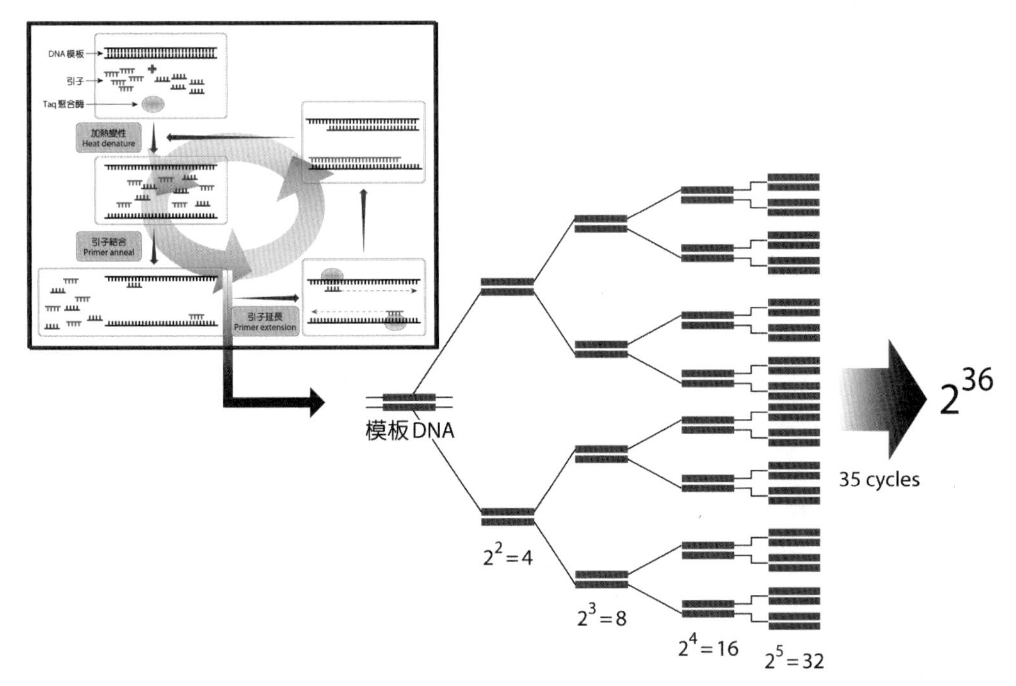

圖 4-4 聚合酶連鎖反應技術(PCR)(二)

西元 1981 年

- 美國 Ohio 大學的科學家將其他動物的基因放入老鼠體內，而創造出世界第一個基因轉殖動物。
- 同時期中國的科學家首次成功複製出金魚(golden carp)。

西元 1982 年

- Applied Biosystems 公司開始商業化量產氣相式的蛋白質定序機，大量減少定序所需的蛋白質量。
- 發展出使用於牲畜的重組 DNA 疫苗。

西元 1983 年

- Syntex 公司(Syntex Corporation)獲得 FDA 核准使用單株抗體為主的檢驗試劑來診斷 *Chlamydia trachomatis*（砂眼披衣菌）。
- UCSF 的 Jay Levy 實驗室、法國巴黎的 Pasteur Institute 和美國的 NIH 幾乎在同時分離出愛滋病的病毒 HIV。

西元 1984 年

- 英國的遺傳學家亞歷克．約翰．傑弗里斯(Alec John Jeffreys, 1950~)發展出基因鑑定技術(DNA fingerprinting technique)。
- 美國的分子遺傳學家查爾斯．康托爾(Charles Cantor, 1942~)和大衛．施瓦茨(David Schwartz)發展出「脈衝式電泳法」(pulsed-field gel electrophoresis, PFGE)。這種分離大片段 DNA 的方法，主要用於“Genotyping”（基因分型）或是“Genetic fingerprinting”（遺傳指紋分析／基因鑑定）等用途。
- Cal Bio 公司的科學家在《自然》期刊上發表複製出製造 anaritide acetate 的基因。anaritide acetate 主要是用於血壓、水分以及鹽類的調節與恆定。

西元 1985 年

- 造成腎臟疾病與囊狀纖維病變(cystic fibrosis)等疾病的基因標幟(genetic markers)的發現。
- 基因鑑定技術結果可當作法庭上的證據。
- 美國 NIH 首次核准人類基因治療(gene therapy)實驗的指引(guidelines)。
- 美國 Cal Bio 公司複製出人類肺部表面活性蛋白質(human lung surfactant protein)的基因。
- 德國的癌症研究學家阿克塞爾・烏爾里希阿克塞爾・烏爾里希(Axel Ullrich, 1943~)在《自然》期刊上發表人類胰島素接受器的序列。美國加州大學舊金山分校(UCSF) 威廉・J・盧特(William J. Rutter, 1928~)的研究團隊也在二個月後，於《Cell》期刊發表相同的結果。Ullrich 也是治療乳癌的單株抗體 “Herceptin” （台灣譯名：賀癌平）的研發者之一，並且至少成立了三家以上的生技公司，其中一家稱為 Sugen 的生技公司後來成為 Phizer 藥廠的子公司。

西元 1986 年

- 加州大學柏克萊分校的化學家彼得・舒爾茨(Peter Schultz, 1956~)和理察・勒納(Richard Lerner, 1938~2021)發表結合抗體(antibodies)與酵素(enzymes)的方法，創造出稱為 “abzymes” 的新一代藥物。Abzymes 又可稱為 “catmab” （亦即 catalytic monoclonal antibody 的簡稱），代表具有酵素功能的單株抗體。這種抗體通常是人造的，但是也存在於某些如全身性紅斑性狼瘡(systematic lupus erythematosus)的自體免疫性疾病(autoimmune disease)中。
- 美國 Orthoclone 生技公司所研發的單株抗體 “OKT3®” (Muromonab-CD3)，獲得 FDA 的核准，用於急性腎臟移殖排斥的治療。

西元 1987 年

- 由 Genentech 公司以重組 DNA 技術研發出來的 rt-PA（tissue plasminogen activator, 組織血漿素原活化劑）藥物，獲得 FDA 的核准上市，使用於缺血性腦中風之血栓溶解劑。
- 美國華盛頓大學梅納德・V・奧爾森(Maynard Victor Olson, 1943~)的研究團隊，發明了可以表達大型蛋白質的酵母菌人造染色體(yeast artificial chromosomes, YAC)。Olson 也是人類基因組計劃(Human Genome Project, HGP)的發起人之一，而且 YAC 對於之後的人類基因體定序有大的助益。
- 美國 Centocor 生技公司研發出來的單株抗體 "CA 125™" (Cancer antigen 125)，被 FDA 核准用於卵巢癌(ovarian cancer)的血清診斷上。
- 重組 B 型肝炎病毒疫苗－ "Recombivax-HB®" （recombinant hepatitis B vaccine；重組 B 型肝炎疫苗）被核准。
- 西元 1988 年，美國國會通過人類基因體計畫的預算。
- 西元 1989 年，植物基因體計畫的開始。

西元 1980 年代其他相關的生技成就

- 由 DNA 的研究來決定生物演化的歷史(evolutionary history)。
- 重組 DNA 的動物疫苗被核准使用於歐洲。
- 利用微生物來清除石油的污染，此項技術稱為 "bioremediation technology" （生物復育技術）。
- Ribozymes（核糖核酸酵素）和 retinoblastomas（視網膜母細胞瘤）的發現。

西元 1990 年

- 一種使用於起士製作的人造 chymosin 酵素（凝乳酶），稱 "Chy-Max™" ，被引進市場，它同時也是第一個在美國食品供需市場中被引進使用重組 DNA 技術的產品。

- 國際合作的人類基因體計畫的開始。
- 1990 年 9 月 14 日美國 NIH 的科學家們執行了世界第一次基因治療(gene therapy)成功的病例，病患是一個患有嚴重複合型免疫缺乏症(severe combined immunodeficiency, SCID)的 4 歲小女孩－Ashanthi DeSilva。
- GenPharm international, Inc.公司創造出第一隻用來生產人類乳汁蛋白質的乳牛。
- 干擾素 γ-1b（interferon gamma-1b；商業名稱為 Actimmune®）被核准用來治療慢性肉芽腫疾病(chronic granulomatous disease, CGD)。
- Adenosine deaminase（商業名稱為 Adagen®；腺核苷去氨酶）被核准用來治療嚴重複合型免疫缺乏症(severe combined immunodeficiency, SCID)。
- FDA 核准 Chiron 公司研發的 C 型肝炎抗體檢驗試劑，以確認血液製品的安全性。

西元 1991 年

- 美國加州大學柏克萊分校(the University of California, Berkeley)的流行病學家瑪莉-克萊爾．金 (Mary Claire King, 1946~)經分析具癌症遺傳傾向病患的家族病史後，發現位於第 17 對染色體上的 *BRCA1* 基因與遺傳性乳癌(the inherited form of breast cancer)有關，並且也會增加得到卵巢癌(ovarian cancer)的機率。

西元 1992 年

- 美國與英國的科學家共同發表在體外來檢驗胚胎是否有遺傳性疾病，如囊狀纖維病變(cystic fibrosis)、血友病(hemophilia)等疾病的的分子診斷技術。
- 美國 FDA 機構宣稱基因改造食品(genetically modified foods)在先天上並不具有危險性(not inherently dangerous)，而且也不需要特別的規範。（在 2006 年底又特別強調了一次！）

西元 1993 年

- 美國生技產業協會“Biotechnology Industry Organization (BIO)”成立。之後改名為“Biotechnology Innovation Organization (BIO)”，是目前世界上最大的生物科技貿易協會。
- 美國 FDA 核准使用“bovine somatotropin”（牛生長荷爾蒙，BST）來增加乳牛的產乳量。
- Kary Mullis 因 PCR 技術的發明，而獲得諾貝爾獎。
- Chiron 研發的 BETASERON® (interferon beta-1b)獲得 FDA 核准，用於治療多發性硬化症(multiple sclerosis)。
- George Washington University 的科學家複製出人類的胚胎，並在培養皿中發育數日。此項研究引起衛道主義者、政治人物與基因工程反對者的大聲撻伐與抗議。
- 隸屬於「人類基因多型性研究中心」(The Center for the Study of Human Polymorphisms, Paris)，由 Daniel Cohen 領導的國際研究團隊發表人類 23 對染色體的基因草圖。

西元 1994 年

- FDA 核准第一個由生物技術所產生的基因改造番茄—“FLAVR SAVR™”。
- 核准人類 DNase 酵素使用於治療囊狀纖維病變(cystic fibrosis)的病人，以改善此種病人肺部中蛋白質的沉積。
- “Bovine somatotropin”（牛生長荷爾蒙，BST）的商業化，產品稱為“POSILAC”。
- Genentech 公司研發的藥物—“Nutropin”（重組生長激素）被美國 FDA 核准用於治療生長激素缺乏的疾病(growth hormone deficiency)。

- BRCA1 基因被發現除了與家族性的乳癌有關外，進一步的實驗也發現這個基因跟非遺傳性的乳癌也有很大的關係（圖 4-5）。

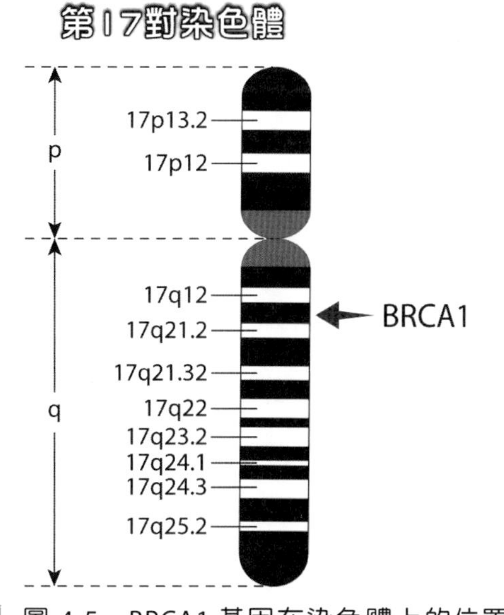

圖 4-5　BRCA1 基因在染色體上的位置

（圖片來源：Wikimedia Commons，作者：Kuebi (Armin Kübelbeck)）

- 許多重要的基因被發現：
  - Ob 基因：與肥胖(obesity)有關的基因。
  - BCR 基因：與乳癌(breast cancer)有關的基因。
  - BCL-2 基因：與細胞凋亡（apoptosis 或稱為 programmed cell death）有關的基因。
  - hedgehog 基因：與高等生物的細胞分化(cell differentiation)有關的基因。
  - Vpr 基因：主控 HIV 病毒複製的基因。
- 科學家們成功將 CFTR (cystic fibrosis transmembrane conductance regulator)基因轉殖入小鼠的腸道內，成為囊狀纖維病變(cystic fibrosis)病人實施基因治療(gene therapy)的重要研究生物模式。
- Centocor 公司研發的生技製藥－REOPRO（ABCIXIMAB, 瑞博），被美國的 FDA 與歐洲相關的藥檢機構核准用於治療「高危險性氣囊動脈成形手術」(high-risk balloon angioplasty)的病人。
- 美國德州大學(University of Texas)的科學家發現一種名為“telomerase”（端粒酶）的酵素可能跟人類細胞的癌化有關，此項結果引起了業界高度的興趣，並且開始著手進行相關的檢驗與治療方面的研究。
- 重組的生技製藥－“GM-CSF”（顆粒球巨噬細胞聚落刺激因子）被核准使用於因化學治療(chemotherapy)所引起的白血球缺乏症(neutropenia)。

西元 1995 年

- 第一次將狒狒的骨髓移植給 AIDS 的病人(baboon-to-human bone marrow transplant)。
- 細菌 *Hemophilus influenzae*（嗜血桿菌）的基因體計畫的完成，此為第一個非病毒的基因體計畫。
- Ob 基因(obesity gene)所轉譯出來的蛋白質—Leptin（瘦體素），被發現可以造成實驗動物體重的減輕。

西元 1996 年

- 發現與帕金森氏症(Parkinson's disease)相關的基因，開啟了這類退化性腦神經疾病可能致病機轉與治療的相關研究。
- 酵母菌基因體圖譜的發表。
- Biogen 公司研發的重組干擾素—Avonex®(Interferon beta-1a)被核准於多發性硬化症(multiple sclerosis, MS)的治療。

西元 1997 年

- 世界上第一隻從成體細胞所複製成功的哺乳動物「桃莉羊」(Dolly the sheep, July 5, 1996 ~ February 14, 2003)，誕生於蘇格蘭。
- 美國 Oregon 的科學家宣稱已成功複製出兩隻恆河猴(Rhesus monkey)。
- 重組的濾泡刺激素(a recombinant follicle-stimulating hormone)—“Follistim”，被核准用於不孕症(infertility)的治療。
- 單株抗體—“Rituxan”（台灣譯名：莫須瘤）被 FDA 核准用於「非何杰金氏淋巴瘤」(non-Hodgkin's lymphoma)的治療。

- 美國麻州大學醫學院(University of Massachusetts Medical School)的查爾斯．維坎提教授(Charles Vacanti, 1951~)和他的研究在1997年發表背上長有耳朵的“Vacanti mouse”（又稱 ear mouse）。該團隊將牛軟骨細胞(cow cartilage cell)生長在可生物分解的耳朵形狀的結構上，然後再將長成耳朵形狀的軟骨，植入免疫缺陷的裸鼠(nude mouse)背部的皮膚下。

圖 4-6　Vacanti mouse

西元 1998 年

- 美國 Hawaii 大學的科學家利用成年老鼠卵巢的 cumulus 細胞（一群圍繞在卵子周邊的細胞，參與卵子的成熟和受精），成功的複製出三代的老鼠來。
- 人類胚胎幹細胞的細胞株(human embryonic stem cell lines)建立。
- 日本 Kinki 大學的科學家將從成年母牛取得的單一細胞，成功的複製出八隻基因完全相同的小牛。
- 完成第一個多細胞動物 *C. elegans* 線蟲的基因體計畫。
- 人類基因圖譜草圖的公布，顯示人類有超過三萬個基因存在（目前已下修至20,000~25,000 個之間）。
- 單株抗體藥物“Herceptin”的臨床試驗結果顯示，對於乳癌的治療有極佳的效果。
- 由 Isis Pharmaceuticals 生技公司所研發的“Fomivirsen”（商業名稱為Vitravene®），成為第一個應用反股技術(antisense technology)的寡核苷酸藥物(antisense oligonucleotide drug)。它被核准用來治療巨細胞病毒(cytomegalovirus, CMV)的感染。這項技術應用在克隆氏病(Crohn’s disease)、腎臟移植排斥(renal transplant rejection)、類風濕性關節炎(rheumatoid arthritis)、潰瘍性結腸炎(ulcerative colitis)、氣喘(asthma)、愛滋病(AIDS)和癌

症(cancer)等疾病的治療，也正在積極的研發中。反股技術是利用一段合成的寡核苷酸與致病基因的 mRNA 結合，以阻斷其蛋白質的轉譯，而達到治療疾病的目的。

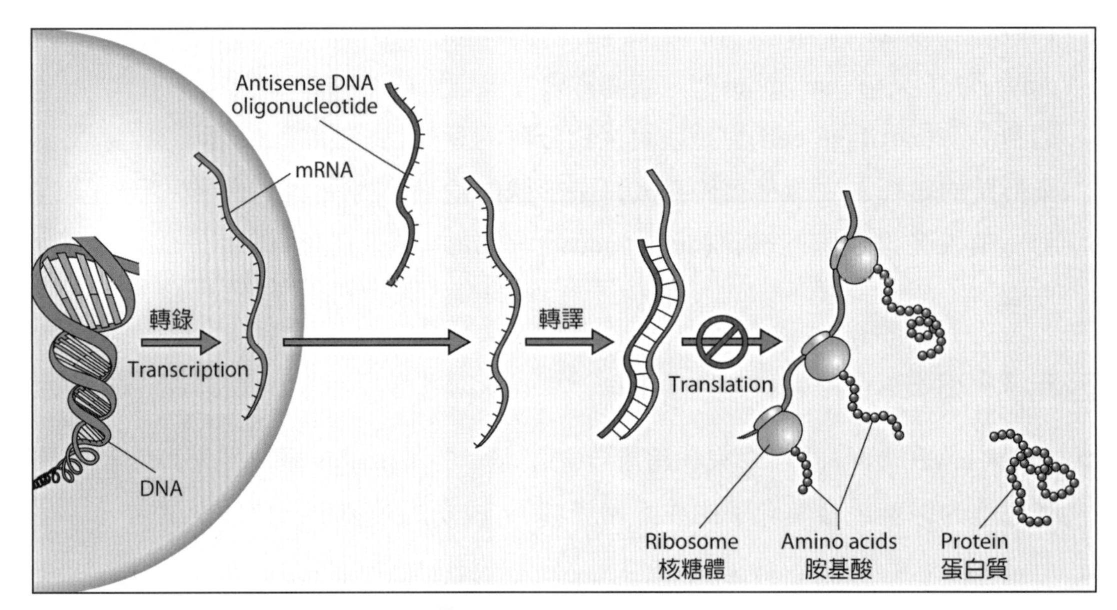

圖 4-7　反股技術

（圖片來源：Robinson R. (2004). RNAi therapeutics: how likely, how soon? *PLoS Biol, 2*(1):E28. Epub 2004 Jan 20. PMID: 14737201）

西元 1999 年

- 發明快速診斷狂牛症(BSE/CJD)的檢驗試劑。

西元 2000 年

- 植物 *Arabidopsis thaliana*（阿拉伯芥）的基因體計畫的完成。
- 人類基因體計畫草圖公布。

西元 2001 年

- 稻米基因體計畫的完成。農業上極具重要性的細菌—*Sinorhizobium meliloti* 和 *Agrobacterium tumefaciens* 基因體計畫的完成。

西元 2002 年

- 酵母菌功能性基因體草圖公布，包括了所有蛋白質的網絡與其之間相互作用的關係。
- 造成瘧疾(malaria)的瘧原蟲與其蚊子宿主的基因體計畫開始。
- 科學家們在控制幹細胞的分化上有長足的進步，一共發現超過 200 個基因與此過程相關。
- 科學家宣布成功研發出對抗子宮頸癌的疫苗“Gardasil”（中文譯名「嘉喜」)。
- 完成稻米致病性黴菌的基因體的草圖，將有助於釐清這種黴菌如何造成稻米的病害。
- 科學家開始重新思考小片段 RNA 在人體細胞內所扮演的重要角色。

西元 2003 年

- 科學家發現與思覺失調症（schizophrenia，舊稱精神分裂症）與躁鬱症(bipolar disorder)相關的基因。
- 第一種由生物科技創造出來的寵物魚—“GloFish”，進入北美市場。
- 一種名為 Banteng 的瀕臨絕種動物的複製成功，也同時帶動了其他瀕臨絕種動物複製的風潮。
- 複製動物「桃莉羊」的死亡。
- 日本科學家利用生物技術發展出不具咖啡因的咖啡豆。

西元 2004 年

- FDA 核准第一個抗血管增生的癌症治療用的抗體藥物“Avastin”（學名：bevacizumab：台灣譯名：癌思停)，可與化療藥物 5-fluorouracil （5-氟尿嘧啶）合併使用，作為轉移性大腸或直腸癌病人的第一線治療用藥，為台灣健保給付藥品之一。

- 治療「黃斑病變」(macular degeneration)的干擾 RNA (RNA-interference, RNAi)藥物進入臨床試驗。
- 雞基因體計畫的開始。
- 第一隻商業化的複製寵物貓“Little Nicky”，由美國德州一名婦女以五萬美金的代價委託加州 Genetic Savings and Clone, Inc 生技公司創造。

西元 2006 年

- 美國食品藥物管理局(FDA)在西元 2006 年 6 月首次核准人類乳突病毒疫苗的上市。
  - 在臺灣引起子宮頸癌的人類乳突病毒(human papilloma virus, HPV)中以 16、18、52 和 58 型最為常見，而 16 及 18 型就佔了 70%。據研究，70%的子宮頸癌(cervical cancer)、80%的肛門癌(anal cancer)、60%的陰道癌(vaginal cancer)和 40%的陰門癌(vulvar cancer)是由 16 和 18 兩型所造成。目前共有兩種相關的疫苗問世：“Gardasil”和“Cervarix”。臺灣衛生福利部已於 2006 年 10 月核准上市“Gardasil”，是一種四價人類乳突病毒（第 6、11、16、18 型）基因重組疫苗（臺灣名稱為嘉喜®，由 MERCK & CO., Inc.研發上市），衛生福利部核准的接種年齡為 9~26 歲女性。該疫苗是將第 6、11、16 及 18 型人類乳突病毒(HPV)之主要外鞘蛋白(L1)基因表現於酵母菌(*S. cerevisiae*)中，然後將其形成的類病毒微粒(VLPs)予以高度純化後製備而成。（近年新一代的 HPV 疫苗「嘉喜 9」(Gardasil 9)也已上市，共含 6, 11, 16, 18, 31, 33, 45, 52 及 58 等九型）
  - 於 2008 年 4 月，衛生福利部又核准另一新型人類乳突病毒疫苗“Cervarix”。Cervarix（臺灣名稱為保蓓™，由葛蘭素藥廠研發上市）是針對人類乳突病毒第 16/18 型的兩價疫苗。疫苗原宣稱是提供成年婦女使用的子宮頸癌新疫苗，許可施打對象最初僅限於 10~25 歲的年輕女性，後來擴及 45 歲熟女，甚至是年輕男性。
  - 除了疫苗對女性的保護之外，Gardasil 似乎對預防男性的尖形濕疣也有效用，2009 年 9 月 FDA 的審查委員會就建議核發藥證給 9~26 歲的男性。

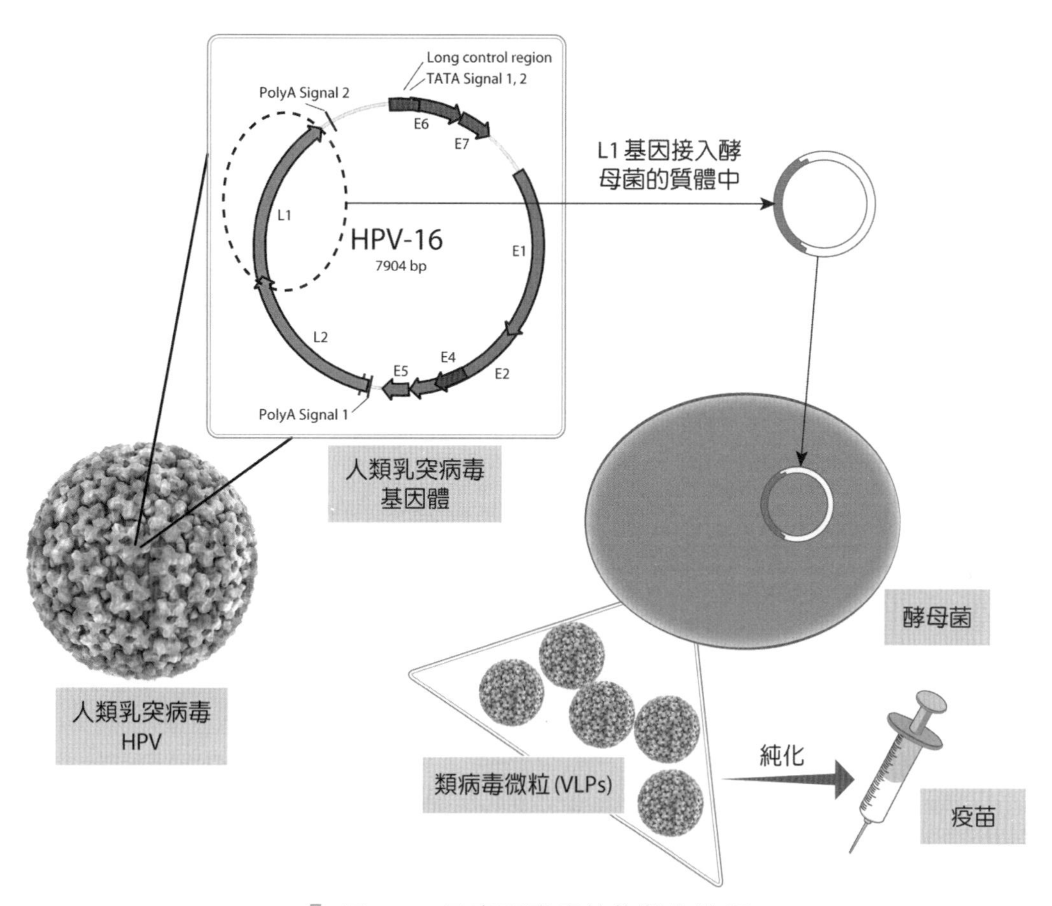

圖 4-8　子宮頸癌疫苗的製作流程

（圖片來源：HPV 基因體圖片取自 Wikimedia Commons，作者 Xmort）

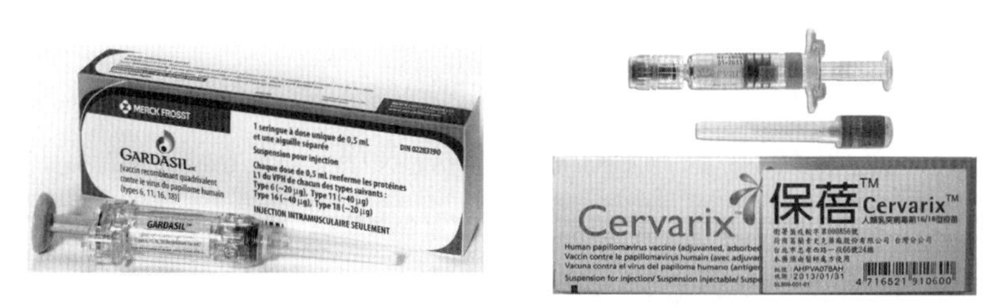

圖 4-9　人類乳突病毒疫苗—嘉喜(Gardasil)（左）及保蓓(Cervarix)（右）

➲ 日本科學家山中伸彌(Shinya Yamanaka, Kyoto University)和他的研究團隊，於西元 2006 年在京都大學(Kyoto University)發表「誘導型萬能幹細胞技術」(induced pluripotent stem cell, iPSC)，並於西元 2012 年獲得諾貝爾生理暨醫學獎。

西元 2009 年

- 從西元 2003 年 10 月起在泰國進行人體臨床試驗的愛滋病疫苗 RV144，至 2006 年 7 月止，發現此疫苗能有效降低 31%的愛滋病毒(HIV)的感染，這是第一個發表具有臨床效果的愛滋病疫苗。

西元 2010 年

- AquaBounty Technologies 生技公司發表一種可以快速成長的鮭魚 AquAdvantage salmon。該公司將太平洋鮭魚(Pacific Chinook salmon)中的生長激素基因及海洋大頭魚(ocean pout)相關的啟動子轉殖入大西洋鮭魚(Atlantic salmon)中。原本需要 3 年才能成長完成的鮭魚，經基因轉殖後，只需 16~18 個月成長。2010 年 9 月，FDA 的審查小組(advisory panel)認為該種基因轉殖鮭魚極不可能對環境生態造成危害；而且在食用上，就如同傳統的大西洋鮭魚一樣安全。其結論原文部分摘錄如下：

  "In conclusion, all of the data and information we reviewed ... really drive us to the conclusion that AquAdvantage salmon is Atlantic salmon, and food from AquAdvantage salmon is as safe as food from other Atlantic salmon."

  不過，美國國會議員及民眾對此種基因改造的鮭魚，仍存有很大的疑慮，反對核准的聲浪也從未停止。

- 美國 J Craig Venter Institute (JCVI)機構的約翰．克萊格．凡特(J. Craig Venter, 1946~)博士，在 2010 年於《科學》期刊發表第一個完全由合成 DNA 所控制的活細胞，也就是第一個人工合成的細胞(synthetic cell)。Venter 博士和他的研究團對，將人工合成的細菌染色體轉殖入另一種細菌內，而改變這種轉殖細菌的特性。這個團隊希望未來能創造出對人類有用的微生物。例如生產藥物、燃料，甚至是吸收溫室氣體的微生物。不過，這些科學成就也引發一些道德、倫理及法律方面的爭議。

西元 2011 年～現在

- 美國麻省理工學院(Massachusetts Institute of Technology)在西元 2011 年宣布，他們利用一種 DRACO 技術(Double-stranded RNA (dsRNA) Activated Caspase Oligomerizer)，可以有效對抗某些病毒的感染，如馬堡病毒(Marburg virus)、扎伊爾埃博拉病毒(Zaire ebolavirus)、登革熱黃病毒(Dengue flavivirus)、阿瑪帕理沙狀病毒(Amapari arenavirus)、塔卡里伯沙狀病毒(Tacaribe arenavirus)、瓜馬本雅病毒(Guama bunyavirus)、H1N1 感冒病毒(H1N1 influenza)和鼻病毒(rhinovirus)等。DRACO 是一種經過基因改造的分子，可以誘導遭病毒入侵的細胞死亡，而達到治療目的。
- 瘧疾(malaria)是發展中國家非常盛行的一種致命性疾病，每年奪去約 80 萬人的性命。從 1980 年代後期開始，英國葛蘭素藥廠(GlaxoSmithKline, GSK)在與其他藥廠及生技公司的合作下，經過逾 20 年的研究後，開發出一種稱為 RTS, S/AS01（商業名稱 Mosquirix）的瘧疾疫苗。在 2012 年 11 月開始於非洲進行的第三期臨床試驗中，證實此種疫苗對感染嚴重瘧疾的嬰幼兒，具有中等程度的保護功效。葛蘭素藥廠在 2014 年 7 月向歐洲藥品管理局(European Medicines Agency, EMA)申請藥證，並在一年後獲得核可；之後 2021 年 10 月也獲得世界衛生組織(World Health Organization, WHO)的認可。
- OraSure Technologies, Inc.公司於西元 2012 年宣布一種名為 OraQuick 的愛滋病家用檢測試劑(OraQuick Home HIV Test)上市（圖 4-10）。這種試劑可以在 20 分鐘內偵測出口腔內的愛滋病毒抗原及 HIV-1/-2 的抗體。之後，陸續有偵測 HIV 抗原及抗體的試劑發表，靈敏度及特異度明顯提升，HIV 的空窗期因此縮短。

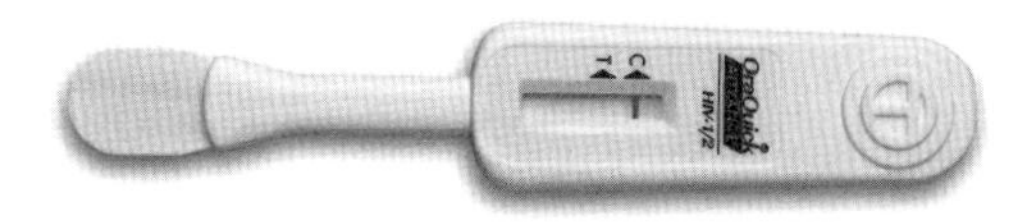

圖 4-10 OraQuick Home HIV 試劑

（圖片來源：OraSure Technologies, Inc.網站）

- 新一代抗癌用的單株抗體藥物，anti-CTLA-4 antibody（如 iplimumab），anti-PD-1 antibody（如 nivolumab、pembrolizumab）及 anti-PD-L1 antibody（如 atezolumab、durvalumab、avelumab）陸續上市，主要作用為抑制免疫查核點(immune checkpoint)以提升免疫力，而達到消滅癌細胞的作用。
- CAR T-cell therapy (Chimeric Antigen Receptor T Cells)技術發表。
- Catherine Wu 與 Ugur Sahin 等人的團隊發表個人化抗癌技術。
- CRISPR-Cas9 system (clustered regularly interspaced short palindromic repeats-Cas9)於 2010 年代開始廣泛應用於基因編輯上，除了學術上的研究外，更有生技產業醫療應用與基因改造食品(GMO food)的發展潛力。
- 嚴重特殊傳染性肺炎（Coronavirus disease 2019，簡稱 COVID-19，又稱新冠肺炎）肆虐全球。

議題討論與家庭作業

1. 聚合酶連鎖反應技術（polymerase chain reaction (PCR) technique）的原理為何？這項發明為何是現代生技發展中不可或缺的一項技術？
2. 為何限制酶(restriction enzymes)和連接酶(ligase)的發現開啟了基因複製(gene cloning)的時代？
3. Bill Rutter 和 Pablo Valenzuela 兩人在《科學》期刊上，發表了一篇以酵母菌來表達出 B 型肝炎病毒表面抗原(hepatitis B surface antigen)的報告。請討論這項技術對臺灣 B 型肝炎防治的重要性。
4. 何謂基因治療(gene therapy)？並請討論這項技術對於未來疾病治療與生技產業可能造成的影響。
5. 何謂干擾 RNA (RNA interference, RNAi)技術？這項技術如何影響未來生技產業的可能發展？
6. 請由網路上查詢並討論有關新一代藥物“abzymes”的實際應用案例。
7. 請討論 CAR T-cell therapy (Chimeric Antigen Receptor T Cells)的治療方式。
8. 請上網搜尋並整理 Catherine Wu 與 Ugur Sahin 等人的團隊所發表的個人化抗癌技術。

學習評量

1. 何謂“abzymes”？
2. 何謂“bioremediation technology”？
3. 何謂致癌基因(oncogene)？
4. 請簡述第一個基因治療(gene therapy)成功的病例。
5. 疫苗「嘉喜(Gardasil)」可以用來預防哪幾型人類乳突病毒(HPV)感染所引起的疾病？
6. 請比較「嘉喜(Gardasil)」和「保蓓(Cervarix)」兩種疫苗之間的異同。

MEMO

Chapter 05

生物科技發展簡史

Brief Histories of Biotechnology

“Biotechnology”這個名詞，最早是在西元 1919 年由匈牙利一位名叫卡羅伊・埃雷基(Károly Ereky, 1878~1952)的農業工程學家所先使用的。他建立了一間可以容納上千頭豬的屠宰場，和一間可以飼養 5 萬頭豬的農場，是當時全世界最大也最賺錢的肉類脂肪處理中心。Karl Ereky 在他寫的一本名為《*Biotechnologie*》的書中，進一步闡述在二十世紀被不斷重複提到的主題：“*Biotechnology could provide solutions to societal crises, such as food and energy shortages.*”（生物科技可以提供食物和能源短缺等社會危機的解決方法）。對於 Ereky 而言，“*Biotechnologie*”指的是利用生物的方式，將原物料(raw materials)經處理後加值成為對社會有用產品的過程。也就是說，這個名詞在當時是表示任何藉由活生物體，而製造出產品的任何相關的過程。Ereky 當時已經預見到生物科技在未來可能帶給人類的重大影響。

在一次大戰之後，這個字迅速的竄紅，並被收錄在德國的字典中。連遠在美國的私人企業也開始受到吸引。有美國釀酒之父(forefathers of American brewing)之稱的約翰・埃瓦爾德・西貝爾（John Ewald Siebel, 1845~1919；美國第一批的德國移民）便在 1868 年創立“Zymotechnic Institute”公司，後來成為很有名的“Siebel Institute of Technology”，專精釀造技術。當時在芝加哥，鼓勵利用新的發酵技術來生產非酒精性的飲料(non-alcoholic drinks)。因此，John Ewald Siebel 的兒子 Emil Siebel，就另設了一家以生產非酒精性的飲料為主的公司—“Bureau of Biotechnology”。除了飲料之外，企業界也開始將新的發酵技術使用於其他產業，其中造成最大影響的就是製藥業(pharmaceutical industry)。抗生素盤尼西林(penicillin)雖然在 1927 年由英國人發現，但是它的大量生產，卻是在 1940 年代利用美國伊利諾州州 Peoria 市發展出來的發酵技術來實現。由發酵技術大規模生產這種抗生素所帶來的龐大利益，徹底改變藥廠的製藥模式。所以接著在 1950 年再利用發酵技術製造出一些屬於類固醇的藥物(steroids)，其中的“cortisone”（可體松）就被視為與 penicillin 在醫療上，具有同等重要性的藥品。所以也有人認為生物科技(Biotechnology)崛起於酵素技術(zymotechnology)。

過去一百多年來，從達爾文的「物種起源論」、孟德爾(Gregor Mendel)提出的「遺傳定律」(Laws of Inheritance)到目前人類基因體計畫的完成，其間出現了很多直接或是間接對於現代生物科技具有重大貢獻的科學研究。由於現代的生物科技著重於基因的研究，因此現代生物科技的發展史，可視為一部「基因體學」(Genomics)的發展史。這些與基因息息相關的重大生物科技成就，依其發生的年代略述於下：

西元 1859 年，達爾文的「物種起源論」(Darwin's Origin of Species)

達爾文(Charles Robert Darwin, 1809~1882)是英國的自然學家，他提出很多科學證據來說明物種的起源是來自於演化(evolutionary)的結果，同時他也利用許多科學理論來進一步闡述「天擇」(natural selection)是促使物種演化最重要的動力，這個「天擇論」被認為是生物學發展的重要基礎（圖 5-1）。

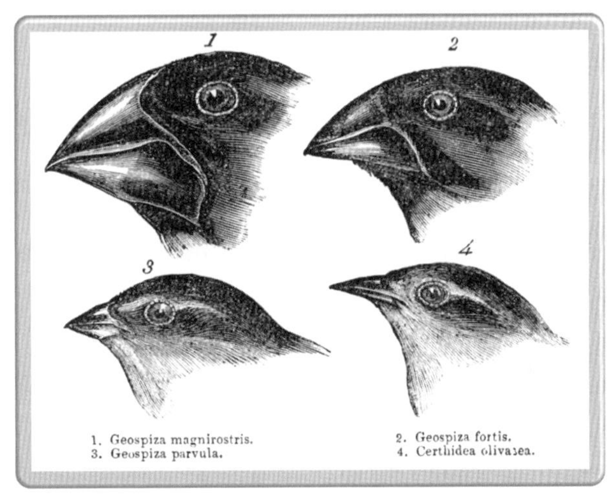

圖 5-1　達爾文與天擇；右圖為達爾文書中所繪製的燕雀科鳥類的鳥嘴，因食物來源不同，而自然選擇出不同鳥嘴形狀的鳥。

當達爾文在大學主修醫學與神學的同時，也漸漸培養出他在自然史方面的興趣。在他搭乘一艘名為 Beagle 的船，於 5 年的航行觀察中，讓他博得了地理學家與自由作家的名號；由於在生物學上的某些發現讓他開始研讀《物種的盛衰》(Transmutation of Species)一書，並且於 1838 年更加確信他提出的「天擇論」是自然界普遍的現象。由於當時像這種違背主流思想的理論往往被視為邪教，因此達爾文遲遲不敢發表這些研究的成果。直到 1858 年見到另一位科學家阿爾弗雷德．羅素．華萊士(Alfred Russel Wallace, 1823~1913)也已經發展出相類似的理論時，迫使達爾文不得不將他過去的發現集結成冊，在 1859 年出版了《On the Origin of Species by Means of Natural Selection》或是稱為《The Preservation of Favoured Races in the Struggle for Life》，這本書常被簡稱為《On the Origin of Species》，中文譯名為《物種起源論》。

西元 1866 年，孟德爾的「遺傳定律」(Mendel's Laws of Inheritance)

在 1856 年到 1863 年間，奧地利的植物學家同時也是修道士的孟德爾(Gregor Johann Mendel, 1822~1884)，他觀察不同顏色、高度與豌莢大小的豌豆植物(Pca plant)的雜交，在經過兩代約 28,000 株植物的實驗結果，於西元 1866 年提出了遺傳性狀是可以由上一代傳至下一代的結論，並將此結果發表在奧地利的"Natural Science Society"（自然科學學會），這就是「Laws of Heredity」（遺傳定律）。而這遺傳性狀(trait)也就是存在於現在大家都知道的「基因」上。雖然他的研究成果是在他去逝三十多年後的二十世紀初，才漸為世人所重視，但是卻為近代遺傳學開啟了重要的一扇門，因此也有人稱他為「遺傳學之父」(The Father of Genetics)。

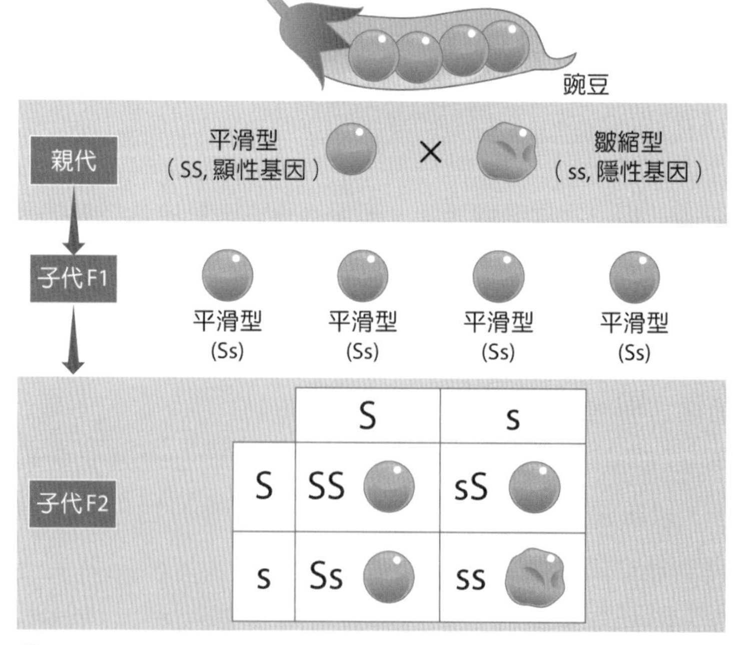

圖 5-2　孟德爾與豌豆實驗

西元 1869 年，Friedrich Miescher 首次分離出 DNA

弗雷德里希・米歇爾(Johan Friedrich Miescher, 1844~1895)是生於瑞士巴塞爾市(Basel)的生物學家，他在 1869 年於 Tübingen 大學恩斯特・費利克斯・伊曼紐爾・霍普-塞勒(Ernst Felix Immanuel Hoppe-Seyler, 1825~1895)教授的實驗室裡，從白血球中分離出很多富含磷酸鹽的化學物質，當時他稱之為"Nuclein"（核素），這種物質後來被證明攜帶有遺傳性狀，也就是現代所稱的"DNA"。

圖 5-3 弗雷德里希・米歇爾

西元 1876 年，Francis Galton 利用統計學來研究遺傳現象

法蘭西斯・高爾頓(Francis Galton, 1822~1911)在達爾文發表《物種起源論》不久之後，便開始著手研究遺傳性狀是如何的從親代傳遞至子代。在他早期的實驗中，把從兔子取得的血液打入不同毛皮顏色的其它兔子裡，以驗證一個稱為"pangenesis"的理論；在當時認為遺傳性狀是由血液來攜帶的，他後來證明這個理論是不正確的。雖然如此，他利用統計學的方式來分析遺傳性狀的資料，卻是可行的。他在 1876 年提出「家系遺傳定律」(Law of ancestral inheritance)，並在之後的二十年間修改了許多次。這個定律的基本概念是認為子代的性狀，四分之一是來自父母親，而其他四分之三則來自於更上一代的祖父母。雖然這個假說已被證明是錯誤的，但是他仍然被視為是利用統計的方式來研究生命遺傳現象的開山鼻祖。

圖 5-4 法蘭西斯・高爾頓

西元 1879 年，Walther Flemming 發現細胞的有絲分裂(Mitosis)

華爾瑟．弗萊明(Walther Flemming, 1843~1905)出生於現已屬於德國的 Sachsenberg（薩克森豪森）地區，並在 1868 年畢業於 Rostock 大學醫學系。在醫院工作一段時間之後，他開始把興趣轉向於生理學的研究，並且在阿姆斯特丹的一個研究生理學的機構擔任威廉．屈內(Willy Kuhne, 1837~1900)的助手；接著，在普法戰爭(Franco-Prussian War)後，他分別在 1873 年與 1876 年於 Prague 和 Kiel 這兩所大學擔任教職。在這段期間，弗萊明利用新合成的苯胺(aniline)染料來觀察細胞核內的絲狀(thread)結構，這個結構後來被威廉．瓦爾代爾(Heinrich Wilhelm Gottfried von Waldeyer-Hartz, 1836~1921)稱為「染色體」（chromosome，有顏色的物體－“colored body”），並由他在 1888 年首次把這個名詞介紹出來。這個利用嗜鹼性染料的新技術使得弗萊明可以很清楚的觀察到細胞分裂時的詳細過程，這個過程他稱之為“mitosis”（有絲分裂），這個字的希臘文意義即是「絲」(thread)。其中最重要的是，他觀察到在細胞分裂

圖 5-5　華爾瑟．弗萊明

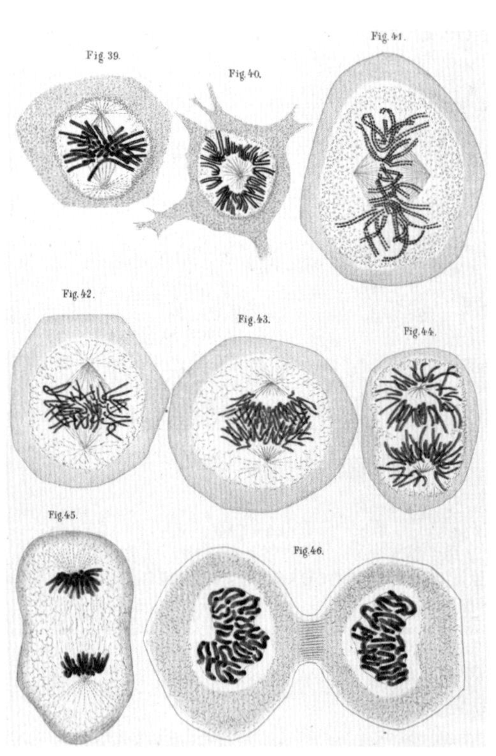

圖 5-6　華爾特．佛萊明在《Zell-substanz, Kern und Zelltheilung》的書中，對於有絲分裂與染色體的說明圖示。

時，這個後來被稱為染色體的結構會排列在細胞中間，並且在細胞分裂成相同的兩個子細胞時，進入子細胞中。在 1882 年，他把這些結果發表於一本名為《*Zell-substanz, Kern und Zelltheilung*》(Cytoplasm, Nucleus and Cell Division) 的書中。這些成果的發表，甚至比孟德爾遺傳理論的重新被發現，都還早了二十年；因此他被視為當代細胞遺傳學(cytogenetics)的開創者。他在有絲分裂以及染色體上的研究成果，被稱為人類史上最重要的百大科學發現之一，同時也被列為細胞生物學的十大發現之一。

西元 1888 年，Theodor Boveri 和 Walter Sutton 發現染色體攜帶有與孟德爾定律相吻合的遺傳因子

在 1900 年代初期，科學家們開始重新重視孟德爾所提出的理論，由於他的研究著重於遺傳性狀在不同代生物體的傳遞，而沒有討論到這些遺傳現象是如何在細胞內發生的。因此，德國的科學家特奧多爾．博韋里(Theodor Boveri, 1862~1915)與美國的科學家沃爾特．薩頓(Walter Stanborough Sutton, 1877~1916)各自在 1902 年幾乎同時提出了染色體攜帶有遺傳物質的結論，而且說明染色體在細胞分裂時的現象與孟德爾定律相吻合。

Theodor Boveri 研究一種名為 *Ascaris megalocephala* 的寄生蟲（屬於線蟲的一種），它本身只具有四個染色體；他利用光學顯微鏡觀察到此種寄生蟲在有絲分裂之前與之後，親代與子代具有相同數目與形狀的染色體，因此在 1888 年提出染色體跟遺傳有很大的相關性。此外，他還研究海膽的生殖細胞，發現海膽的受精過程中，精子和卵子各會提供相同數目的染色體，而各自提供的染色體對於海膽胚胎的發育，具有同等的重要性，這些結果發表於 1890 年。在二十世紀初，由於孟德爾遺傳理論的重新被發現，Theodor Boveri 對於染色體在遺傳性狀的傳遞上可能扮演的角色，也開始引起很多科學家的探討。

圖 5-7 Theodor Boveri

而 Walter Sutton 則是研究海洋生物而發現了染色體減半的細胞分裂過程—"meiosis"，也就是我們現在所稱的「減數分裂」。他發現精子與卵子所帶有的染色體數目只有原來體細胞的一半；在經過受精後，受精卵的染色體又恢復為與體細胞相同的數目。因此，他認為在配子的形成與結合的過程中，染色體數目的變化提供了孟德爾遺傳理論的實質基礎，他的這些研究成果發表於 1903 年。

圖 5-8 Walter Sutton

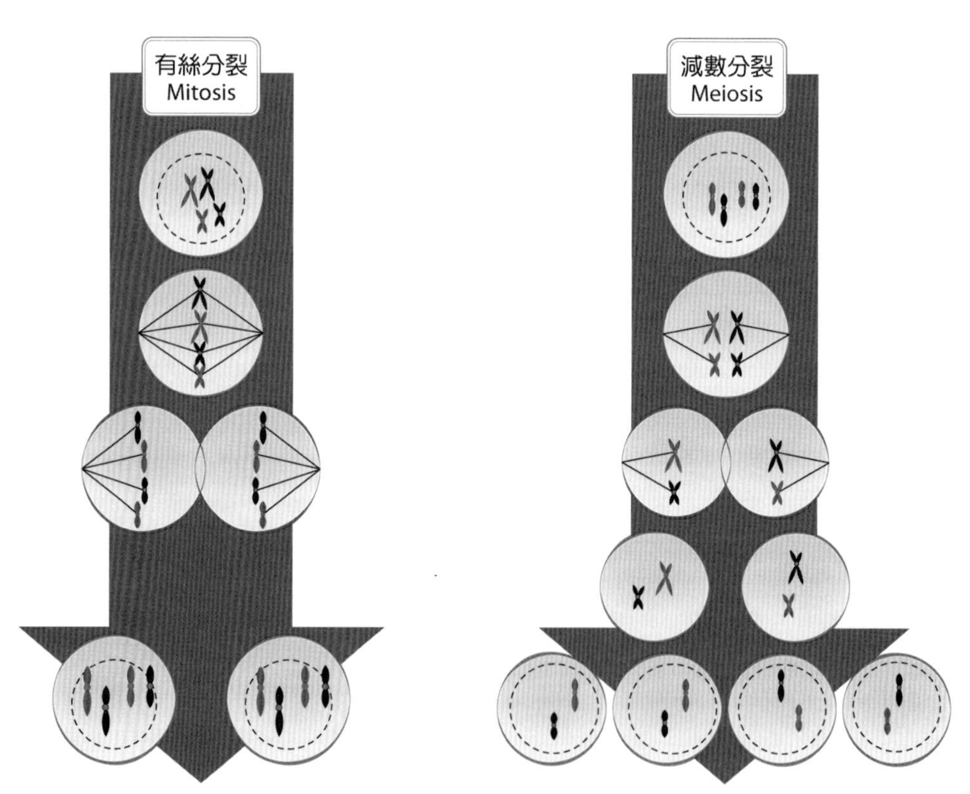

圖 5-9 有絲分裂 vs.減數分裂

西元 1908 年，Archibald E. Garrod 發現遺傳疾病可能來自於基因的缺陷

圖 5-10　Archibald E. Garrod

阿奇博爾德・加羅德(Archibald Edward Garrod, 1857~1936)於 1896 年開始研究一種稱為"alkaptonuria"（黑尿症）的疾病，這種疾病相當罕見，但對病人無致命性的傷害。當病人的尿液接觸到空氣時，顏色會立刻轉變成黑色，他很快就發現"alkaptonuria"是一種先天性的遺傳疾病，而不是細菌感染的結果。這個疾病常發生於近親結婚，而且與孟德爾遺傳理論的隱性遺傳(recessive inheritance)相吻合。

Garrod 是當時英國倫敦 St. Bartholomew's 醫院的名醫，他瞭解一些新的生化知識，也注意到正在起步的遺傳學的某些學理。他懷疑"alkaptonuria"的病人體內可能缺乏一種代謝所需的酵素，使得體內累積了大量足以使尿液變黑的化學物質。他的成就為他贏得了他自己也很喜歡的封號─「化學遺傳學之父」(The Father of Chemical Genetics)。

西元 1909 年，Wilhelm Ludvig Johannsen 提出"Gene"這個名詞

圖 5-11a　Johannen

威廉・約翰森(Wilhelm Ludvig Johannsen, 1857~1927)出生於丹麥哥本哈根一個軍官的家中，他在 1872 年成為一名藥劑師並且在丹麥與德國執業（圖 5-11a）。他於 1879 年通過藥師考試的兩年之後，接獲 Carlsberg 實驗室的聘書，成為當時非常有名的化學家約翰・古斯塔夫・克里斯多福・措斯艾厄・凱耶達爾(Johan Kjeldhl, 1849~1900)的助理。在這期間，Johannsen 開始研究植物種子、塊莖與芽苞的休眠與發芽的代謝機制。在 1892 年，他擔任哥本哈根農學院的講師，最後甚至成為植物生理學的教授。Johannsen 最為人稱道的成就在於以自體受精的方式，培養出在基因上完全相同的純種植物，當時他稱之為"pure line"，並且首度提出了

“genotype”（基因型）與“phenotype”（表現型）這兩個名詞來描述他的實驗結果（圖 5-11b）。當時另一名科學家 de Vries 認為遺傳性狀是由一群特定而分散的物質來決定的，他稱之為“pangene”；Johannsen 很同意這個說法，因此在 1909 年又把這個名詞縮短為現在普遍使用的“gene”這個字，其希臘字的原義為“To give birth to”—中文意思即為「出生」。

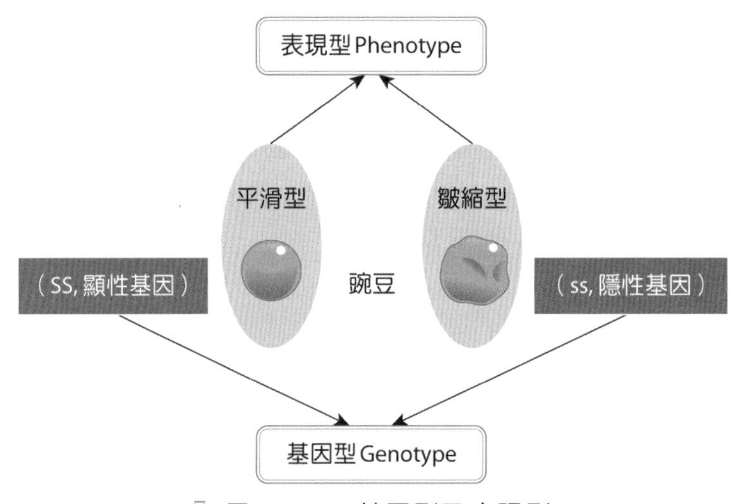

圖 5-11b　基因型及表現型

西元 1911 年，Thomas Hunt Morgan 因果蠅研究而發展出的染色體理論

托馬斯．亨特．摩爾根(Thomas Hunt Morgan, 1866~1945)是一位美國的基因及胚胎學家，他大學畢業於肯塔基州立大學，隨後於 1890 年在約翰霍普金斯大學取得博士學位。起初在布林莫爾學院(Bryn Mawr College)從事教職的這段時期，他著重於胚胎學的研究；但在二十世紀初孟德爾的遺傳理論被重新發現之後，Morgan 開始把重心轉向於研究果蠅(*Drosophila melanogaster*)的突變。在他位於哥倫比亞大學以研究果蠅著稱的實驗室中，證明了「基因」是存在於染色體中，而且是遺傳性狀的主導物質，他的研究成了現代遺傳學的開端。他在 1933 年

圖 5-12　托馬斯．亨特．摩爾根

獲得到了生理學或醫學領域的諾貝爾獎。在其研究生涯中，總共寫了 22 本書，並發表了 370 篇的研究論文，並使得果蠅成為現代遺傳學第一個重要的模型生物(model organism)。尤其驚人的是，在他於加州理工學院(California Institute of Technology)一手創立的生物系中，一共產生了七位的諾貝爾獎得主。

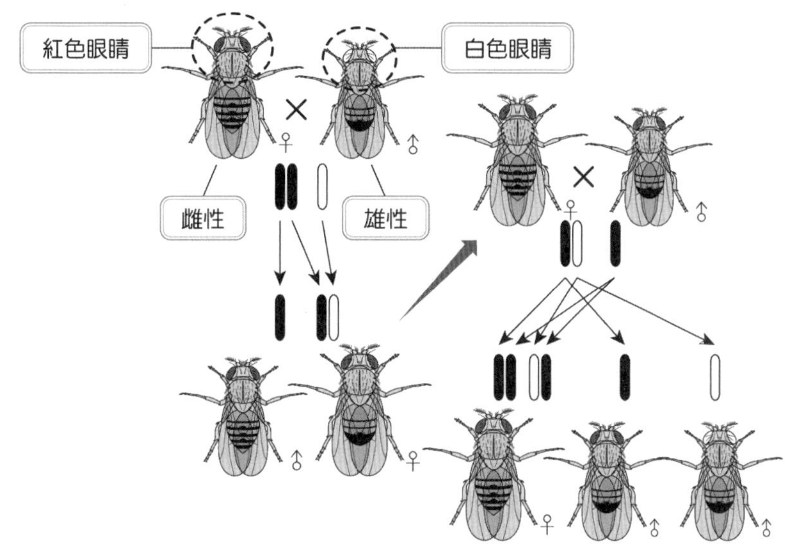

圖 5-13　果蠅的性聯遺傳，Morgan 發現果蠅的白色眼睛是一種性聯遺傳的結果。

西元 1927 年，赫爾曼·約瑟夫·馬勒利用 X 光引起基因的突變

1895 年 X 光首次被發現後，只單純被應用於臨床診斷與治療，或是基礎的物理研究方面，直到美國的遺傳學家赫爾曼·約瑟夫·馬勒(Hermann Joseph Muller, 1890~1967)利用 X 光來產生果蠅的點突變(point mutation)，X 光的應用領域才擴展到遺傳學的研究上。在 1910 年至 1915 年間，在 Thomas Hunt Morgan 的指導下，Muller 於哥倫比亞大學開始發展染色體遺傳的理論。不像早期的遺傳學家，Muller 比較著重於基因的化學與物理性質，同時也包括了基因操控的研究。1926 年於德州大學任教時，他用高劑量的輻射線照射果蠅，並在短期間內就取得了很多果蠅的突變種。他分析這些果蠅突變種的表現型後，認為輻射線照射會穿透染色體而隨機的影響到個別基因的分子結構，因而導致

圖 5-14　赫爾曼·約瑟夫·馬勒

基因的化學結構改變，甚至於死亡。Muller 以人為方式引起基因突變的成就，為他贏得了 1946 年生理學或醫學領域的諾貝爾獎。

西元 1941 年，George Wells Beadle 和 Edward Lawrie Tatum 發現基因調控酵素的生成

基因除了主宰遺傳性狀的表現之外，也負責調控生理代謝作用的蛋白質的生成，這些蛋白質在生物體內的生物功能，經交互作用後，最後所呈現的就是我們所稱的「生命」。這項對近代分子生物學有重大影響的成就，是由喬治．韋爾斯．比德爾(George Wells Beadle, 1903~1989)與愛德華．勞里．塔特姆(Edward Lawrie Tatum, 1909~1975)兩位科學家所貢獻。

Beadle 也是一位遺傳學家，起先在 Thomas Hunt Morgan 於哥倫比亞大學的實驗室工作。在 1935 年之前，他已有相當的證據來說明果蠅眼睛顏色的突變可能是一連串由基因所調控的化學變化的結果。因此在之後的六年，與 Edward L. Tatum 開始更進一步的提出這方面的假說。由於果蠅相對複雜的基因結構，對於研究這些新提出的假說，可能是一個缺點；因此在 1941 年，Beadle 與 Tatum 決定將實驗轉向於研究單細胞生物的代謝。他們利用一種稱為“*Neurospora carssa*”的麵包黴菌作為研究的對象，因其具備有性及無性生殖，且有相當短的生命週期，最重要的是它只有一對染色體，可以讓問題較為簡化。

圖 5-15　喬治．韋爾斯．比德爾

圖 5-16　愛德華．勞里．塔特姆

Beadle 與 Tatum 利用放射線照射"*Neurospora carssa*"，所獲得的基因突變種經與野生型的細胞行有性生殖後，再篩選出對胺基酸—精胺酸(arginine)具依賴性的子代細胞。利用這樣的策略，他們發現一個基因的突變可以導致細胞產生對精胺酸的依賴性，也就是細胞對胺基酸的代謝作用已經產生改變。這些研究成果發表於 1941 年，並產生所謂「一基因，一酵素」(one gene, one enzyme)的假說。他們在 1958 年獲得諾貝爾獎的殊榮。

西元 1934 年，John Desmond Bernal 利用 X 光結晶繞射圖譜來分析蛋白質的結構

約翰・戴斯蒙德・伯納爾(John Desmond Bernal, 1901~1971)出生於愛爾蘭，就讀於 Bedford School 和 Emmanuel College 兩所大學時，主修數學與科學，並於 1922 年取得學士學位。畢業後，他在倫敦跟隨威廉・亨利・布拉格爵士(Sir William Bragg)並開始他的研究生涯。在 1924 年，他解析出了石墨(graphite)的化學結構。1934 年，他的研究團隊首度拍下了蛋白質結晶的 X 光圖，這對後來蛋白質三度空間結構的分析，有著最關鍵的貢獻。他後來在倫敦大學 Birkbeck 學院的物理系擔任教授，並且也成為皇家協會的院士。

圖 5-17　John Desmond Bernal

西元 1943 年，William Astbury 利用 X 光結晶繞射圖譜來研究 DNA 的結構

威廉・阿斯特伯里(William Astbury, 1898~1961)是英國一位兼具物理學與分子生物學專長的科學家。他是首位利用 X 光繞射技術來研究生物分子構造的先驅，他在角蛋白(keratin)的研究成果，後來導致萊納斯・鮑林(Linus Carl Pauling)發現蛋白質的 α 螺旋(alpha helix)結構；此外他在 1937 年利用這項繞射技術研究 DNA 的結構，也為這類 DNA 結構的研究，邁出了關鍵性的一步。

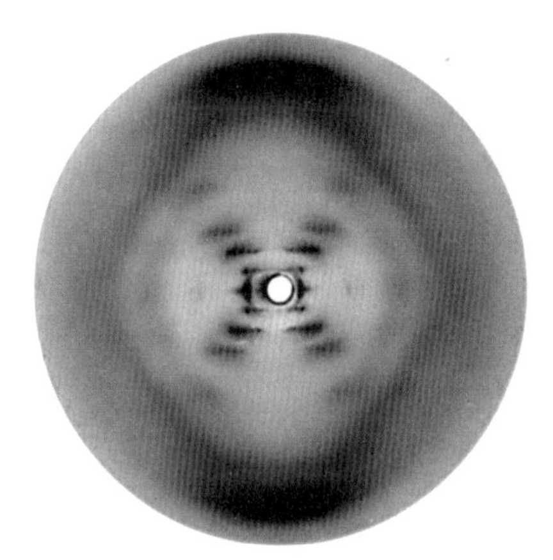

圖 5-18　威廉・阿斯特伯里與 X 光繞射圖

西元 1949 年，萊納斯・鮑林發現第一個分子疾病

萊納斯・鮑林(Linus Carl Pauling, 1901~1994)是美國一位兼具量子化學與生物化學專長的科學家(quantum chemist and biochemist)。他也喜歡稱自己為分子生物學家、醫學研究家或是結晶學家。他是首位將量子力學應用在化學方面的先驅，其最大的成就在於化學鍵結方面的研究，讓他獲得了 1954 年化學領域的諾貝爾獎。此外，在蛋白質與 DNA 結晶結構的研究上，也有非常傑出的表現，他幾乎發現 DNA 雙股螺旋結構(double helix)，因此可以說是近代分子生物學的創始者之一。在 1962 年，他又因在反對地面核子試爆的活動，獲得了另一座諾貝爾獎，他是史上唯一兩次單獨獲得諾貝爾獎的科學家。

圖 5-19　萊納斯・鮑林

➲ 萊納斯．鮑林(Linus Carl Pauling)生平所獲得的各項殊榮：

- 1931 Langmuir Prize, American Chemical Society
- 1941 Nichols Medal, New York Section, American Chemical Society
- 1947 Davy Medal, Royal Society
- 1948 United States Presidential Medal for Merit
- 1952 Pasteur Medal, Biochemical Society of France
- ***1954 Nobel Prize, Chemistry**
- 1955 Addis Medal, National Nephrosis Foundation
- 1955 Phillips Memorial Award, American College of Physicians
- 1956 Avogadro Medal, Italian Academy of Science
- 1957 Paul Sabatier Medal
- 1957 Pierre Fermat Medal in Mathematics
- 1957 International Grotius Medal
- ***1962 Nobel Peace Prize**
- 1965 Order of Merit, Republic of Italy
- 1965 Medal, Academy of the Rumanian People's Republic
- 1966 Linus Pauling Medal
- 1966 Silver Medal, Institute of France
- 1966 Supreme Peace Sponsor, World Fellowship of Religion
- 1972 United States National Medal of Science
- 1972 International Lenin Peace Prize
- 1978 Lomonosov Medal, USSR Academy of Science
- 1979 Medal for Chemical Sciences, National Academy of Science
- 1984 Priestley Medal, American Chemical Society
- 1984 Award for Chemistry, Arthur M. Sackler Foundation
- 1987 Award in Chemical Education, American Chemical Society
- 1989 Vannevar Bush Award, National Science Board
- 1990 Richard C. Tolman Medal, Southern California, Section, American Chemical Society

西元 1943 年，噬菌體研究的開端

「噬菌體」(bacteriophage 或稱為 phage) 是一種可以感染細菌的病毒。馬克斯‧德爾布呂克(Max Ludwig Henning Delbrück, 1906~1981)和薩爾瓦多‧盧瑞亞(Salvador Edward Luria, 1912~1991)利用噬菌體來研究細菌的遺傳學，為現代分子生物學開啟了一扇門。Max Ludwig Henning Delbrück 是一位德裔的美國生物物理學家(biophysicist)，當他在美國加州理工學院研究果蠅的遺傳時，開始接觸到細菌和可以感染細菌的噬菌體。在 1939 年，他和埃莫里‧艾利斯(Emory Leon Ellis, 1906~2003)共同發表了一篇名為〈*The Growth of Bacteriophage*〉的論文，他們發現噬菌體是以"One step growth"（單步驟生長法）來繁殖複製，而非像細菌以指數的生長方式(exponential growth)。Salvador Edward Luria 是一位美國的微生物學家(microbiologist)，在 1942 年共同和 Delbrück 和 Luria 發現細菌對於噬菌體感染的抵抗，是來自於細菌本身遺傳物質的隨機突變(random mutation)。這項研究成果讓他們和 Alfred Hershey 共同獲得了 1969 年生理學或醫學領域的諾貝爾獎。

西元 1944 年，Oswald T. Avery 發現 DNA 是負責細菌性狀轉換的主要物質

在 1940 年代之前，人們只瞭解基因是一種與遺傳相關的分散單位，並且可以產生控制生理代謝的蛋白質，因此當時認為基因就是蛋白質。直到 1944 年，奧斯瓦爾德‧埃弗里(Oswald T. Avery)證明一種在細胞內普遍存在的物質—「去氧核糖核酸」(deoxyribonucleic acid, DNA)，是形成細菌遺傳性狀轉換的化學元素。

Avery 是一位工作於美國 Rockefeller 醫院醫學研究部門的免疫化學家。他在研究肺炎鏈球菌幾年後，於 1928 年他和其他的科學家發現，如果把活的非致病性與死的致病性的肺炎鏈球菌一起注射到老鼠的體內，老鼠很快就會因感染而死亡。這個預期老鼠應會存活的相反結果，讓他們百思不解，此實驗結果似乎顯示活的非致病性的肺炎鏈球菌，從已死亡的致病性菌取得了致病的因子。

但是非致病性的肺炎鏈球菌是如何從死的菌株獲得毒性呢？致病性與非致病性的肺炎鏈球菌最主要的差異在於外套膜的有無。致病性的肺炎鏈球菌具外

套膜，可以避免免疫系統的消滅，這類性狀稱為 S 型（smooth form／平滑型）；相反的，不具外套膜的肺炎鏈球菌稱為 R 型（rough form／粗糙型），很快就會被免疫系統消滅掉。後來，他們發現這種細菌的不同性狀的轉換 (transformation)，根本不需靠老鼠來發生，只要把活的 R 型和死的 S 型肺炎鏈球菌在試管內混合，就可以很簡單的得到活的 S 型肺炎鏈球菌，即得到致病性的菌株（圖 5-21）。

圖 5-20　奧斯瓦爾德．埃弗里（左）、Colin MacLeod（中）和 Maclyn McCarty（右）

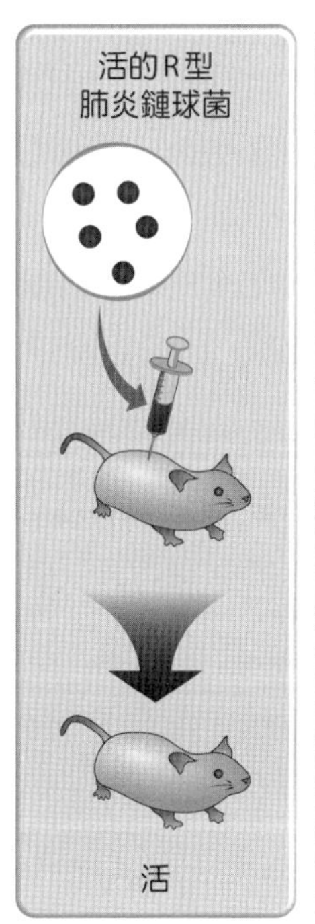

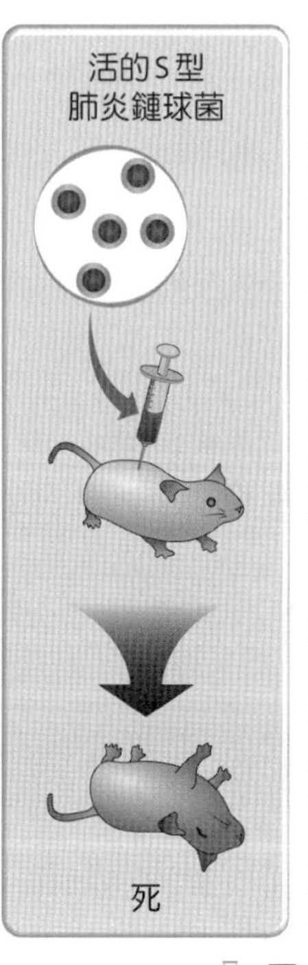

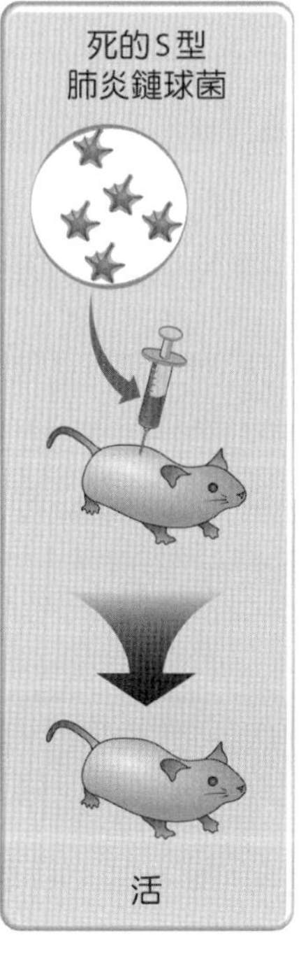

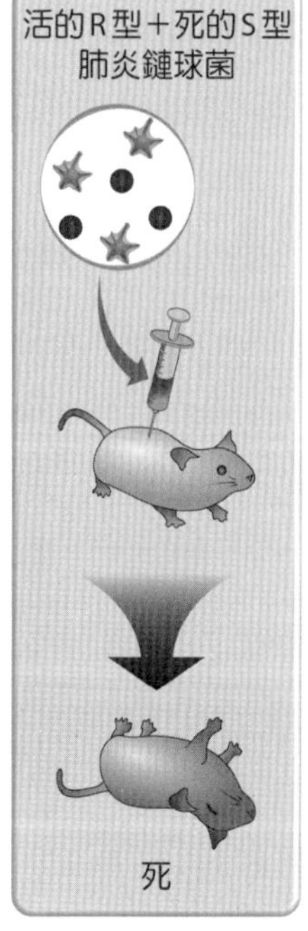

圖 5-21

接著 Avery 就想瞭解到底是甚麼物質造成細菌的性狀轉換，因此他和另外兩位科學家—科林．麥克勞德(Colin MacLeod, 1909~1972)和麥克林．麥卡蒂(Maclyn McCarty, 1911~2005)，從 20 加侖的細菌中分離出所謂的「轉換因子」(transforming factor)。這個物質似乎不是之前所預期的蛋白質或是碳水化合物，而可能是 DNA；最後進一步的分析也確認這個所謂的「轉換因子」的確就是 DNA。

西元 1944~1947 年，遺傳學基本概念的建立與跳躍基因的發現

芭芭拉．麥克林托克(Barbara McClintock, 1902~1992)是美國一位相當知名的細胞遺傳學家(cytogeneticist)（圖 5-22），她在 1927 年於康乃爾大學(Cornell University)獲得植物學的博士學位。從 1920 年代末期開始，McClintock 一直專注於玉米(maize)染色體的研究。她發展出可以在顯微鏡底下觀察玉米染色體變化的技術，並且利用這些技術發現在減數分裂(meiosis)過程中，染色體會經由 “crossing-over” 而產生所謂的「基因重組」(genetic recombination)現象，並且繪製了玉米第一個基因輿圖(genetic map)。在 1940~1950 年代之間，更進一步發現位於玉米的跳躍基因— “transpoable elements” 或是稱為 “jumping genes”，她的研究成果直到 1960~1970 年代才漸漸被科學家所瞭解與接受。這項成就讓她在 1983 年獲得生理學或醫學領域的諾貝爾獎。

圖 5-22　芭芭拉．麥克林托克

1952 年，由噬菌體的研究中，發現 DNA 是組成基因的物質

對於人類健康最大的威脅之一就是病毒的感染。由病毒感染造成的疾病，輕微的像是疣(warts)、普通感冒(common cold)，到比較嚴重的流行性感冒(flu)、腮腺炎(mumps)和麻疹(measles)，或是更嚴重的肝炎(hepatitis)、小兒麻痺(polio)或是 AIDS 等等，甚至於連細菌都會受到病毒的侵襲。第一個會攻擊細菌的病毒是在 1917 年分別由英國和法國的科學家發現的。法國的科學家 Felix d'Herelle 最先是在腹瀉病人的糞便中，發現一種可以殺死細菌的物質，而且這個物質可以通過過濾器而仍保有感染力，他把這種物質稱為「噬菌體」(bacteriophage)。之後，在 1952 年美國的生物學家阿弗雷德・赫希(Alfred Hershey, 1908~1997)和瑪莎・蔡斯(Martha Chase, 1927~2003)就決定要來研究到底是甚麼構成噬菌體的遺傳物質。他們曉得噬菌體是一種只由蛋白質和 DNA 兩種物質組合而成的簡單微生物，而且蛋白質在外面，DNA 則被蛋白質包裹在裡面。當細菌被噬菌體感染時，細菌內部的調控機轉就完全由噬菌體所控制，而替噬菌體複製出更多的病毒來。因此，Hershey 和 Chase 就想要瞭解到底是 DNA 或是蛋白質負責這樣的轉換。由於，DNA 和蛋白質的主要組成成分不同；蛋白質含有硫(sulfur)，DNA 則否，但 DNA 則含有較多量的磷酸鹽(phosphorus)。所以，Hershey 和 Chase 就把噬菌體培養在含有放射性硫(S^{35})或是含有放射性磷(P^{32})的物質中，使得其蛋白質與 DNA 分別標幟出放射性。然後他們將這兩種標幟不同放射性物質的噬菌體，分別用來感染細菌，發現含放射性磷的 DNA 會進入細菌內，並且最後會在子代噬菌體內的 DNA 中出現（圖 5-25）。因此，就證明 DNA 是組成基因的遺傳物質。這個結論後來也引發 Watson 和 Crick 對於 DNA 結構的探討。

圖 5-23 Felix d'Herelle

圖 5-24 阿弗雷德・赫希（左）和瑪莎・蔡斯（右）

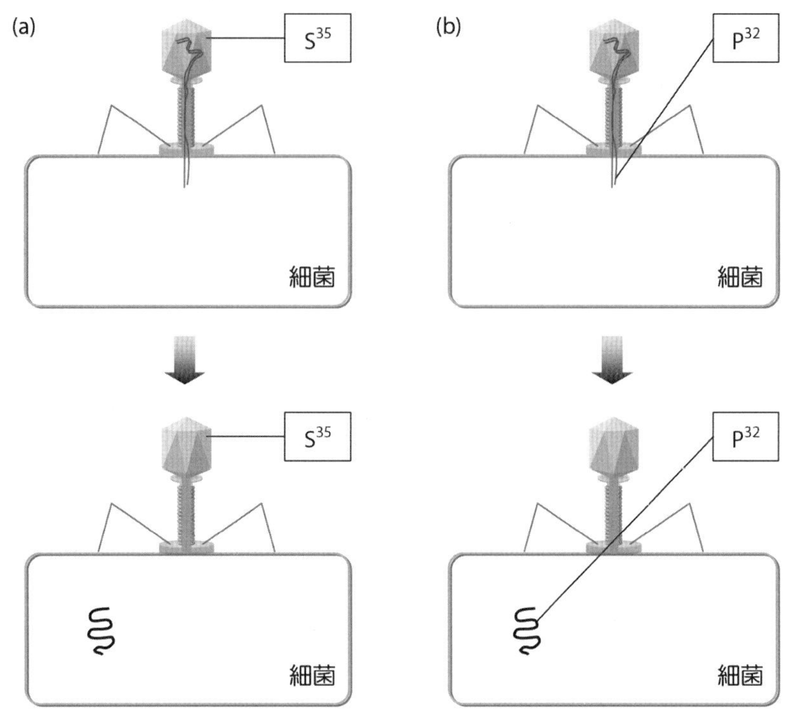

圖 5-25　Hershey & Chase 實驗

西元 1953 年，DNA 雙股螺旋結構的發現

人們直到 1950 年代初期才開始漸漸瞭解基因是由 DNA（deoxyribonucleic acid，去氧核糖核酸）所構成的。英國的科學家羅莎琳．富蘭克林(Rosalind Franklin, 1920~1958)可以說是研究 DNA 結構最早的先驅，她的研究後來促成了詹姆斯．杜威．沃森(James Watson, 1928~)和弗朗西斯．克里克(Francis Crick, 1916~2004)兩人在 DNA 結構上的立論。瞭解 DNA 的結構是通往生物科技的必經途徑。

在 1951 年 10 月，Watson 在英國劍橋大學物理系 Cavendish 的實驗室，開始和 Crick 在 DNA 結構的研究上，進行很密切的合作與討論。Crick 很快就利用數學方程式解開螺旋散射的理論(helical diffraction theory)，而 Watson 則知道所有從噬菌體所得到有關 DNA 的結果。之後，他們開始和莫里斯．威爾金斯(Maurice Hugh Frederick Wilkins, 1916~2004)交換相關的資訊，並且在 11 月時，Watson 參加了一項由 Rosalind Franklin 所舉辦的研討會，並獲知 Rosalind Franklin 和雷蒙．葛斯林(Raymond Gosling, 1926~2015)合作所得到有關 X 光繞射的結果，認為 DNA 可能為螺旋的結構。在研討會結束不久之後，Watson 和

Crick 便依據 Franklin 的見解，開始構思正確的 DNA 結構模型。在 1953 年 Watson 和 Crick 獲得他們實驗室主任和 Wilkins 的首肯，開始正式建構 DNA 模型。最後終於在 1953 年 2 月 21 日將 DNA 雙股螺旋的結構發表於《自然》雜誌上，此舉為他們及 Wilkins 獲得了 1962 年生理學或醫學領域的諾貝爾獎。DNA 的雙股螺旋模型也成為分子生物學上的金科玉律(Central dogma of molecular biology)。

Watson 在 DNA 結構上的成就，讓他在 1988 年被任命為 NIH（National Institutes of Health，美國國家衛生院）的「人類基因體計畫」的負責人。但是在 1992 年因為和他的新上司伯納丁・希利(Bernadine Patricia HealyZ, 1944~2011)在基因專利方式上有所爭議；Watson 認為不應只確認出基因的序列，就可以獲得基因專利權並得到商業上的用途。由於 Watson 在基因的法律見解上和他的上司不同，因此他選擇離開，並在 1994 年開始擔任 CSHL (Cold Spring Harbor Laboratory)的總裁十年。

歷年來對於 DNA 雙股螺旋結構研究具有貢獻的科學家：William Astbury、Oswald Avery、Francis Crick、Erwin Chargaff、Max Delbrück、Jerry Donohue、Rosalind Franklin、Raymond Gosling、Phoebus Levene、Linus Pauling、Sir John Randall、Erwin Schrödinger、Alec Stokes、James Watson、Maurice Wilkins、Herbert Wilson。

圖 5-26 詹姆斯・杜威・沃森（左）、弗朗西斯・克里克（中）及莫里斯・威爾金斯（右）

No. 4356 April 25, 1953 NATURE 737

MOLECULAR STRUCTURE OF NUCLEIC ACIDS
A Structure for Deoxyribose Nucleic Acid

WE wish to suggest a structure for the salt of deoxyribose nucleic acid (D.N.A.). This structure has novel features which are of considerable biological interest.

A structure for nucleic acid has already been proposed by Pauling and Corey[1]. They kindly made their manuscript available to us in advance of publication. Their model consists of three inter-twined chains, with the phosphates near the fibre axis, and the bases on the outside. In our opinion, this structure is unsatisfactory for two reasons:
(1) We believe that the material which gives the X-ray diagrams is the salt, not the free acid. Without the acidic hydrogen atoms it is not clear what forces would hold the structure together, especially as the negatively charged phosphates near the axis will repel each other. (2) Some of the van der Waals distances appear to be too small.

Another three-chain structure has also been suggested by Fraser (in the press). In his model the phosphates are on the outside and the bases on the inside, linked together by hydrogen bonds. This structure as described is rather ill-defined, and for this reason we shall not comment on it.

We wish to put forward a radically different structure for the salt of deoxyribose nucleic acid. This structure has two helical chains each coiled round the same axis (see diagram). We have made the usual chemical assumptions, namely, that each chain consists of phosphate diester groups joining ß-D-deoxy-ribofuranose residues with 3',5' linkages. The two chains (but not their bases) are related by a dyad perpendicular to the fibre axis. Both chains follow righthanded helices, but owing to the dyad the sequences of the atoms in the two chains run in opposite directions. Each chain loosely resembles Furberg's[2] model No. 1; that is, the bases are on the inside of the helix and the phosphates on the outside. The configuration of the sugar and the atoms near it is close to Furberg's standard configuration', the sugar being roughly perpendicular to the attached base. There is a residue on each chain every 3-4 A. in the z-direction. We have assumed an angle of 36° between adjacent residues in the same chain, so that the structure repeats after 10 residues on each chain, that is, after 34 A. The distance of a phosphorus atom from the fibre axis is 10 A. As the phosphates are on the outside, cations have easy access to them.

The structure is an open one, and its water content is rather high. At lower water contents we would expect the bases to tilt so that the structure could become more compact.

The novel feature of the structure is the manner in which the two chains are held together by the purine and pyrimidine bases. The planes of the bases are perpendicular to the fibre axis. They are joined together in pairs, a single base from one chain being hydrogen-bonded to a single base from the other chain, so that the two lie side by side with identical z-co-ordinates. One of the pair must be a purine and the other a pyrimidine for bonding to occur. The hydrogen bonds are made as follows: purine position 1 to pyrimidine position 1; purine position 6 to pyrimidine position 6.

If it is assumed that the bases only occur in the structure in the most plausible tautomeric forms (that is, with the keto rather than the enol configurations) it is found that only specific pairs of bases can bond together. These pairs are: adenine (purine) with thymine (pyrimidine), and guanine (purine) with cytosine (pyrimidine).

In other words, if an adenine forms one member of a pair, on either chain, then on these assumptions the other member must be thymine: similarly for guanine and cytosine. The sequence of bases on a single chain, does not appear to be restricted in any way. However, if only specific pairs of bases can be formed, it follows that if the sequence of bases on one chain, is given, then the sequence on the other chain is automatically determined.

It has been found experimentally[3,4] that the ratio of the amounts of adenine to thymine, and the ratio of guanine to cytosine, are always very close to unity for deoxyribose nucleic acid.

It is probably impossible to build this structure with a ribose sugar in place of the deoxyribose, as the extra oxygen atom would make too close a van der Waals contact.

The previously published X-ray data[5,6] on deoxyribose nucleic acid are insufficient for a rigorous test of our structure. So far as we can tell, it is roughly compatible with the experimental data, but it must be regarded as unproved until it has been checked against more exact results. Some of these are given in time following, communications. We were not aware of the details of the results presented there when we devised our structure, which rests mainly though not entirely on published experimental data and stereo-chemical arguments.

It has not escaped our notice that the specific pairing we have postulated immediately suggests a possible copying mechanism for the genetic material.

Full details of the structure, including the conditions assumed in building it, together with a set of co-ordinates for the atoms, will be published elsewhere.

We are much indebted to Dr. Jerry Donohue for constant advice and criticism, especially on interatomic distances. We have also been stimulated by a knowledge of the general nature of the unpublished experimental results and ideas of Dr. *M.* H. F. Wilkins, Dr. R. E. Franklin and their co-workers at King's College, London. One of us (J.D.W.) has been aided by a fellowship from the National Foundation for Infantile Paralysis.

J.D. WATSON
F.H. C. CRICK

Medical Research Council Unit for the Study of the Molecular Structure of Biological Systems, Cavendish Laboratory, Cambridge. April 2.

[1] Pauling, L., and Corey, R. B. nature, 171, 346 (1953); Proc. U.S. Nat Acad. Sci., 39, 84 (1953).
[2] Furberg, S., Acta Chem. Scand., 6, 634 (1952).
[3] Chargaff, E., for references see Zamenhof, S., Brawerman, G., and Chargaff, E., Biochim, et Biophys. Acta, 9 402 (1952).
[4] Wyatt, G.R. J. Gen. Physiol., 36 201 (1952).
[5] Astbury, W.T., Symp. Soc. Exp. Biol. 1, Nucleic Acid, 66 (Camb. Univ. Press, 1947)
[6] Wilkins, M. H. F. and Randall, J. T. Biochim. et Biophys. Acta, 10, 192 (1953).

This figure is purely diagrammatic. The two ribbons symbolize the two phosphate—sugar chains, and the horizontal rods the pairs of bases holding the chains together. The vertical line marks the fibre axis

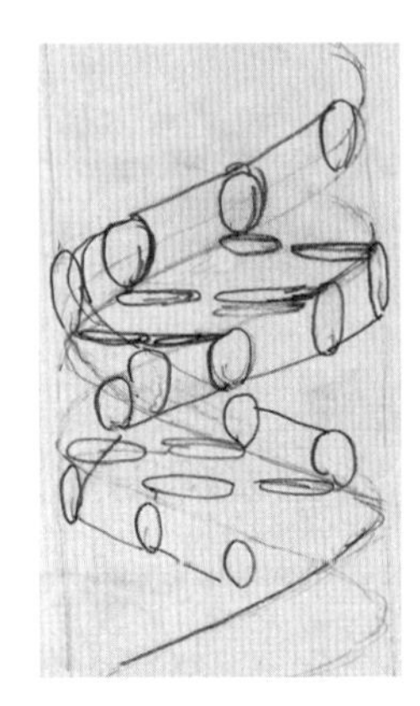

圖 5-27　左圖為 James Watson 和 Francis Crick 兩人在 1953 年發表於《自然》雜誌中的論文，這僅僅一頁的文章為他們和 Maurice Wilkins 三人共同贏得了 1962 年生理學或醫學領域的諾貝爾獎，右圖為 Francis Crick 對 DNA 雙股螺旋結構的手繪圖。

西元 1955 年，確認人類染色體數目為 46 個（即 23 對）

在 1900~1950 年代，約有半世紀的時間，當時的科學家都相信人類細胞內共有 48 個染色體。直到 1955 年 12 月 22 日，蔣有興(Joe Hin Tjio, 1916~2001)發現人類染色體只有 46 個，這個 48 個染色體的錯誤觀念才被糾正過來。Joe Hin Tjio 出生於當時屬於荷蘭殖民地爪哇(Java)的一個華人父母的家庭中，並在荷屬的殖民地學校接受教育，接著在大學時期接受農業方面的訓練。二次大戰期間，經過三年集中營的監禁後，他接受荷蘭政府的獎學金，前往荷蘭唸書。之後開始在丹麥、西班牙和瑞典等國從事有關植物育種相關的工作。在 1948~1959 年間，他在西班牙 Zaragoza 這個地方研究植物的染色體。在 1955 年時，他前往位於瑞典 Lund 地區的阿爾伯特・萊文(Albert Levan, 1905~1998)教授的實驗室進行訪問研究，人類正確的染色體數目就在這段停留的期間發現，並在 1956 年的 1 月 26 日將此項成果發表於《Hereditas》期刊中，此時距離他的發現只有一個月又零四天。

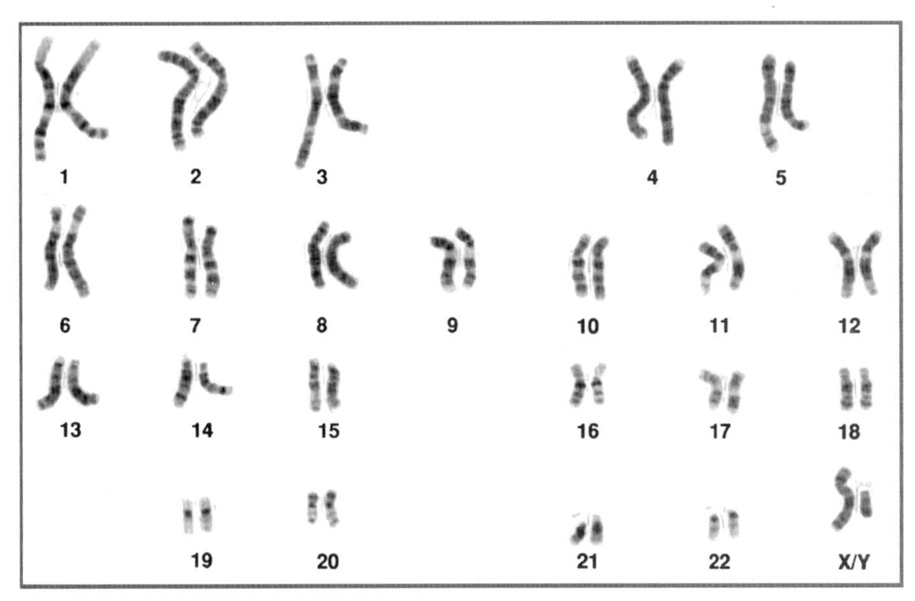

圖 5-28　人類 23 對染色體圖（男性）

（圖片來源：National Cancer Institute (NCI)，取自 https://visualsonline.cancer.gov/）

西元 1958 年，Matthew Meselson 和 Franklin Stahl 發現 DNA 半保留的複製方式

所謂半保留的方式，是指 DNA 在複製時，雙股 DNA 中的一股是保留自上一代的 DNA，而另一股則是新合成的。馬修・梅瑟生(Matthew Meselson, 1930~)和富蘭克林・史達(Franklin Stahl, 1929~)首先將大腸桿菌培養在含有較重的 ^{15}N 放射核種中，經過幾代的培養讓所有的細菌均含有 ^{15}N；接著，讓這些細菌在含較輕的 ^{14}N 同位素的培養基中，僅僅分裂一次，發現產生含重量位於 ^{14}N 和 ^{15}N 之間的 DNA，因此就提出了 DNA 半保留複製方式的理論。

圖 5-29 馬修．梅瑟生（左）和富蘭克林．史達（右）（圖片來源：Hanawalt, P. C. (2004). Density matters: The semiconservative replication of DNA. PNAS, 101(52), 17889~17894，取自 http://www.pnas.org/）

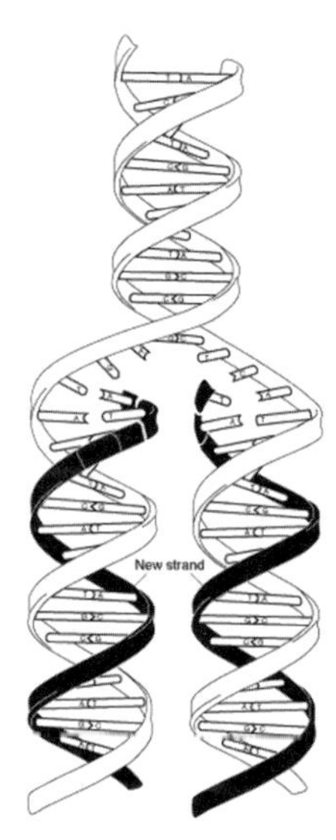

圖 5-30 DNA 半保留的複製方式（新複製的 DNA 以深色表示）

西元 1961 年，mRNA 的發現

西德尼．布倫納(Sydney Brenner, 1927~)、弗朗西斯．克里克(Francis Crick, 1916~2004)、方斯華．賈克柏(Francois Jacob, 1920~2013)、賈克．莫諾(Jacques Monod, 1910~1976)和馬修．梅瑟生(Matthew Meselson)確認核糖核酸(ribonucleic acid)在細胞中扮演的角色。他們發現「訊息 RNA」(mRNA)攜帶 DNA 的遺傳訊息，然後細胞依據訊息 RNA 的資料而製造出蛋白質來。

圖 5-31 西德尼．布倫納（左）、方斯華．賈克柏（中）和賈克．莫諾（右）

西元 1966 年，基因解碼

馬歇爾・沃倫・尼倫伯格(Marshall Warren Nirenberg, 1927~2010)，一個在美國"National Institute of Arthritic and Metabolic Diseases"工作的年輕化學家，在 1961 年首先發現第一個形成胺基酸的基因密碼，因為一個胺基酸的種類是由三個核苷酸的序列來決定的，因此我們稱此序列為"triplet"，也就是我們現在所稱的"codon"（密碼）。在之後的 5 年期間，Nirenberg 將所有二十個胺基酸的基因密碼完全解譯出。

Nirenberg 剛開始最主要的實驗是與德國的科學家 J・海因里希・馬特伊(Johann Matthaei, 1929~)一起合作。他們利用破壞大腸桿菌細胞所取得的酵素與能量系統，然後加入只含有 uracil 的單股 RNA，結果發現這個系統可以合成只含 phenylalanine 的蛋白質片段，並且也證明胺基酸 phenylalanine 的基因密碼(codon)是"UUU"。由於 RNA 共有 uracil、cytosine、adenine 和 guanine 等四種不同的組成成分，如果一個胺基酸是由三個這種組成成分的序列所決定，那將會有 64 組不同的基因密碼來決定 20 種不同的胺基酸。後來威斯康辛大學(University of Wisconsin)的哈爾・葛賓・科拉納(Har Gobind Khorana, 1922~2011)利用同樣的系統，證明 Nirenberg 的實驗結果，因此他們共同獲得了 1968 年的諾貝爾獎。

圖 5-32　Nirenberg（左）及 Khorana（右）

西元 1968 年，第一個限制酶的出現

所謂限制酶或稱為內切酶（restriction enzyme 或是 restriction endonuclease）就是可以在雙股 DNA 特定序列上，把 DNA 切斷的酵素。這種酵素最先是在大腸桿菌中(*E.coli*)，被發現用來「限制」噬菌體的感染，因此稱為「限制酶」（圖 5-33）。這些限制酶和可以把 DNA 結合的連接酶(ligase)是分子生物學、基因工程或是重組 DNA 技術中，最重要的酵素。1978 年將諾貝爾獎頒發給發現限制酶的科學家－沃納・亞伯(Werner Arber, 1929~)、丹尼爾・那森斯(Daniel Nathans, 1928~1999)和漢彌爾頓・史密斯(Hamilton Smith, 1931~)，以表彰他們對於現代重組基因技術的貢獻。

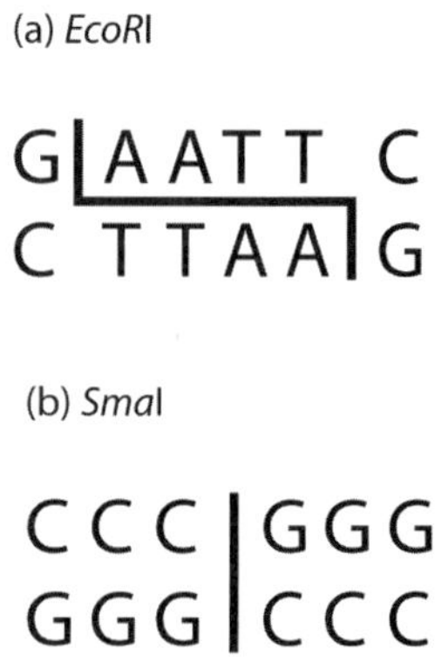

(a) *EcoRI*

G|AATT C
C TTAA|G

(b) *SmaI*

CCC|GGG
GGG|CCC

圖 5-33　限制酶 *EcoRI* 及 *SmaI* 的辨認序列

西元 1972 年，第一個重組 DNA 分子的誕生

美國的科學家 Paul Berg (1926~)是第一個把來自不同生物的基因串接起來的科學家。Berg 最初的想法是要將噬菌體的某些基因插入 SV40 病毒的基因中，以讓這種組合的病毒可以在細胞內複製，並且表達出噬菌體的蛋白質。這些結果在 1972 年發表後，也代表著基因工程時代的來臨。但是，Berg 也在 1974 年發表文章來探討這種技術可能為人類帶來的潛在危險性；之後在 1976 年，便促成了首份重組基因實驗指引的公布。

圖 5-34　Paul Berg

西元 1973 年，第一個動物基因的複製

緊接在 Paul Berg 的技術發表之後，美國加州大學舊金山分校的赫伯特・博耶(Herbert Boyer, 1936~)和史丹佛大學的斯坦利・科恩(Stanley Cohen, 1935~)於 1973 年也發表可以將基因在不同種類的細胞中複製。他們利用一種稱為「質體」(plasmid)的非染色體的環狀 DNA，這種 DNA 可以讓細菌交換彼此的遺傳物質。Boyer 和 Cohen 將 kanamycin（卡納黴素）抗藥基因插入原本已經有

tetracycline（四環黴素）抗藥基因的質體“pSC101”中，然後再將此種組合的質體放入大腸桿菌，使其同時對 tetracycline 與 kanamycin 兩種抗生素具有抵抗性。之後，他們更嘗試將蟾蜍“*Xenopus laevis*”的基因，利用質體的方式放入細菌中，使其基因能被大量的複製，甚至於基因的蛋白質產物也可以用細菌來表達。Boyer 和 Cohen 把基因重組技術發展到可以實際應用於商業界，使這項技術成為當代生物科技不可或缺的重要工具。

圖 5-35　赫伯特．博耶（左）和斯坦利．科恩（右）

西元 1975~1977 年，DNA 定序技術的發展

沃特．吉爾伯特(Walter Gilbert, 1932~)（以及他的研究生 Allan M. Maxam）和弗雷德里克．桑格(Frederick Sanger, 1918~2013)，在 1977 年分別於美國與英國各自發展出快速定序 DNA 的技術，並在 1980 年共同獲得化學領域的諾貝爾獎。現代的基因定序都是根據當時他們發展出來的方法而創新改良。

圖 5-36　沃特．吉爾伯特（左）和弗雷德里克．桑格（右）

西元 1976 年，第一家以基因工程技術設立的生技公司—Genentech

圖 5-37　Robert A. Swanson

由於 Herbert W. Boyer 在重組 DNA 技術方面的領先，便在 1976 年和創投資本家羅伯特・A・斯旺森(Robert A. Swanson, 1947~1999)成立了全世界第一家以重組 DNA 技術為主的生技公司—"Genentech, Inc."。其公司名稱就是來自於 **Gen**etic **En**gineering **Tech**nology 等幾個字的組合。Boyer 和來自於 Beckman Research Institute 的亞瑟・里格斯(Arthur Riggs, 1939~2022)和 Keiichi Itakura 兩人，於 1977 年首次將人類的荷爾蒙基因— "somatostatin"（體抑素），利用此項技術成功的在細菌中表達出來。之後，他們更和後來加入的戴維・戈德爾(David Goeddel, 1951~)和丹尼斯・克萊德(Dennis Kleid)等人，成功在細菌中製造治療糖尿病的胰島素蛋白質。從 1982 年到目前，Genentech 陸續研發出二十種以上的蛋白質藥物，也就是現在所稱的「生技藥物」(biotech drugs)或稱為「生物製藥」(biopharmaceuticals)／生物製劑(biologics)。

➲ 歷年來由 Genentech 公司所研發上市的生物製劑：

- 1982年，Human Insulin—第一個被核准由基因工程所研發出來的人類藥物。
- 1985 年，Protropin® (somatrem)—兒童生長激素缺乏的補充劑。
- 1987 年，Activase® (recombinant tissue plasminogen activator)—使用於急性心臟阻塞(acute myocardial infarction, AMI)病患的血栓溶解。也可使用於非出血性中風(non-hemmoragic stroke)的治療。
- 1990 年，Actimmune®（干擾素-γ 1b; interferon gamma 1b）—用於治療慢性肉芽腫疾病(chronic granulomatous disease)。
- 1993 年，Nutropin® (recombinant somatropin)—用於慢性腎功能衰竭(chronic renal insufficiency)的兒童或成人在腎臟移植前的治療。
- 1994 年，Pulmozyme®（dornase alfa；基因重組的核酸酶 "recombinant DNAse"）—用於治療患有囊狀纖維化症(cystic fibrosis)的小孩或年輕人，此藥物以吸入性的方式來治療肺部死細胞的過量屯積。

- 1997 年，Rituxan® (rituximab)—用於治療 non-Hodgkins lymphomas（淋巴癌的一種）。
- 1998 年，Herceptin® (trastuzumab)—用於治療 HER2 陽性的乳癌。
- 2000 年，TNKase® (tenecteplase)—用於治療急性心肌梗塞(acute myocardial infarction)。
- 2003 年，*Xolair® (omalizumab)—此種藥物以注射的方式，來治療中度至重度的持續性氣喘病人(persistent asthma)。
- 2003 年，Raptiva® (efalizumab)—用來抑制 T 細胞的活化(activation)或再活化(reactivation)，以治療因 T 細胞被活化所造成的乾癬(psoriasis)。
- 2004 年，Avastin® (bevacizumab)—此為一種抑制 VEGF 的單株抗體藥物，用於治療移轉性的大腸或直腸癌。
- 2004 年，Tarceva® (erlotinib)—用於治療移轉性的 non-small cell lung cancer （肺癌的一種）或是胰臟癌(pancreatic cancer)。
- 2006 年，Lucentis® (ranibizumab injection)—用於治療老年黃斑病變(age-related macular degeneration, AMD)。
- 2010 年，Actemra (tocilizumab)—第一個介白素-6 接受器〔interleukin-6 (IL-6) receptor〕的抑制劑，用於治療類風濕性關節炎(rheumatoid arthritis, RA)。
- 2012 年，Erivedge (vismodegib)—用於治療基底細胞癌(advanced basal-cell carcinoma, BCC)。
- 2012 年，PERJETA (pertuzumab)—與 Herceptin (trastuzumab)抗體及 docetaxel 化療藥物合併治療 HER2 陽性的乳癌患者。
- 2013 年，Kadcyla (ado-trastuzumab emtansine)—第一個被核准的抗體藥物結合物(antibody-drug conjugate, ADC)。為治療 HER2 陽性的乳癌抗體(trastuzumab, Herceptin)與細胞毒性藥物 mertansine (DM1)結合的新型態藥物。
- 2013 年，Actemra (tocilizumab)—用於治療 Rheumatoid arthritis、Polyarticular juvenile idiopathic arthritis、Systemic juvenile idiopathic arthritis 等關節炎。
- 2016 年，Tecentriq (atezolizumab)—用於治療泌尿上皮癌(Urothelial carcinoma)與轉移性非小細胞肺癌(Metastatic non-small cell lung cancer)。

- 2017 年，Ocrevus (ocrelizumab) —美國 FDA 批准的第一個治療復發緩解型多發性硬化症(relapsing-remitting multiple sclerosis, RRMS)和原發性進行性多發性硬化症(primary progressive multiple sclerosis, PPMS)的療法。該疾病的 PPMS 形式以前沒有被核准的治療方法。
- 2017 年，Hemlibra (emicizumab) —治療血友病 A。

Info 5-1 Xolair®

Xolair®是由臺灣前清華大學教授，同時也是前中研院特聘研究員的張子文博士在 1987 年由其與唐南珊博士在美國創立的生技公司 Tanox 所研發出來的氣喘治療藥物。Xolair 是世界上第一個以 IgE 為治療標的的單株抗體藥物。之後，他們更聯合了兩家世界上知名的生技公司與藥廠—Genentech 與 Novartis，共同進行後續的臨床試驗，並且成功的在 2003 年獲得美國 FDA 的核准上市。張博士也因為這項成就在 2007 年被「美國過敏、哮喘與免疫學協會」(AAAAI)選為該會第一位華裔的榮譽會員(Honorary Fellow)。（詳細內容請見中國時報 2007 年 3 月 20 日之報導）

西元 1980 年，聚合酶連鎖反應技術(polymerase chain reaction, PCR)的發表

凱利．穆利斯(Kary Mullis, 1944~)於 1980 年在 Cetus Corporation 發表了可以大量複製出特定 DNA 片段的技術，稱為「聚合酶連鎖反應技術」(polymerase chain reaction, PCR)。這項技術後來成為 80 年代以來最具革命性的分子生物學技術，並為 Mullis 贏得了 1993 年的諾貝爾獎。

圖 5-38　凱利．穆利斯

西元 1983 年，第一個以 PCR 技術發現與疾病相關的基因

在 1983 年首次利用 PCR 技術，找出位於第 4 對染色體上與亨丁頓舞蹈症(Huntington disease, HD)有關的基因，並且根據這項結果設計出檢驗此項疾病的方法。

THE

MEDICAL AND SURGICAL REPORTER.

No. 789.] PHILADELPHIA, APRIL 13, 1872. [Vol. XXVI.—No. 15.

ORIGINAL DEPARTMENT.

Communications.

ON CHOREA.

By George Huntington, M. D.,
Of Pomeroy, Ohio.

Essay read before the Meigs and Mason Academy of Medicine at Middleport, Ohio, February 15, 1872

Chorea is essentially a disease of the nervous system. The name "chorea" is given to the disease on account of the *dancing* propensities of those who are affected by it, and it is a very appropriate designation. The disease, as it is commonly seen, is by no means a dangerous or serious affection, however distressing it may be to the one suffering from it, or to his friends. Its most marked and char- The upper extremities may be the first affected, or both simultaneously. All the voluntary muscles are liable to be affected, those of the face rarely being exempted.

If the patient attempt to protrude the tongue it is accomplished with a great deal of difficulty and uncertainty. The hands are kept rolling—first the palms upward, and then the backs. The shoulders are shrugged, and the feet and legs kept in perpetual motion; the toes are turned in, and then everted; one foot is thrown across the other, and then suddenly withdrawn, and, in short, every conceivable attitude and expression is assumed, and so varied and irregular are the motions gone through with, that a complete description of

圖 5-39 左圖為《On Chorea》一書中 George Huntington's communication 的首頁；右圖為美國醫生 George Huntington (1850~1916)，攝於 1872 年。

西元 1986 年，Leroy Hood 發展出 DNA 自動定序的機器

如上述所提，DNA 定序的技術是由 Walter Gilbert 和 Frederick Sanger 在 1970 年代末期所發展出來，但是這項技術非常耗費人力、時間與金錢。因此，DNA 定序的自動化，一直是基因體學研究的首要目標，而且也是後來促成人類基因體計畫開始與加速完成的重要工具。勒羅伊．胡德(Leroy Hood, 1938~)是加州理工學院(California Institute of Technology)的生物學家，同時也是 Applied Biosystems Incorporated (ABI)公司的創辦人，他改良 Sanger 利用酵素與放射性物質來定序 DNA 的傳統方式，以不同顏色的螢光染料(fluorescent dyes)取代放射性物質，並將雷射與電腦科技(laser and computer technology)取代手工的資料讀取。在 1985 年，Hood 和包括 Lloyd Smith、Michael 和 Tim Hunkapiller 等人的團隊終於發明出第一台自動定序 DNA 的機器，並在隔年的六月將此項發明商品化。在這之後，很多的公司，包括 du Pont de Nemours 和 Hitachi 公司也很快的推出了類似的產品。此後的十三年中，這種機器經過不斷的改良，到 1999 年時，一部機器一年就可以自動定序出約 150,000,000 的 DNA 鹼基對。

西元 1991 年，Expressed Sequence Tags (ESTs)技術的發明

在 1990 年人類基因體計畫啟動不久之後，克萊格・凡特(J. Craig Venter 1946~)便在美國國家衛生院(National Institutes of Health, NIH)發表了一項加速基因發現的創新方法。這項新方法是從互補 DNA 技術(complementary DNA, cDNA)所發展出來的"Expressed Sequence Tags (ESTs)"技術。EST 方法是將攜帶有基因的 RNA 當作模板(template)，製造出相對應的 cDNA 基因庫(DNA library)。這些基因庫所用的質體(plasmid)會攜帶有基因各種可能的 DNA 片段，之後利用質體上的序列當做引子(primer)，來定序出質體所攜帶的基因序列，這樣就可以迅速、可靠而精確的累積基因的資料。Venter 將這項方法，發表於 1991 年的《科學》期刊上。

西元 1995 年，流行性感冒嗜血桿菌基因體的解碼

第一個非病毒性的基因體解碼，是由 J. Craig Venter 和他的同事在 1995 年 5 月發表的流行性感冒嗜血桿菌(*Haemophilus influenzae* Rd)全部基因定序的結果。Venter 在 1992 年離開 NIH 後，便和任教於約翰斯・霍普金斯大學醫學院(Johns Hopkins University Medical School)，並且曾經在 1970 年發現限制酶的 Hamilton Smith 一同創立了 TIGR (The Institute for Genome Research)這家以基因體研究為主的機構。為了證明可以更快且更有效率的來定序基因，Venter 提出了所謂的"whole-genome random sequencing"（全基因體隨機定序法）的策略，以亂槍打鳥(shotgun)的 DNA 定序方式，來完成整個流行性感冒嗜血桿菌基因體定序的工作。他們將大小約為 1,600~2,000 鹼基配對的流行性感冒嗜血桿菌的基因片段，複製到質體中，以建構所謂的基因庫，然後再定序出這些質體所含基因片段的 DNA 序列，最後利用電腦來組合與分析這些基因的片段序列。此外，也利用到少部分約 15,000~20,000 鹼基配對的長基因片段，而成功的將整個流行性感冒嗜血桿菌的基因體完全定序出來。這個基因體的定序計畫只花了約一年的時間，證明 Venter 的確可以利用這個策略來快速而精確的定序生物整個複雜的基因體。

圖 5-40　克萊格・凡特

西元 1996 年，酵母菌基因體計畫的完成

1990 年代早期，酵母菌(*Saccharomyces cerevisiae*)被認為是研究人類基因體不可或缺的工具，其基因體的解碼咸認有助於瞭解人類基因的功能。1996 年 4 月，酵母菌的全部基因終於在全世界約 600 位科學家的努力之下完成。這個計畫包括了來自英國、北美和日本的科學家們，他們被分組來進行酵母菌 16 個染色體的定序工作。其中超過一半的定序工作是由歐洲的 92 個小實驗室完成的，剩下的基因定序則是由另外五個擁有大規模自動定序能力的大型研究中心完成。這個酵母菌的基因體計畫共定序了約 6,000 個基因，並將結果發表於《科學》期刊上。

西元 1998 年，完成第一個多細胞生物的基因體計畫

Caenorhabditis elegans 是一種可以在土壤裡生長到幾公分長的線蟲，它是第一個基因體被完全定序的多細胞生物。在過去的研究中，發現線蟲許多重要的基因，在人類的細胞中都有類似的基因存在。尤其線蟲僅有 959 個細胞，而且具有原始的消化及神經肌肉系統，以及透明的外觀，因此被科學家們拿來觀察生物的生長發育相關的生理現象。2002 年就是把生理學或醫學領域的諾貝爾獎頒給三位研究線蟲的基因如何控制細胞凋亡(apoptosis)以及器官發育的科學家一西德尼．布瑞納(Sydney Brenner, 1927~2019)、約翰．愛德華．蘇爾斯頓爵士(John E. Sulston, 1942~2018)和霍華德．羅伯特．霍維茨(H. Robert Horvitz, 1947~)。

西元1999~2000年，果蠅的基因體計畫(The *Drosophila* genome project)

如前面所提，在 1912 年科學家利用果蠅(*Drosophila melanogaster*)，建立了染色體的遺傳學理論。在二十世紀之後的幾十年，果蠅成為研究遺傳學一種非常重要的模型生物(model organism)。尤其果蠅一些複雜的化學途徑常可以和人類疾病的致病機轉相連結，這些果蠅的研究工作當時分別獲得了三次的諾貝爾獎。因此，在 1999 年 Celera Genomics 公司就和加州大學柏克萊分校的 Berkeley Drosophila Genome Project (BDGP)合作，開始定序果蠅全部的基因，以當作人類基因體計畫的試金石。這個果蠅基因體計畫的定序工作開始於 1999 年的 5 月，並完成於同年的 9 月；之後花了 4 個月的時間來進行資料的分析與比

對，最後於 12 月結束分析工作，並將結果發表於 2000 年 3 月 4 日出版的《科學》期刊上。當時的定序分析顯示果蠅共含有 15,016 個基因，其中有好幾千個基因是過去從未被發現的，尤其令人驚訝的是，其中有很多的基因跟人類基因的相似度非常高。根據一項分析結果顯示，人類跟疾病相關的 269 個已知基因中，有 177 個類似的基因可以在果蠅中找到。這些包括有與小腦脊髓幹運動失調症候群(spinal cerebellar ataxia)、肌肉萎縮症(muscular dystrophy)和癌症等疾病相關的基因，或是和血液化學、腎臟或是免疫系統功能相關的基因。因此這項計畫的完成，有助於人類醫學方面的研究。

西元 2002 年，小鼠基因體計畫(The mouse genome project)

在 2001 年 4 月，位於美國馬里蘭州 Rockille 的 Celera Genomics 公司宣布完成老鼠基因體的草圖，並且提供給有訂閱基因資料庫的其他公司使用。一年後，Celera 的科學家們提出了人類和老鼠基因之間相關性的報告，他們發現除了在老鼠第 16 對染色體上的 14 個基因外，其他超過 700 個以上的老鼠基因，都可以在人類身上找到非常類似的相對基因，甚至於在染色體上都有相同的排序。他們把這些結果發表於《科學》期刊。2002 年的 12 月，國際小鼠基因體定序協會也宣布小鼠基因體計畫的完成，並且與人類的基因相比較，發現兩者均約有 30,000 個基因，並且約有 2,000 個非基因的類似區域，這些非基因的區域稱為 “junk DNA” （垃圾 DNA）。他們也發現 900 個過去從未被確認的老鼠基因，與 1,200 個過去未被確認的人類基因，他們將這些結果發表於《自然》期刊上。

西元 2003 年，大鼠基因體計畫(The rat genome project)

由於大鼠在生理上和人類很類似，過去常拿大鼠來研究人類的心臟疾病、糖尿病與藥物成癮現象等。因此，有些科學家認為，除了小鼠的基因體計畫之外，也有必要展開大鼠的基因體計畫。於是在 2004 年 3 月，大鼠基因體定序協會(Rat Genome Sequencing Project Consortium)也宣布大鼠基因體計畫高解析度 DNA 定序的完成，並將結果發表於《自然》期刊。這間大鼠基因體定序協會是由美國德州休士頓貝勒大學醫學院來主導，並且以實驗室常用來研究的大鼠 “*Rattus norvegicus*” 當作基因定序的物種。

Info 5-2 各種基因體計畫的完成與進行

目前在美國 National Center for Biotechnology Information（NCBI 網址：http://www.ncbi.nlm.nih.gov/)的 Genomic Biology 資料庫中所存放已完成或未完成的生物基因體計畫的種類大致包括有：動物(animals)、植物(plants)、黴菌(fungi)、原生生物(protists)、昆蟲(insects)、微生物(microbial)等等。除了生物體的基因體計畫之外，細胞內的胞器，如粒線體(mitochondria)與葉綠體(chloroplasts)，其相關的基因體計畫(organellar genome projects)也在進行中。

圖 5-41

西元 2006 年，誘導型萬能幹細胞(Induced pluripotent stem cells, iPS cells or iPSCs)

日本科學家山中伸彌(Shinya Yamanaka, 1962~)和他的研究團隊，於西元 2006 年在京都大學(Kyoto University)發表誘導型萬能幹細胞技術，並於西元 2012 年獲得諾貝爾生理學或醫學獎(Nobel Prize in Physiology or Medicine)。山中伸彌從胚胎幹細胞(embryonic stem cells, ESCs)中篩選出特別重要的 24 個基因，再利用反轉錄病毒(retroviruses)轉殖入老鼠的纖維母細胞(fibroblast)中，之後再經過逐一剔除的實驗，最後發現 4 個跟萬能幹細胞形成最關鍵的基因，分別是 Oct-3/4、SOX2、c-Myc 和 Klf4（圖 5-43）。隔年，山中伸彌又

圖 5-42　山中伸彌

以同樣的技術，成功將人類的纖維母細胞轉變成萬能幹細胞。同年，美國 University of Wisconsin-Madison 的 James Thomson 以類似的方法，利用慢病毒載體(lentivirus vector)將 OCT4、SOX2、NANOG 和 LIN28 四個基因，同樣將人類的纖維母細胞轉變成萬能幹細胞。山中伸彌和他的團隊的成就，未來有助於解決從胚胎取得幹細胞的道德爭議。

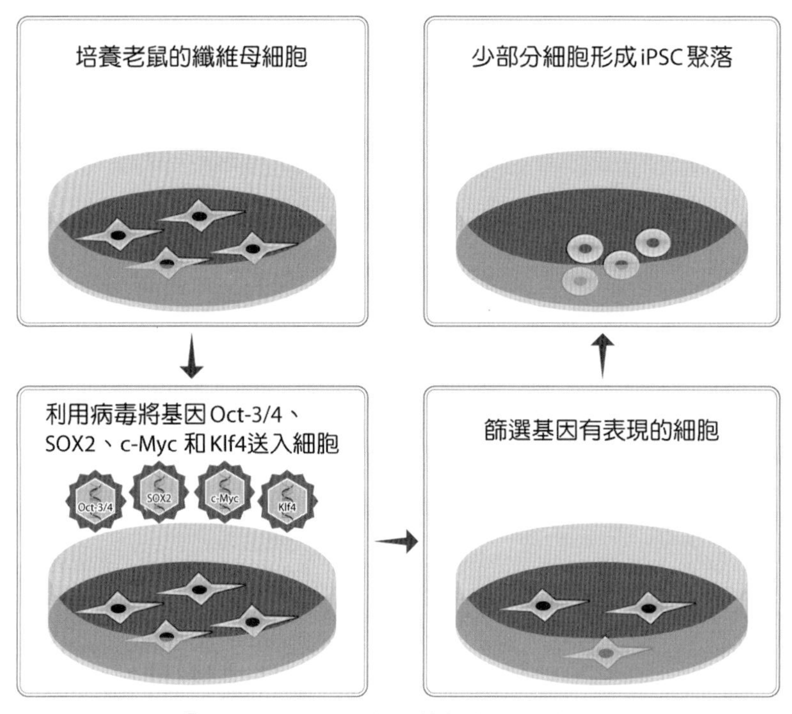

圖 5-43　誘導型萬能幹細胞技術

議題討論與家庭作業

1. 「人類基因體計畫」(HGP)的完成對於生技產業的發展趨勢，有何決定性的影響？
2. 請討論各種生物的基因體計畫對於現代與未來生技產業的發展，有何影響？
3. 從 1900 年代開始，陸續出現對遺傳學研究深具影響的多細胞模型生物(model organisms)共有哪些？
4. Linus Carl Pauling 在生物醫學研究上，有何深遠影響人類的重大成就？
5. DNA 自動定序機器(the automated DNA sequencer)的快速發展與 EST (Expressed Sequence Tags)技術的發明對於人類基因體計畫的提早完成，有何決定性的影響？
6. 果蠅基因體計畫的執行與完成，對人類基因體計畫有何意義？
7. 請討論小鼠和大鼠在人類的生物醫學研究上，有何重要性與異同點？
8. 請討論誘導性萬能幹細胞技術(induced pluripotent stem cells)對未來器官移植的影響，為何醫學界對這項技術寄以厚望？

學習評量

1. 請說明孟德爾(Gregor Johann Mendel)的遺傳定律(laws of heredity)。這項研究對於現代遺傳學的啟蒙有何貢獻？
2. 請簡述「人類基因體計畫」(HGP)的發展歷程。
3. 請區別真核細胞有絲分裂(mitosis)與減數分裂(meiosis)的異同點。
4. 請寫出獲得下列封號的科學家的名字：
   (1) 遺傳學之父(the Father of genetics)
   (2) 化學遺傳學之父(the Father of chemical genetics)
5. 利用果蠅來作為研究遺傳學的模型生物(model organisms)，讓哪幾位科學家獲得了諾貝爾獎？
6. Barbara McClintock (1902~1992)在基因的研究上，有何偉大的成就？
7. 除了得到諾貝爾獎肯定的科學家 James Watson、Francis Crick 和 Maurice Wilkins 以外，對 DNA 雙股螺旋結構研究有貢獻的科學家還有哪幾位？
8. 第一家以基因工程技術設立的現代生技公司為何？請簡述其特色。
9. 何謂「誘導性萬能幹細胞技術」(induced pluripotent stem cell)？與之前的胚胎幹細胞(embryonic stem cell)的取得有何不同？

Chapter 06

藥物發展簡史

The Brief History of Drug Development

6-1 遠古時期醫藥發展 (Early History of Medicine)

人類使用藥物的歷史，可以追溯至數千年前人類文明啟蒙之初。當時的藥物不只用於疾病的治療，同時也和靈療與宗教有密切的關係。早期的民俗療法(folk medicine)大部分是由祭司來執行，當時的治療多半使用植物、動物，甚至礦物當作藥物。而使用這些藥物的治療方式，很多是經由嘗試錯誤的生活經驗中所得到。遠古時期的醫藥發展主要以古代印度、埃及與中國最具代表性。

古印度醫學 (Indian Medicine)

印度最古老的醫學之一為阿育吠陀醫學（Ayurveda；梵文：*Āyurveda* आयुर्वेद，意為「長生之術」，所以又稱「生命吠陀」、「壽命吠陀」或「阿輸吠陀」)，距今有七、八千年之久。Ayurveda 一詞中的 “ayur” 意指生命(life)，“veda” 則代表科學或知識(science or knowledge)，因此 Ayurveda 全名的意思即為「生命的科學」(the science of life)。據印度神話傳述，阿育吠陀是由印度教的創造之神梵天（梵文：ब्रह्मा，Brahmā）在創造人類之前所開創，目的是為了保護人類。梵天先把阿育吠陀傳授給太陽之神 Surya 的兩個攣生醫生兒子奈撒特耶(Nasatya)及阿須雲(Aswin)，之後他們又傳授給掌管天氣和戰爭的天神因陀羅(Indra)，最後因陀羅傳授給在人間的修行者及其弟子，而後在印度廣為流傳，至今在各國民間仍然盛行，為重要的另類醫學(alternative medicine)之一。

根據古梵文文獻，Ayurveda 被稱為 “the science of eight components”（梵文：*aṣṭāṅga* अष्टांग）（八元素的科學，圖 6-1），包括有：

1. Kāya-chikitsā：一般醫學（內科學）。
2. Kaumāra-bhṛtya：兒科。
3. Śhalya-chikitsā：外科學。
4. Śālākya-tantra：眼科學和耳鼻喉科學。

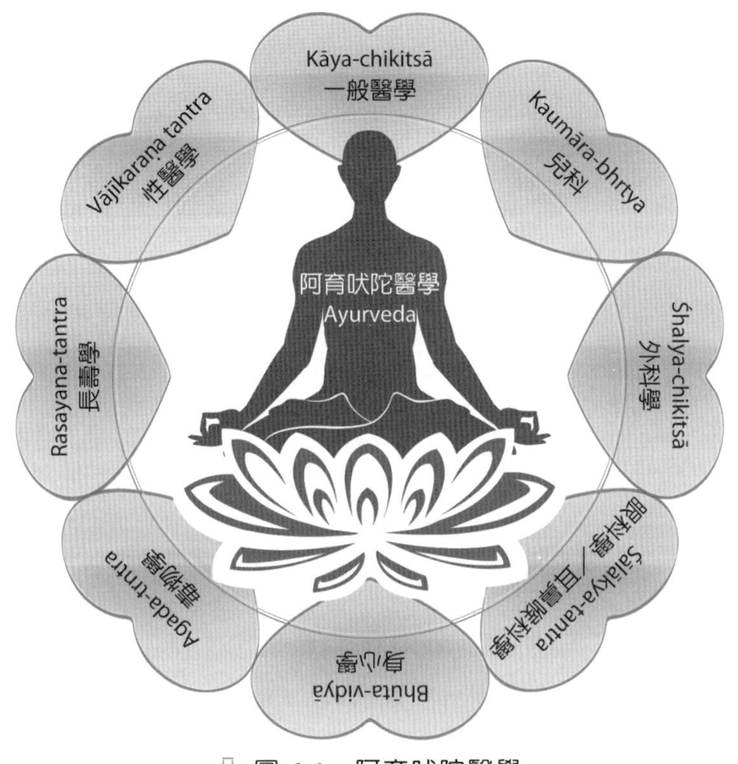

圖 6-1 阿育吠陀醫學

5. Bhūta-vidyā：身心學（魔鬼研究／驅魔／精神科）。

6. Agada-tantra：毒物學。

7. Rasayana-tantra：長壽學，與甜漿劑(elixirs)有關。

8. Vājīkaraṇa tantra：性醫學，與助性劑(aphrodisiacs)有關。

吠陀（梵語：वेद；Veda，又譯為韋達經、韋陀經、圍陀經等），是婆羅門教和印度教最重要的經典，「吠陀」字義上具有「知識」、「啟示」等意思。廣義的「吠陀」文獻包括吠陀本集、梵書、森林書和奧義書等多種不同的經典，其中為世人所熟知的吠陀本集，包括有：《梨俱吠陀》（歌詠明論，ऋग्वेद，Ṛgveda）、《娑摩吠陀》（讚頌明論，सामवेद，Sāmaveda）、《夜柔吠陀》（祭祀明論，यजुर्वेदः，Yajurveda）及《阿闥婆吠陀》（禳災明論，अथर्ववेद，Atharvaveda）等四部。其中以《梨俱吠陀》出現的年代最早，據傳，阿育吠陀的內容首次就出現在《梨俱吠陀》中，當作吠陀的附屬（補充）經典。約在西元前 1500 年代，阿育吠陀醫學分為阿提耶（內科學派）和曇梵陀利

(Dhanvantari)（外科學派）等兩大學派，並且編寫出《遮羅迦本集》(*Charaka Saṃhitā*)和《妙聞本集》(*Suśruta Saṃhitā*)兩本醫典。Ayurveda 其主要內容就是來自於《遮羅迦本集》(*Charaka Saṃhitā*)、《妙聞本集》(*Suśruta Saṃhitā*)。另外有些文獻還包括了 Bower Manuscript（又稱為 the Bheda Samhita）有關醫藥的部分，或是《語帥本集》。這些古印度的醫典，共涵蓋三種醫療方式：草藥、推拿及瑜珈等療法，並且發展出一些醫療配方與手術的方法。《遮羅迦本集》寫於西元前 100 年至西元 100 年間，《妙聞本集》寫於第三和第四世紀間。之後，第五世紀時期還出現綜合了上述的兩大學派的《八支心要集》(Astanga Hridaya)。在西元六世紀時，僧侶隨著佛教將阿育吠陀傳佈到中國、西藏、韓國、蒙古跟斯里蘭卡等東方和東南亞國家，融入了當地的醫療系統，而影響後來的醫學發展。

阿育吠陀相信宇宙萬物是由火(Tejas, fire)、水(Jala, water)、土(Prithvi, earth)、虛空(Akash, aether/ether)、空氣(Vayu, air)等五種元素所構成，人也不例外。這些基本元素間的交互作用，形成三種力量（或能量），稱為 dosha，驅動不同的生理功能。例如，空間和空氣結合成瓦塔（Vata dosha，以空氣 Air 代

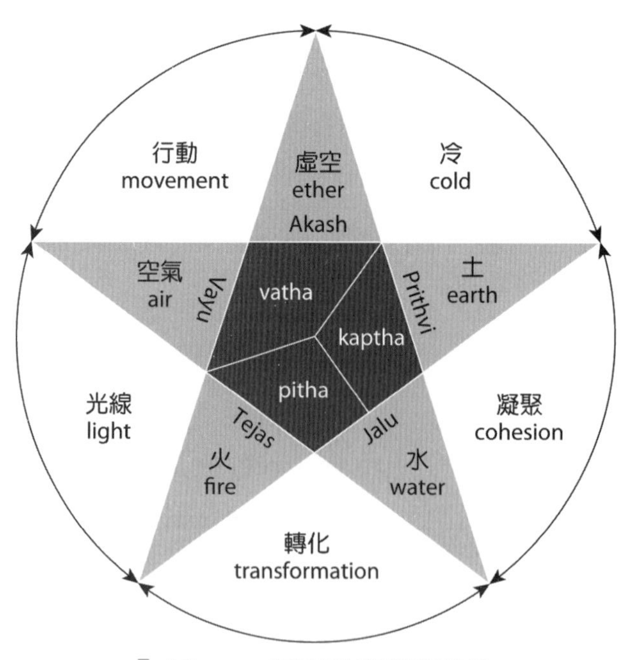

圖 6-2　阿育吠陀醫學理論

表)，主司行動(the impulse principle)；火和水結合成皮塔（Pitta dosha，以火 Fire 代表)，主司轉化(the transforming principle)，與身體的新陳代謝及能量有關；水和土結合形成卡法（Kapha dosha，以水 Water 代表)，主司體液(the body fluid principle)，與黏液、潤滑及營養的吸收有關，這種理論稱為 "Tridosha theory"（圖 6-2)。人的健康狀態由這三種 dosha 間的平衡決定，失衡會導致疾病。

古埃及醫學 (Egyptian Medicine)

古埃及歷史上有明確記載藥物的使用大概是在西元前 1550 年。西元 1872 年由當時德國的埃及古物學者喬治‧莫里茨‧埃伯斯 (Georg Moritz Ebers, 1837~1898)所發現的 Ebers Papyrus（埃伯斯紙草）中（圖 6-3)，記載有超過 800 種以上的處方。此外，學者還發現 Edwin Smith Papyrus（艾德溫‧史密斯紙草)、Kahun Gynaecological Papyrus、Hearst Papyrus、London Medical Papyrus 等記載治療方法的紙草（圖 6-4)，而這些治療疾病處方的來源，可追溯至西元前 3400 年。Ebers Papyrus 紙草中所記載的治療疾病包括有：氣喘、腸胃道不適、腫瘤，和一些如憂鬱、失智等的精神疾病。而大約在西元前 1600 年所寫的 Edwin Smith Papyrus，則是一本精確描述人體解剖構造的外科學教科書，並且還包括了一些疾病的檢查、診斷與預後(prognosis)的方法。《The Kahun Gynaecological Papyrus》(也稱為 Kahun Papyrus、Kahun Medical Papyrus 或是 UC 32057）則被認為是最古老的醫學文獻，主要記載一些婦科疾病以及生育、懷孕、避孕等婦科問題。

圖 6-3 Georg Moritz Ebers 與 Ebers Papyrus

Ediwin Smith Papyrus

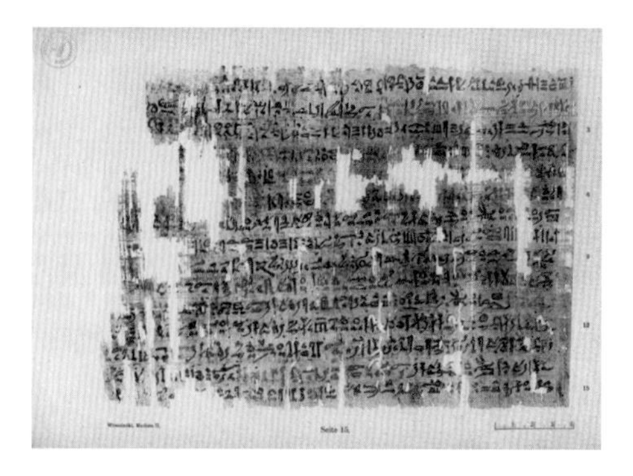

London Medical Papyrus

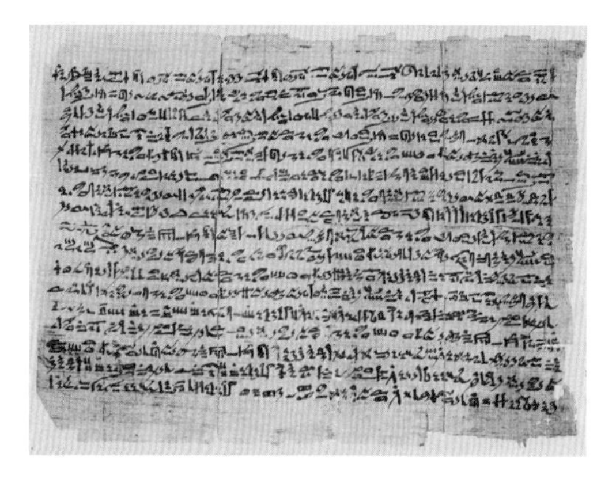

Hearst Papyrus

Kahun Gynaecological Papyrus

圖 6-4

古中國醫學 (Traditional Chinese Medicine)

傳統的中藥(traditional chinese medicine, TCM)據信也可追溯至西元前 3000 年的神農氏時代。神農氏為傳說中的三皇之一（也有學者認為神農氏是一個氏族，為傳說中的第一個部落），又名炎帝，是中國農業和醫藥的始祖。遠古時期，炎帝為了治療人民的疾病、抑止瘟疫的流行，他踏遍三川五嶽遍嚐百草，以身試藥。根據《史記・補三皇本紀》記載：「神農氏作蠟祭，以赭鞭鞭草木，嚐百草，始有醫藥。」，甚至在《淮南子・修務訓》也記述道：「神農嚐百草之滋味，一日而遇七十毒。」，因此，神農氏又被稱為五穀王、藥王。為了紀念他，中國最早的一部藥物學即命名為《神農本草經》。中藥歷經各朝代的發展，不斷增添與修訂。從有文字記載的西周的《詩經》及《山海經》、春秋戰國時期的《五十二病方》、魏晉南北朝時期梁陶弘景的《本草經集注》以及南朝劉宋時期雷斅的《炮炙論》、隋唐時期李勣、蘇敬等編纂的《新修本草》(又稱《唐本草》)、宋元時期的《醫學啟源》、《用藥法象》與《湯液本草》，最後由明代的李時珍集其大成，參考各類典籍八百餘種，歷經 20 餘年編纂成《本草綱目》一書，沿用至今，為中醫的代表性巨著。全書共五十二卷，約 190 餘萬字，分為 16 部 60 類。其中記載藥物 1,892 種，藥物圖 1,109 幅，方劑 11,096 首。

圖 6-5 中藥的傳承

古希臘醫學 (Medicine in Ancient Greece)

古希臘醫學的重要立論基礎為「體液論」(Humorism)，其代表性人物為當時的醫師希波克拉底(Hippocrates, BC 460~370)，據說當時約有七十篇以上與他有關的醫學作品，被收集成為《希波克拉底語料庫》(Hippocratic Corpus)，後代尊稱希波克拉底為「現代醫學之父」(The Father of Modern Medicine)。希波克拉底在其「體液論」中認為，人體的組成與運作由體內四種體液(four humors)所負責：血液(Sanguine humor, blood)、黏液(Phlegmatic humor, phlegm)、黃膽汁(Choleric humor, yellow bile)及黑膽汁(Melancholic humor, black bile)。這四種體液分別代表四種特質(four temperaments)：樂觀(sanguine)、放鬆(phlegmatic)、易怒(choleric)、憂鬱(melancholic)，任一體液的缺乏或是過多都會造成疾病，後來「體液論」成為西方醫學的重要基石(圖 6-7)。

圖 6-6　希波克拉底（左）及蓋倫（右）

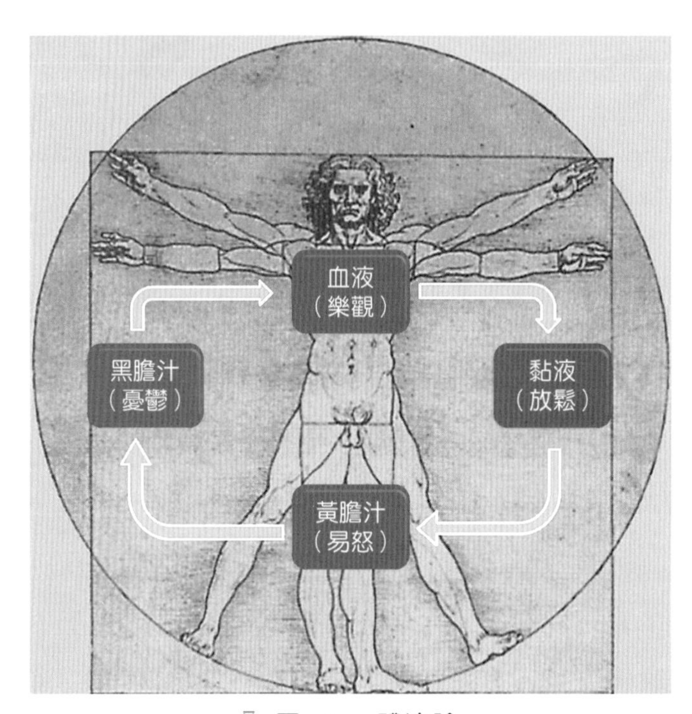

圖 6-7　體液論

另一位傳承古希臘醫學的代表性人物為兼具醫學家及哲學家的蓋倫(Galen, AD 129~200 or 216)。蓋倫出生於別迦摩（Pergamon，為現今土耳其境內的Bergama），逝世於羅馬。蓋倫成長於富裕的建築師家庭，年輕時曾遊歷Smyrna、Corinth、Crete、Cilicia、Cyprus 等地，最後留在當時最大的亞歷山卓醫學院(medical school of Alexandria)學習醫學直到 28 歲。在亞歷山卓醫學院就讀期間，他從猿猴及豬等動物的解剖中，獲得很多有關解剖學的知識。蓋倫反對古希臘哲學家亞里斯多德(Aristotle)以「心臟」為中心的理論，他認為腦才是主宰人體一切活動的最主要器官，當腦部受傷或受到壓迫時，人便會失去知覺和行動力。蓋倫承續希波克拉底的醫學理論直到文藝復興時期，他對於醫學的認知與理論影響歐洲往後一千多年的醫學發展。

古羅馬醫學(Medicine in Ancient Rome)

古羅馬的醫學觀主要是受到古希臘的影響，因為最先在羅馬行醫的人，就是來自於戰爭中被俘虜的希臘醫生。後來因為生活的關係，也有越來越多的希臘人移居到羅馬行醫。此外，羅馬因為曾經征服埃及的亞歷山卓市(Alexandria)，而亞歷山卓市為當時世界重要的文化中心，因此古羅馬醫學連帶也受到當時圖書館裡的醫學文獻影響。古羅馬醫學主要著重在內科(internal medicine)、眼科(ophthalmology)和泌尿科(urology)等領域，並且利用器械和宗教儀式，發展出一些疾病治療的外科技術。和古希臘以個人為主的醫學觀不同，古羅馬對於疾病預防的重視，更勝於疾病的治療。古羅馬的外科醫師通常會攜帶如鑷子(forceps)、解剖刀(scalpel)、導管(catheter)和拔箭器(arrow extractor)等工具行醫，並且懂得利用熱水消毒，利用醋酸溶液(acetum)來清洗傷口，甚至還使用如鴉片(opium)和莨菪鹼(scopolamine)等物質止痛。

6-2 中世紀醫藥發展 (The Drug R&D in the Middle Ages)

在西元 400~1500 年間歐洲的中世紀時期(the Medieval Times)，當時鼠疫(bubonic plague)、天花(smallpox)、疥瘡(scabies)、肺結核(tuberculosis)、痲瘋(leprosy)等疾病盛行，數百萬人民人飽受這些疾病威脅，更有效的疾病治療方法，是非常迫切需要。因此，這時期教會對醫藥發展的貢獻，主要是保留古希臘醫學的原稿與抄本，使得古代歐洲醫學可以延續，並且將之應用於文藝復興時期(Renaissance period, 1400~1600 C.E.)。

阿拉伯人經由與世界各地的貿易，學習並且擴展他們的醫藥知識，其中最重要的成就是從鍊金術中，發展出製備藥物與蒸餾的方法。當時最負盛名的兩位醫生為：拉齊(Rhazes)和伊本．西那(Avicenna)（圖 6-8）。Rhazes (Muhammad ibn Zakariyā Rāzī, 865~925)是一位波斯的博學家(polymath)，並且集醫生、鍊金術士(alchemist)、化學家、哲學家及學者於一身。他是第一個提出醫學研究及臨床照護的人，並且也是第一個區分麻疹(measles)與天花(smallpox)的醫生，同時也發現乙醇(alcohol)、煤油(kerosene)等化學物質。Rhazes 的醫學著作非常多，其中最重要的是《Kitāb al-hāḳī》(الحاوي, al-Hawi al-Kabir)和《De variolis et morbillis》。《Kitāb al-hāḳī》是一部大型的醫學百科全書，記載有 Rhazes 大部分的療方與筆記；而《De variolis et morbillis》則是一本記載如何治療麻疹與天花的書籍。

另外，與拉齊齊名的伊本．西那(Ibn Sīnā, 980~1037)也是一位波斯的博學家(polymath)，他最大的貢獻是有兩本著作留世：《The Book of Healing》和《The Canon of Medicine》。前者是一本哲學和科學的百科全書，後者則是當時歐洲及伊斯蘭世界的醫學院所使用的標準教科書，這本書是根據 Galen（克勞狄烏斯·蓋倫）和 Hippocrates（希波克拉底）的理論撰寫而成的。在《The Canon of Medicine》書中，Ibn Sīnā 描述了傳染性疾病及性病傳播、疾病的隔離與醫藥試驗等。

圖 6-8　拉齊（左）及伊本．西那（右）

6-3 人類疫苗的發展

圖 6-9 愛德華・詹納

人類疫苗發展過程中，愛德華・詹納(Edward Jenner, 1749~1823)扮演一個非常重要的角色。愛德華・詹納是英國鄉村地區的醫生（圖 6-9）。他觀察到當時感染過牛痘(cowpox)的擠牛奶少女(milkmaids)，對於天花(smallpox)的傳染，有較強的抵抗力。於是，在 1796 年 5 月，詹納醫師嘗試將擠牛奶少女 Sarah Nelmes 手上的牛痘膿疱物，注射到一名年輕男孩 James Phipps 身上。這名男孩在經過輕微的發燒與不適感後，再接受天花的感染，結果發現他對天花有抵抗力；經過再次的試驗，還是沒有疾病的發生。其實遠在西元 1701 年時，希臘的醫師 Giacomo Pylarini 就曾經將少量低毒性的天花病毒接種於小孩子身上，以避免他們將來發生嚴重的天花疾病（當時還沒有病毒的概念）。

詹納醫師在他發表的書中，詳細比較了“vaccination”（疫苗接種）與“inoculation”（天花病毒接種）之間的差異：

- Vaccination：指用牛痘(cowpox)來感染人類，以避免將來感染天花的過程。vacccine 來自於拉丁字“vaccinus”，即為“from cows”（來自於牛）的意思。
- Inoculation：則是指用低病原性的天花病毒種類來感染人類，以避免將來感染嚴重天花疾病的過程。

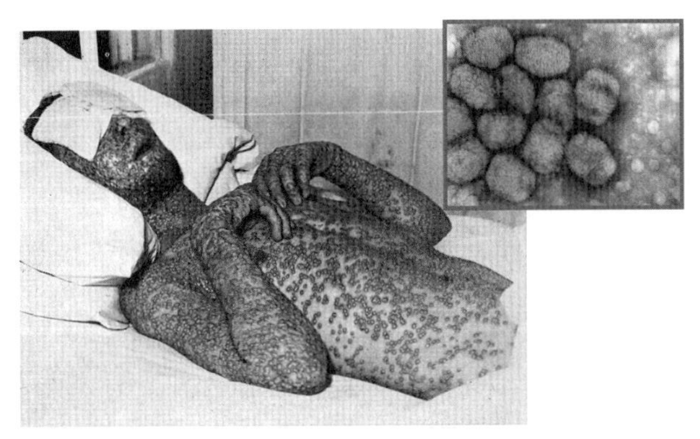

圖 6-10 天花病人（左）與天花病毒（右上）

除此之外，西元 1896 年德國的細菌學家威廉· 科勒(Wilhelm Kolle, 1868~1935)研發出霍亂和傷寒疫苗(cholera and typhoid vaccines)。西元 1908 年法國的科學家萊昂· 夏爾· 阿爾貝· 卡爾梅特(Léon Charles Albert Calmette, 1863~1933)和馬里· 卡米爾· 介蘭(Jean-Marie Camille Guérin, 1872~1961)研發出預防肺結核(tuberculosis, TB)的疫苗，他們稱之為 “BCG” 疫苗(Bacille Calmette-Guérin vaccine)，但是這種疫苗直到 1921 年才被開始使用。西元 1945~1950 年建立可以在實驗室中培養動物細胞的技術，且從 1950 年代開始，細胞培養技術漸漸成為生物醫學研究上不可或缺的工具。細胞培養技術剛開始是為了讓病毒可以在動物細胞中複製，以當作製備大量疫苗所需的抗原來源，預防小兒痲痺的沙克疫苗(the Salk polio vaccine)，就是因為這項技術而得以發展成功。

由於 Jenner 醫師在天花疫苗方面的成就，以及人類從 19 世紀到 20 世紀持續天花疫苗的接種，西元 1979 年 12 月 9 日由一群傑出的科學家確認天花已滅絕，接著隔年由世界衛生組織(World Health Organization, WHO)背書(endorse)全世界的天花已被根絕(eradication)。不過之後由於處在恐怖攻擊的陰影下，美國政府又決定重啟天花疫苗的研發，這項工作是委由 Acambis PLC 生技公司負責。這家公司利用與 St Louis University 合作開發的技術— “ChimeriVax technology” ，專門研發對抗傳染性疾病的新一代疫苗，包括有預防日本腦炎(Japanese encephalitis)的 “ChimeriVax-JE” 疫苗，對抗「西尼羅河病毒」(West Nile virus)的 “ChimeriVax-West Nile” 疫苗，對抗「產氣莢膜梭狀芽孢桿菌」(*Clostridium difficile*)的疫苗，以及新一代的天花疫苗。在 2007 年 5 月，這種稱為「ACAM2000」的新一代天花疫苗已被美國 FDA 的「疫苗暨生物製劑諮議委員會」(The Vaccines and Related Biological Products Advisory Committee)一致認為安全且有效。此外，2022 年 5 月爆發猴痘（Mpox, 舊名為 Monkey pox）傳染，因猴痘病毒與天花和牛痘病毒為近親，所以使用的猴痘疫苗 JYNNEOS®便是一款從牛痘病毒改良而來的疫苗，可想而知，JYNNEOS®也可以用來預防天花病毒的感染。

此外，B 型肝炎病毒疫苗(Hepatitis B vaccine)可說是第一個利用現代生物科技研發成功的次單位疫苗(subunit vaccine)，並在 1986 年開始在台灣進行全民施打，且有非常卓著的預防效果。之後的子宮頸癌疫苗(HPV vaccine)及由台灣高端疫苗生物製劑股份有限公司及 Novavax（諾瓦瓦克斯醫藥，美國疫苗研發公司）分別研發的新冠肺炎疫苗，也都屬於這類由具免疫原性(immunogenicity)的蛋白質所組成的疫苗。值得一提的是，新冠肺炎疫苗中，引進了兩種過去從未實際在人體臨床中被核准廣泛使用的新型式疫苗：病毒載體疫苗（Viral vector vaccine；Johnson & Johnson's Janssen 公司研發）及 mRNA 疫苗（Pfizer-BioNTech or Moderna 公司研發），尤其 mRNA 疫苗似乎後勢看好，已經開始進行如流感等其他疾病的預防應用。而促成 mRNA 疫苗研發成功的兩位關鍵科學家匈牙利裔美籍生物化學家卡塔琳．卡里科(Katalin Kariko, 1955~)及美國免疫學教授德魯．韋斯曼(Drew Weissman, 1959~)，也如願獲得 2023 年的生理學或醫學領域的諾貝爾獎。

表 6-1 人類疫苗發展年表(Timeline of Human Vaccines)

西元年代	疫苗英文名稱	疫苗中文名稱
1797	Smallpox	天花疫苗
1879	Cholera	霍亂疫苗
1885	Rabies	狂犬病疫苗
1890	Tetanus	破傷風疫苗
1896	Typhoid fever	傷寒疫苗
1897	Bubonic plague	黑死病疫苗
1921	Diphtheria	白喉疫苗
1925	Tuberculosis	肺結核疫苗
1926	Scarlet fever	猩紅熱疫苗
1927	Pertussis	百日咳疫苗
1932	Yellow fever	黃熱病疫苗
1937	Typhus	斑疹傷寒疫苗
1945	Influenza	流感疫苗
1952	Polio	小兒麻痺疫苗
1954	Japanese encephalitis	日本腦炎疫苗
1954	Anthrax	炭疽熱疫苗
1957	Adenovirus-4 and 7	腺病毒第四和第七型疫苗
1962	Oral polio	口服小兒麻痺疫苗
1963	Measles	麻疹疫苗

表 6-1　人類疫苗發展年表(Timeline of Human Vaccines)（續）

西元年代	疫苗英文名稱	疫苗中文名稱
1967	Mumps	腮腺炎疫苗
1970	Rubella	德國麻疹疫苗
1974	Chicken pox	水痘疫苗
1977	Pneumonia（針對 *Streptococcus pneumoniae* 感染）	肺炎鏈球菌疫苗
1978	Meningitis（針對 *Neisseria meningitidis* 感染）	腦膜炎疫苗
1981	Hepatitis B（第一個針對引起癌症主因研發的疫苗）	B 型肝炎病毒疫苗
1985	*Haemophilus influenzae* type b (HiB)	B 型嗜血桿菌疫苗
1992	Hepatitis A	A 型肝炎病毒疫苗
1998	Lyme disease	萊姆症疫苗
1998	Rotavirus	輪狀病毒疫苗
2003	Nasal influenza vaccine (FluMist)	第一個鼻噴式的流感疫苗
2006	Human papillomavirus (HPV vaccine)	子宮頸癌疫苗
2012	Quadrivalent (4-strain) influenza vaccine	第一個四價的流感疫苗
2015	Enterovirus 71（中國）	腸病毒 71 型疫苗
2015	Malaria	瘧疾疫苗
2015	Dengue fever	登革熱疫苗
2019	Ebola	伊波拉病毒疫苗
2020~	COVID-19	新冠肺炎疫苗
2022	Mpox vaccine (JYNNEOS™)	猴痘疫苗（可預防猴痘病毒及天花病毒感染）
2023	Enterovirus 71（台灣）	腸病毒 71 型疫苗
2023	Respiratory syncytial virus vaccine (RSV)	呼吸道融合病毒疫苗

6-4 近代藥物發展

西元 1906 年德國的科學家保羅・埃爾利希(Paul Erlich, 1854~1915)在研究 atoxyl 複合物時，發現了第一個化療物質(the chemotherapeutic agent)—“Salvarsan®” (arsphenamine, “compound 606”)（圖 6-11），此藥物用來治療梅毒

(syphilis)。西元 1928 年蘇格蘭的生物及藥物學家亞歷山大．弗萊明(Alexander Fleming, 1881~1955)發現人類第一個抗生素—“Penicillin”（盤尼西林，圖 6-12）。西元 1938 年英國牛津大學的 Howard Florey 和 Ernst Chain 兩位科學家首次純化出盤尼西林(penicillin)成分。但是直到西元 1942 年，才開始利用微生物來大量生產抗生素盤尼西林。另外，西元 1943~1953 年也開始大量生產 Cortisone（可體松）藥物。

圖 6-11　保羅．埃爾利希及 Salvarsan 的化學結構

圖 6-12　亞歷山大．弗萊明及盤尼西林的化學結構

從 1940 年代開始，烏克蘭裔美籍的生物化學／微生物學家賽爾曼．A．瓦克斯曼(Selman Abraham Waksman, 1888~1973)（圖 6-13）首先分離出鏈黴素（streptomycin，1943 年）這種可以有效治療肺結核的抗生素，另外還分離出其他數種抗生素：放線菌素（actinomycin，1940 年）、青黴素(clavacin)、 streptothricin（1942 年）、灰黴素（grisein，1946 年）、新黴素（neomycin，1948 年）、弗氏菌素(fradicin)、candicidin、candidin…等等（圖 6-14）。其中 streptomycin 和 neomycin 兩種抗生素，過去已經很廣泛的使用於人類及其他動物的傳染性疾病上的治療。甚至 streptomycin 還曾經被選為改變世界的十大專利之一。他在 1952 年獲得生理學或醫學領域的諾貝爾獎。

圖 6-13　賽爾曼．A．瓦克斯曼

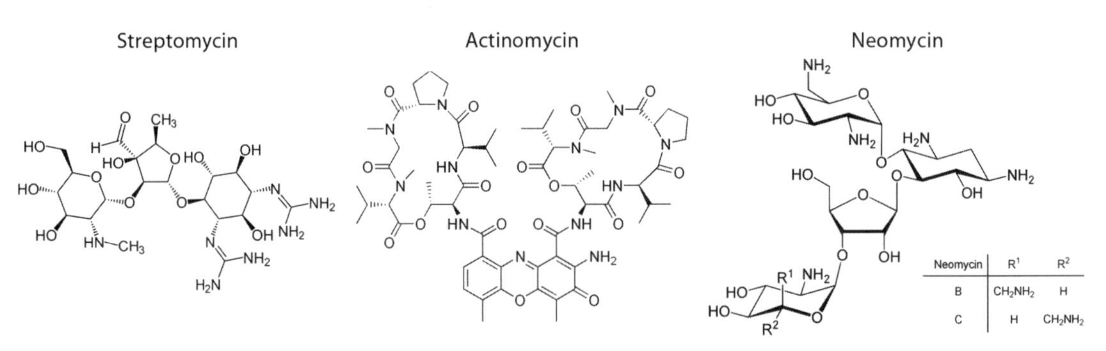

圖 6-14　Streptomycin、Actinomycin 及 Neomycin 的化學結構

繼 20 世紀初以抗生素為主的藥物發展之後，1976 年 Genentech 以重組 DNA 技術開創藥物發展的新模式取而代之，藥物開始以生物科技為工具，所研發的藥物統稱為生技藥物(biotech drug)，除了原有的小分子類藥物外，以單株抗體為主軸的蛋白質藥物也慢慢成為現代藥物發展的趨勢。這些現代藥物的發展情形，在本書相關章節均有說明。

議題討論與家庭作業

1. 請討論遠古時期、中世紀和近代的醫藥發展有何不同。
2. 請討論古印度的醫學與近代醫學有何不同。
3. 請討論小分子類藥物和大分子類藥物之間的異同性。
4. 請討論 Jenner 醫師在天花疫苗的貢獻如何影響近代疫苗的發展。
5. 請討論 Jenner 醫師與 Louis Pasteur 在疫苗研發的貢獻上有何不同。
6. 請討論近代疫苗的研發趨勢。

學習評量

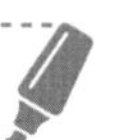

1. 古印度的醫學理論基礎為何？如何影響中國的醫藥發展？
2. 古希臘醫學的「體液論」為何？
3. 西方醫藥研究如何傳承？
4. 古中國的醫學理論為何？
5. 請描述烏克蘭裔美籍的生物化學／微生物學家賽爾曼．A．瓦克斯曼在抗生素研究方面的成就。

MEMO

Chapter 07

現代生技公司的發展典範

Models for Developing Modern Biotechnology Companies

7-1 Genentech 公司的誕生

Genentech

圖 7-1 Genentech 公司的 logo

Cetus Corp.是美國最早期的傳統生技公司之一。在 1971 年，Ron Cape 和 Peter Farley 兩人結合諾貝爾獎得主 Donald Glaser 和生技產業界的大投資者 Moshe Alafi 兩人，在靠近加州柏克萊的附近，成立了 Cetus 公司。並由 Cape 和 Farley 將位於舊金山區的 “Kleiner&Perkins”、“U.S. Venture Partners” 和 “Asset Management” 等三家新一代的創投公司引進這家新成立的生技公司。Cetus 公司剛成立的宗旨是希望利用基因改造過的細菌，來生產酒精、疫苗、蛋白質藥物與抗生素等。這種廣泛的想法吸引了 “Standard Oil”、“National Distillers” 和 “Shell Oil” 等公司的投資。但是這種全方位的經營方式，後來卻讓許多的投資人與公司的董事會感到相當失望。Bob Swanson 是其中一位失望的投資人。Cetus 有結合工程與生物學的創新想法，但是管理階層卻無法專注在有商業利益的方向上。

1973 年 11 月，一篇由 Cohen 和 Boyer 發表在期刊《*Proceeding of the National Academy of Science*》(PNAS)上的論文吸引了 Bob Swanson 的注意。當時 Swanson 正在尋找建立生技公司的新方式，在看完此篇論文後，他立刻和在加州大學舊金山分校的 Boyer 聯絡，並約在舊金山灣區一家名為 “Churchill’s” 的啤酒吧見面。這次的會談後開始草擬 Genentech 公司的營運計畫書(business plan)，並促成兩人在 1976 年 1 月成為工作夥伴。當時 Boyer 和 Arthur Riggs 及 Keiichi Itakura 等人一起在 Beckman Research Institute 機構工作，在西元 1977 年成為第一個利用細菌將人類荷爾蒙 somatostatin（體抑素）成功生產出來的團隊。之後，David Goeddel 和 Dennis Kleid 兩人也加入團隊，並在 1978 年成功表達出人類重組胰島素。

公司草創初期，研究團隊在克服蛋白質被快速分解的問題後，成功在大腸桿菌中表達出人類 “somatostatin” 蛋白質，證明新的重組 DNA 技術可以量化蛋白質的生產，以提供臨床試驗與市場所需。這項成就吸引許多媒體的注意，並且開始將目光放在 Genentech 的另一項產品—「干擾素」(interferon)上，認為干擾素將是未來治療癌症的新利器。由於蛋白質大量生產的可行性，讓 Genentech 公司成功在 1980 年 10 月首次公開募股(Initial Public Offering, IPO)。以每股 35 美元的天價，發行了 100 萬股，一共從股市募集了 3500 萬美元的資金。在當時對一家完全沒有產品的新創公司(start-up company)而言，這是從未有過的紀錄。Genentech 在沒有任何產品的情況下，成功上市的經驗讓後來成立的幾家生技公司跟進（表 7-1）。這些新創生技公司在 80 年代的 IPO，代表當時一般大眾對 “biotechnology” 的高度期待，也為未來生技公司的成功鋪路。在 1988 年，只有 5 種以重組 DNA 技術(recombinant DNA technology)或稱為基因工程(genetic engineering)，所發展出來的蛋白質藥物被 FDA 核准上市，但是到了 1990 年代，被 FDA 核准的此類蛋白質藥物就暴增至 125 種以上。

由過去整體生技公司的發展歷史來看，生技產業的技術發展，是由以食品為主的傳統發酵技術，延續到以藥物研發為主的新一代發酵技術，最後再由「重組 DNA 技術」或是稱為「基因工程」來取代發酵技術，讓這類蛋白質藥物的研發成為現代生技產業的發展主流。所以，Genentech 公司的誕生，就象徵著現代生技產業時代的來臨。目前，羅氏藥廠(Hoffmann-La Roche)擁有 Genentech 公司 100%的股權，為其母公司。

表 7-1　第一代生技公司的 IPO

公司	IPO 日期（月／西元）	募資金額（百萬美金）
Genentech（部分股權為 Roche 藥廠所擁有）	10/80	35
Cetus（已併入 Chiron）	3/81	107
Genetic System	4/81	6
Ribi Immunochem（已併入 Corixa）	5/81	1.8
Genome Therapeutics（原名為 Collaborative Therapeutics）	5/82	12.9
Centocor	12/82	21
Bio-Technology General	9/83	8.9
Scios（原名為 California Biotechnology）	1/83	12

表 7-1　第一代生技公司的 IPO（續）

公　司	IPO 日期 （月／西元）	募資金額 （百萬美金）
Immunex（2002 年已併入 Amgen）	3/83	16.5
Amgen	6/83	42.3
Biogen	6/83	57.5
Chiron	8/83	17
Immunomedics	11/83	2.5
Repligen	4/86	17.5
OSI（原名為 Oncogene Sciences）	4/86	13.8
Genetics Institute	5/86	79
Xoma	6/86	32
Genzyme	6/86	28
Cytogen	6/86	35.6
ImClone	6/86	32

資料來源：取材自《from ALCHEMY to IPO: The Business of Biotechnology》，作者 Cynthia Robbins-Roth。

表 7-2　Genentech 檔案小整理

公司型態	羅氏藥廠的子公司(subsidiary)
成立	1976 年
總部	美國加州舊金山
創辦人	Robert A. Swanson, Herbert Boyer
經營團隊	Alexander Hardy, CEO Ed Harrington Sandra J. Horning, M.D. Michael D. Varney, Stephen Williams, Ph.D. Sean Johnston Severin Schwan, Chairman of Genentech Board of Directors, CEO of Roche Group, Anna Batt Ph.D., Aviv Regev

表 7-2 Genentech 檔案小整理（續）

產品	Avastin, Herceptin, Rituxan, Perjeta, Kadcyla, Gazyva, Tarceva, Ocrevus, Polivy, Tecentriq, Xofluza, Hemlibra, Venclexta, Esbriet, Cotellic, Alecensa, Zelboraf, Nutropin, Actemra, Lucentis, Xolair, Activase, Cathflo Activase, Xeloda, Boniva, TNKase, CellCept, Pegasys, Pulmozyme, Tamiflu, Valcyte, Anaprox, Cytovene, EC-Naprosyn, Erivedge, Fuzeon, Invirase, Klonopin, Kytril, Naprosyn, Rocephin, Roferon-A, Romazicon, Valium, Xenical, Zenapax
年收入 (Revenue)	$26.4 billion (2020)
員工人數	約 13,539 (July 2021)

資料來源：Wikipedia

Info 7-1 首次公開募股 (Initial Public Offering, IPO)

指企業透過證券交易所首次公開向一般投資者增加發行股票，以向大眾募集足夠的資金用於企業的後續發展。當投資者大量認購新股時，需要以抽籤的方式來進行股票的分配，整個過程又稱為抽新股。一般而言，認購的投資者期望可以用高於認購價的價格售出。對應於一級市場，大部分公開發行股票由投資銀行集團承銷而進入市場，銀行按照一定的折扣價從發行方購買到自己的帳戶，然後以約定的價格出售，公開發行的準備費用較高，私募可以在某種程度上部分規避此類費用。(資料來源：維基百科)

臺灣股票公開發行之意義是指，凡欲申請股票上市或上櫃之公司，皆須先辦理公開發行。所謂公開發行，是指一公司之財務、業務對外公開，並受證券交易法及其子法所規範。

臺灣公司申請上市或上櫃需考慮以下的幾項條件（申請流程見圖 7-2）：

1. 設立年限
2. 資本額
3. 獲利能力
4. 股權分散

申請上櫃公司的門檻較上市為低。

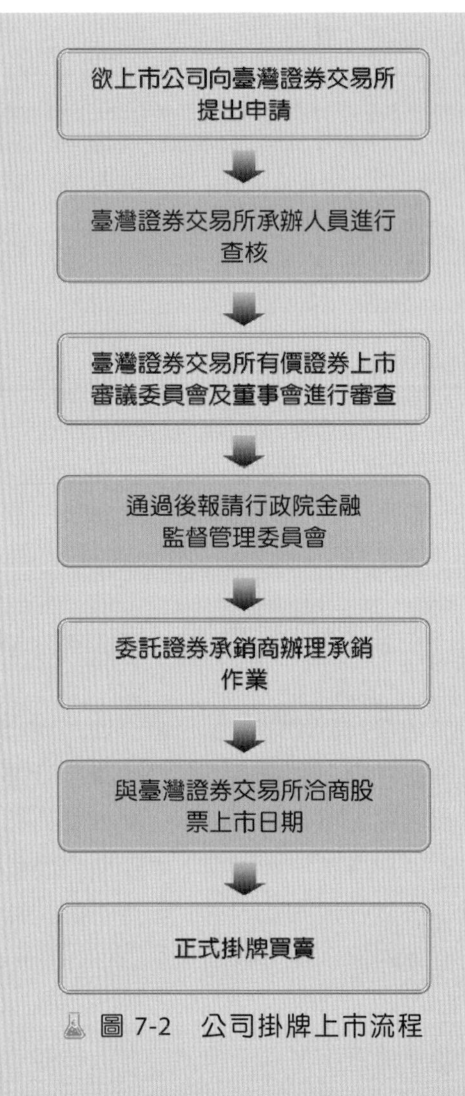

圖 7-2　公司掛牌上市流程

在臺灣想要申請上市或上櫃的公司，都必須先登錄興櫃，且股票交易期滿 6 個月以上，才可以申請上市或上櫃。所謂興櫃股票，就是指已經申報上市（櫃）輔導契約之公開發行公司或外國公司的普通股股票，在還沒有上市（櫃）掛牌之前，經過櫃檯中心依據相關規定核准，先在證券商營業處所議價買賣者而言。興櫃股票未來不必然會上市（櫃）成功，要看興櫃公司將來能否符合上市（櫃）的掛牌條件而定，應特別注意。（資料來源：證券櫃檯買賣中心）

另外，臺灣的股票交易市場可分為上市（集中交易市場）及未上市市場。只要不是在上市或上櫃的股票，都可以稱之為「未上市股票」。目前未上市股票的交易，除私下轉讓外，一般都是透過中間盤商來進行買賣，不過其交易風險較高。

7-2 Amgen

圖 7-3　Amgen 公司的 logo

1970 年代初期，比爾·鮑斯(Bill Bowes)是一位任職於“Blythe&Co.”公司主管投資的銀行家，這家公司後來與“PaineWebber”公司合併並且幫助 Genentech 公開發行股票(IPO)。Bowes 的老闆曾為 Cetus 公司募集了一些種子資金(seed money)，因此要求他在 1972 年（或是 1973 年）加入這家公司的董事會。在這段期間，Bowes 對 Cetus 公司的營運方向感到相當的失望，所以在 1978 年的暑期離開董事會。次年，Bowes 開始在舊金山灣區尋找尚未結盟且是尖端的科學家。在創投業者(venture capitalist)山姆·沃爾施塔特(Sam Wohlstadter)的引薦下，在史丹福大學與來自加州大學洛杉磯分校(UCLA)的產業科學家(entrepreneurial scientist)溫斯頓·薩爾瑟(Winston Salser)博士認識，並在 Salser 的主導下，開始成立 Amgen 公司（原名：Applied Molecular Genetics）的科學諮詢委員會(Scientific Advisory Board, SAB)。所謂“SAB”通常是由在科學或是商業上學有專精的專家學者所組成的，這些人最後還可能在公司實際的營運上扮演重要的角色。當時 Amgen 公司的 SAB 包括了在分子生物學、蛋白質化學、免疫學、細胞學與有機化學等各領域的尖端科學家。其中一位 SAB 的成員—Leroy Hood 博士後來還共同創立了“Applied Biosystems”公司，最後成為西雅圖華盛頓大學的教授。

當 Salser 開始組織 SAB 的同時，Bowes 也著手尋找投資者。這些初期的投資者包括有法律顧問公司“GC&H Investments”，創投業者及其他投資人 Cooley Godward、Sam Wohlstadter、Moshe Alafi、Franklin “Pitch” Johnson、Donald R. Longman、Raymond F. Baddour，再加上最初的經營團隊 George Rathmann、Winston Salser 和 Joseph Rubinfeld 等人，共同募集了 81,000 美元，加上 75,667 美元的貸款。

原本任職於 Abbott 公司，擔任 R&D 部門副總裁(vice president, VP)的喬治·拉斯曼(George Rathmann)，在 1980 年 10 月接下了 Amgen 的執行長(Chief Executive Officer, CEO)一職。他在接任後的四個月內，於 A 系列(series A)的募

資中，共募得了 1,900 萬美元的私人資金，其中有 500 萬美元的投資是來自於 Rathmann 的舊東家—Abbott 公司。Abbott(亞培)公司當時的總裁(president)—柯克· 拉布(Kirk Raab)，後來還成為 Genentech 公司的總裁。Abbott 公司的投資，也象徵著當時許多保守的傳統公司也開始注意到這個新興的生物科技產業。由於 Abbott 公司的投資也在此回合的募資中，因此吸引了其他創投業者、石油公司"Tosco"和 Rothschild. U.S. Ventures 等的投資。對於當時完全沒有產品的新興公司而言，1900 萬美元的募資，也可以說是破天荒的紀錄。

Amgen 公司的總部設於美國加州的 Thousand Oaks 地區，在 2020 年時，員工總數超過了二萬二千人，至 2022 年則增加到二萬五千人；2019 年年收入(revenue)達到 234 億美金，2022 年則上升到 263 億；2016~2022 年間的淨收入(net income)一直維持在 60~70 多億美金。Amgen 是目前世界上營運規模排名在前段的生技公司。它的主要產品有：Aimovig, Aranesp, Blincyto, Epogen, Kineret, Enbrel, Kyprolis, Neulasta, Neupogen, Nplate, Parsabiv, Prolia, Repatha, Sensipar/Mimpara, Vectibix and Xgeva 等。其中：

- Aranesp (darbepoetin alfa)：用於治療貧血(anemia)。
- Enbrel (Etanercept)：主要用於治療類風濕性關節炎(rheumatoid arthritis)。
- Epogen (epoetin, EPO)：用於治療貧血(anemia)。
- Kepivance (Palifermin)：用於治療口腔潰瘍(oral mucositis)
- Kineret (Anakinra)：用於治療類風濕性關節炎(rheumatoid arthritis)。
- Neupogen (granulocyte-colony stimulating factor (G-CSF) or "Filgrastim")：用於治療白血球缺乏症(neutropenia)。
- Neulasta (PEG Granulocyte-Colony Stimulating Factor or "PEG-Filgrastim")：用於治療白血球缺乏症(neutropenia)，此為長效型(long-acting)的 G-CSF (granulocyte-colony stimulating factor)。
- Vectibix (Panitumumab)：用於治療大腸癌(colon cancer)。

- Sensipar (Cinacalcet)：用於治療因腎臟衰竭所導致的次級副甲狀腺腫大(secondary hyperparathyroidism)。
- Nplate (Romiplostim)：用於治療慢性免疫性血小板缺乏紫斑症(chronic immune thrombocytopenic purpura)。
- Prolia (denosumab)：用於治療婦女停經後的骨質疏鬆症(postmenopausal osteoporosis)。
- XGEVA (denosumab)：用於預防骨骼相關事件(skeletal-related events, SREs)。如病理性骨折(pathological fracture)、骨頭照射放射線(radiation to bone)、脊髓壓迫症(spinal cord compression)，或是成人因骨頭實質固態瘤(solid tumor)轉移(metastases)所進行的手術。

收購歷史

- Amgen 從西元 1994 年開始，因公司發展需要，分別收購以下的公司：
  - 1994 – Synergen, Inc.
  - 2000 – Kinetix Pharmaceuticals, Inc.
  - 2002 – Immunex Corporation
  - 2004 – Tularik, Inc.
  - 2006 – Abgenix, Inc., Avidia, Inc.
  - 2007 – Ilypsa, Inc., Alantos Pharmaceuticals Holdings, Inc.
  - 2011 – BioVex Group, Inc., Laboratório Químico Farmacêutico Bergamo Ltda.
  - 2012 – Micromet, Inc., Mustafa Nevzat İlaç, KAI Pharmaceuticals, deCODE genetics
  - 2013 – Onyx Pharmaceuticals Inc.
  - 2015 – Dezima Pharma, Catherex
  - 2019 –Nuevolution AB, Otezla
  - 2021–Five Prime Therapeutics, Rodeo Therapeutics, Teneobio
  - 2022 –ChemoCentryx, Horizon Therapeutics

表 7-3 Amgen 檔案小整理

公司型態	上市公司
股票上市	Nasdaq: AMGN NASDAQ-100 component DJIA component S&P 100 component S&P 500 component
成立	1980 年 4 月 8 日
總部	Thousand Oaks, California, U.S.
經營團隊	Robert A. Bradway (Chairman) Robert A. Bradway (President and CEO)
產品	Aimovig, Aranesp, Blincyto, Epogen, Kineret, Enbrel, Kyprolis, Neulasta, Neupogen, Nplate, Parsabiv, Prolia, Repatha, Sensipar/Mimpara, Tezspire, Vectibix, Xgeva
年收入	US$26.32 billion (2022)
營業收入	US$9.57 billion (2022)
淨利	US$6.55 billion (2022)
總資產	US$65.12 billion (2022)
總權益	US$3.66 billion (2022)
員工人數	25,200 (December 2022)

資料來源：Wikipedia

7-3 Serono

圖 7-4 Serono 公司的 logo

Serono 是一家成立於義大利的生技公司，公司的總部則設於瑞士日內瓦。公司早期的發展主要依靠皮耶羅· 多尼尼(Piero Donini)博士發明一種從尿液中萃取“gonadotropins”（絨毛膜促性激素）的技術，所上市的暢銷藥物稱為“Pergonal®”，讓 Serono 公司成為生殖醫藥領域的領導品牌。Serono 在 1987 年併入於“Ares-Serono S.A”公司中，後來 Ares-Serono S.A 公司在 2000 年 5 月改名為“Serono S.A.”。

Serono S.A.公司在生殖醫學、多發性硬化症(multiple sclerosis)和生長及代謝(Growth & Metabolism)等醫藥領域方面，居於領先的地位。據估計全球不孕症醫藥市場上，Serono S.A.佔約 60%的營業額，也讓它曾經成為全世界前十大的生技公司。在 2006 年 9 月，Serono S.A.被"Merck KGaA"（默克集團）以 106 億歐元(€10.6 Billion)的價錢收購，新的公司改名為"Merck-Serono"，是由 Serono 與 Merck 公司的 Ethicals 部門合併而設立的。目前公司主要的產品有：Rebif®、Gonal-f®、Luveris®、Ovidrel®/Ovitrelle®、Serostim®、Saizen®、Zorbtive™和 Raptiva®等藥物。據估計，在被併購前，Serono S.A. 2005 年共有約 4700 位員工，而當年全年的總營收則達到 25 億美金。

表 7-4　Serono S.A.檔案小整理（2005 年之前）

成立於	1906（2005 年被 Merck Group 收購）
前總部	Geneva, Switzerland
創辦人 (Founder)	Cesare Serono
主力產品	Rebif, Gonal-f, Luveris, Ovidrel/Ovitrelle, Serostim, Saizen, Zorbtive and Raptiva
年收入	USD ~2.5 billion (2005)

資料來源：Wikipedia

7-4 Biogen

Biogen 公司是在西元 1978 年，由肯尼斯· 莫瑞(Kenneth Murray；University of Edinburgh)、菲利普· 夏普(Phillip Sharp, 1944~, Massachusetts Institute of Technology)、華特· 吉爾伯特(Walter Gilbert, 1932~, Harvard；首任的執行長(CEO))和查爾斯· 魏斯曼（Charles Weissmann, 1931~, University of Zurich，對研發干擾素 α (interferon-α)有卓著的貢獻）等科學家，於西元 1978 年在瑞士日內瓦(Geneva)成立的生技公司。

圖 7-5　Biogen Idec, Inc.公司的 logo

Biogen Idec 公司(Biogen Idec, Inc.)則是在 2003 年由 Biogen (Cambridge, Massachusetts)與 Idec Pharmaceuticals (San Diego, California)兩家公司合併的，總部設於 Cambridge, Massachusetts 的 Kendall Square 地區，另外在瑞士的 Zug 地區則設有國際總部(international headquarters)。Biogen Idec 公司專精於神經醫學(neurology)、自體免疫性疾病(autoimmune disorders)與癌症(cancer)等藥物的研發。主要的產品有：Rituxan、Zevalin、Avonex 和 Tysabri 等藥物。據估計 2010 年共有約 4,850 員工，全年的總營收則約有 50.48 億美金，營收主要來自於銷售治療多發性硬化症(multiple sclerosis)的藥物—Avonex (interferon beta-1a)、與 Élan 公司共同銷售治療克隆氏症(Crohn's disease)的 Tysabri (natalizumab)，和來自於 Genentech 銷售 Rituxan (rituximab)的權利金(royalty)。2015 年，將公司名稱改回原名"Biogen"。

表 7-5　Biogen 檔案小整理

公司型態	股票上市公司
創辦人 (Founders)	Kenneth Murray Phillip Allen Sharp Walter Gilbert Heinz Schaller Charles Weissmann
成立於	1978
總部	Weston, Massachusetts, U.S.
主要人物	Stelios Papadopoulos (Chairman) Christopher Viehbacher (CEO)
產品	Avonex, Fampyra, Plegridy, Tecfidera, Tysabri, Spinraza
年收入	US$10.17 billion (2022)
營業收入	US$3.59 billion (2022)
淨利	US$2.96 billion (2022)
總資產	US$24.55 billion (2022)
總權益	US$13.40 billion (2022)
員工人數	8,725 (2022)

資料來源：Wikipedia

7-5 Genzyme

圖 7-6 Genzyme 公司的 logo

Genzyme 是一家總部位於美國麻州(Massachusetts)劍橋(Cambridge)地區專精於研發和銷售孤兒藥(orphan drug)的生技公司。由謝里丹·斯耐德(Sheridan Snyder, 1936~)、喬治·懷特塞茲(George M. Whitesides, 1939~)和科學家亨利·布萊爾(Henry Blair)於 1981 年創立。其中最主要的藥物是用於治療溶小體儲積症(lysosomal storage disorders, LSD)的替換性酵素(replacement enzymes)。除此之外，這家公司還專注於腎臟疾病(renal disease)、急慢性的肌肉骨骼損傷(orthopedics)、器官移植及免疫疾病(transplant and immune diseases)、癌症(oncology)、遺傳性疾病(genetic diseases)和診斷試劑(diagnostics)等領域相關產品的研發。Genzyme 在 1986 年 IPO，共募集了 2,700 萬美元的資金。這家公司的第一個孤兒藥—Ceredase，在 1991 年被 FDA 核准用來治療高雪氏症(Gaucher disease)，"Ceredase" 可以用來取代這類病患體內有缺陷的酵素—Beta-glucocerebrosidase（β-葡萄糖腦苷脂酵素）。此藥在 2002 年為 Genzyme 帶入了 6 億 1 千 9 百萬美元的收入，約佔了當年總營業額的 60%。

這家公司在世界各國共有超過 12,000 個員工，並且在 40 個國家設有 75 個據點，其中包括了 17 個製藥工廠和 9 個基因試驗實驗室。在 2007 年的全年營業額達到了 46.1 億美金。2010 年，Genzyme 被 Sanofi-Aventis 公司收購(acquisition)。在 2010 年被收購前，Genzyme 還曾經成為全世界第四大的生技公司，擁有超過 11,000 名員工。當年的產品如下：

- Cerezyme
- Fabrazyme
- Aldurazyme
- Myozyme
- Renagel
- Hectorol
- Synvisc
- Carticel
- Thymoglobulin
- Campath
- Clolar
- Thyrogen
- Sepra family of products
- Epicel
- Mozobil

表 7-6 Genzyme 當年的檔案小整理

公司型態	Sanofi 的子公司(subsidiary)
成立於	Boston, Massachusetts (1981)
總部	Cambridge, Massachusetts, United States
主要人物	Chris Viehbacher, Chairman of the Board and C.E.O.
產品	Cerezyme, Fabrazyme, Synvisc, Renagel, More Complete Product List
年收入	US $4.61 billion (2007 calendar)
營業收入	US $581 million (2007 calendar)
淨利	US $421 million (2007 calendar)
員工人數	12,000 (2010)

資料來源：Wikipedia

Info 7-2 孤兒藥 (Orphan Drug)

孤兒藥為依據美國國會在 1983 年 1 月通過的「孤兒藥法案」(Orphan Drug Act of 1983, ODA)所研發出來的藥物。通常是指在全美國病患少於 200,000 個人，或等同於在社區中每 1 萬人中約有 6 個病患的治療藥品，這類疾病一般又稱為「罕見疾病」(“rare diseases” 或是 “orphan diseases”)。這項法案已經轉變成美國食品藥物管理局(Food and Drug Administration, FDA)的子條款(subclause)，因此孤兒藥目前在美國是受到 FDA 法律的規範。由於治療稀有性疾病藥物的研發費用，不符合商業利益，因此 ODA 的制定最主要是希望鼓勵更多的公司投入更多的資金來從事這個領域的藥物研發。依據 ODA，研發及販售孤兒藥的公司，可以在藥物核准後，享有政府七年期的減稅(tax reductions)與產品的專賣權(marketing exclusivity)。ODA 實施後，從 1983~2004 年共有 1,129 個孤兒藥獲得「孤兒藥物研發辦公室」(Office of Orphan Products Development, OOPD)的補助，其中有 249 個藥被核准於美國販售。這些包括有治療多發性骨隨瘤(multiple myeloma)和囊狀纖維化(cystic fibrosis)等疾病的治療藥物和毒蛇抗血清(snake venom)。在 2003 年市場上銷售最好的孤兒藥是由 Amgen 公司研發的 Erythropoietin（簡稱 EPO；商業名稱 Epogen®），年銷售額達 24 億美金($2.4 bn)。根據《*Drug Discovery Today*》的資料，從 2001~2011 年這段期間是孤兒藥最蓬勃發展的年代，也就是有更多的孤兒藥被核准上市。

日本、澳洲、新加坡與歐盟也分別在 1993 年、1998 年、1999 年與 2000 年制定有類似的法律，在歐洲主管孤兒藥的機構稱為「The Committee on Orphan Medicinal Products of the European Medicines Agency」。

同樣的，臺灣也訂定有「罕見疾病防治及藥物法」。在 1998 年 6 月，由病患家長陳莉茵與曾敏傑推動成立「財團法人罕見疾病基金會」(Taiwan Foundation for Rare Disorders)，「罕見疾病」(rare diseases)開始成為社會關切的議題。之後，「罕見疾病基金會」積極推動「罕見疾病」的立法及政策的實施，並且提出「罕見疾病法」(Rare Diseases Law)，除了孤兒藥議題以外，還加入遺傳諮詢教育、罕見疾病預防、病患醫療福利、國際合作、及社會宣導等內容。國會最終在 2000 年 1 月立法通過「罕見疾病防治及藥物法」，內容架構則以「罕見疾病基金會」的草案為主軸，不過有關孤兒藥的規範，則以衛福部（原衛生署）的草案為依據。現行「罕見疾病防治及藥物法」相關的施行辦法包括有：「罕見疾病防治及藥物法施行細則」、「罕見疾病醫療補助辦法」、「罕見疾病藥物專案申請辦法」、「罕見疾病藥物查驗登記審查準則」及「罕見疾病藥物供應製造及研究發展獎勵辦法」等五項，可見臺灣政府在照顧罕見疾病病患的不遺餘力與周全。（資料來源：適用「罕見疾病防治及藥物法」之藥物年報第六期，中華民國九十六年一月，衛生署藥政處）

7-6 Chiron

圖 7-7 Chiron 公司的 logo

Chiron 是在 1981 年由威廉· 盧特(William J. Rutter)、愛德華· 彭霍特(Edward Penhoet)和巴勃羅· DT· 瓦倫祖拉(Pablo DT Valenzuela)等三位教授所創立的生技公司。它的總部設於美國加州的 Emeryville（愛莫利維爾市），該公司主要以研發蛋白質藥物、疫苗等的生物製藥(biopharmaceuticals)，與血液檢驗試劑(blood testing)等相關生物製劑(biologics)。1981 年 Chiron 公司的總裁 William J. Rutter 和其研發主任 Pablo DT Valenzuela 兩人在《科學》期刊上，發表了一篇以酵母菌來表達出 B 型肝炎病毒表面抗原(hepatitis B surface antigen)的報告。由於 William J. Rutter 教授的遠見及領導下，讓加州大學舊金山分校的生化暨生物物理學系(Department of Biochemistry and Biophysics, University of

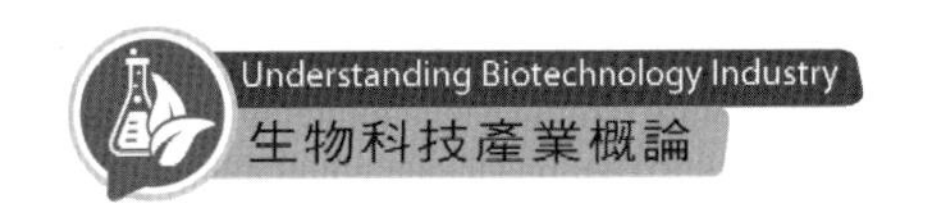

California, San Francisco)成為早期生技公司的重要技術發展及提供機構。西元 1986 年美國 Chiron 生技公司研發出第一個防治 B 型肝炎病毒感染的重組疫苗，並獲得 FDA 的核准。Chiron 生技公司也曾在 1984 年宣布定序出人類後天免疫不全症的愛滋病毒(human immunodeficiency virus, HIV)的基因體序列。

此外，Chiron 研發的藥物—Proleukin（臺灣譯名：普留淨），在 1992 年獲得 FDA 的核准，用於治療轉移性的腎臟癌(metastatic kidney cancer)。1997 年開始和藥廠“Johnson&Johnson”（嬌生公司）合作研發局部治療糖尿病患足部潰瘍的藥物—Regranex。在 2001 年則開始研發第一個吸入性的抗生素(inhaled antibiotic)—Tobi，用於治療囊狀纖維化(cystic fibrosis)病患的肺部感染。在 1996 年開始疫苗“Fluad”的研發，這是一種含佐劑(adjuvant)的流感疫苗(influenza vaccine)，這種疫苗的生產線在德國與義大利等國的要求下擴大，讓 Chiron 成為世界第二大的疫苗供應廠，並且也讓 Fluad 成為世界第五大的疫苗產品。在 1998 年，Chiron 和 Gen-Probe 兩家公司開始“nucleic acid testing（NAT; 核酸檢測）and blood-testing business”的合作，並發展出“Procleix system”用於偵測在感染初期血液中非常微量的病毒 DNA 或 RNA。據估計在 2005 年，Chiron 公司共有約 5,400 位的員工，該年的總營收則達到 19 億美金。

Novartis 藥廠（諾華製藥集團）在 1994 年因 Sandoz Laboratories 和 Ciba-Geigy 兩家公司的併購案，獲得近半數 Chiron 的股權。在 2006 年 4 月 Novartis 藥廠決定買下 Chiron，成為該藥廠事業版圖的一部分。Chiron 公司的研發與產業共分為三個領域：“BioPharmaceuticals”、“Vaccines”和“Blood testing”等。其中 Chiron 的 vaccines 和 blood testing 單位與 Novartis 的 Vaccines 部門合併，Chiron 的 BioPharmaceuticals 部門則與 Novartis 的 BioPharmaceuticals 部門合併。

表 7-7　Chiron 公司檔案小整理（2005 年之前）

公司型態	Novartis 藥廠的子公司(subsidiary)
成立於	1981
總部	Emeryville, California, USA
產品	Biopharmaceuticals, vaccines, blood testing
年收入	$1.921 billion (2005)
員工人數	5,400 (2005)

資料來源：Wikipedia

7-7 Gilead Sciences

圖 7-8　Gilead 公司的 logo

Gilead Sciences 公司（吉利德科學公司）原先是由創投公司 Menlo Ventures（門羅創投）規劃，並由 H. DuBose Montgomery（門羅創投的創辦人）、Menlo Ventures 和醫生邁克爾· L· 里奧爾丹(Michael L. Riordan)等三方於 1987 年在加州 Foster City 成立的生技公司，初期名稱為“Oligogen, Inc.”。當時年僅 29 歲的醫生 Riordan 畢業於美國約翰霍普金斯大學醫學院(Johns Hopkins University School of Medicine)，在 1986 年加入 Menlo Ventures。在公司成立之初，有三位來自於頂尖大學的科學家 Peter Dervan、Doug Melton 和 Hal Weintraub，與 Riordan 共事。公司在 1988 年改名為 Gilead Sciences，並由 Montgomery 擔任第一任的董事長。Gilead 這個名稱來自於聖經所提到的一個生產藥用樹脂(resin)的地方。

這家公司剛開始的研發方向是以抗病毒的小分子藥物(small molecule antiviral therapeutics)為主。在 1990 年時，Gilead 和藥廠“GlaxoSmithKline”（GSK；荷商葛蘭素史克藥廠）合作開發「基因密碼抑制劑」(Genetic code blockers)，這也是所謂的“antisense”（反股）藥物。因此在 1991 年便設法取得由兩家歐洲學術單位研發的核苷酸複合物(nucleotide compounds)的授權。這項合作計畫在 1998 年劃下句點，Gilead 公司將這項計畫研發所獲得相關的智慧財產權(intellectual property)售予“Isis Pharmaceuticals”公司。在 1996 年 6 月，Gilead 開始公司第一個商業化藥品—Vistide (cidofovir injection)的研發，此藥物主要用於因感染巨細胞病毒所造成的網膜炎〔cytomegalovirus (CMV) retinitis〕的愛滋病患的治療上。Gilead 和“Pharmacia & Upjohn”公司共同在美國以外的地區銷售這項藥物。在 1999 年，Gilead 收購了一家位於科羅拉多州 Boulder 地區的公司“NeXstar Pharmaceuticals”。同年，原先由 Gilead 公司開始研發的感冒藥物“Tamiflu”（oseltamivir；臺灣稱為「克流感」），在羅氏藥廠(Roche)後續的研發成功後，被核准上市。在禽流感（avian flu 或稱為 bird flu）的威脅下，2005 年 11 月美國總統喬治· 沃克· 布希(George W. Bush)敦促國會通過 71 億美金的緊急預算用以預防禽流感可能造成的大流行，其中 10 億美金就是用來購買 Tamiflu。此外，該公司另一個治療 HIV（愛滋病毒）感染的藥物—Viread (tenofovir)，也在 2001 年被核准上市。在 2003 年 1 月完成了另一家公司“Triangle Pharmaceuticals”的收購(acquisition)。同年，治療慢性 B 型肝炎(chronic hepatitis B)病毒感染的藥物—Hepsera (adefovir)，與治療 HIV 病毒(human immunodeficiency virus)感染的藥物—Emtriva (emtricitabine)被核准上市。2004 年，一種由“tenofovir”和“emtricitabine”所混合而成的固定劑量藥物“Truvada”上市。2006 年 7 月，結合由 Gilead 研發的“Truvada”(emtricitabine and tenofovir disoproxil fumarate)，與 Bristol-Myers Squibb（必治妥施貴寶）藥廠上市的“Sustiva”(efavirenz)的混合藥物—“Atripla™”，被 FDA 核准用於治療 HIV 的感染。在 2006 年 10 月，Gilead 宣布將收購 Myogen 公司，該公司目前在美國銷售“Flolan®”(epoprstenol sodium)藥物。

Gilead Sciences 在北美、歐洲與澳洲均有營運據點。在 2009 年底之前，共有約 4,000 名的全時員工。2020 年因全球遭受新型冠狀肺炎病毒(COVID-19)爆發，Gilead Sciences 公司發布用來治療該病毒感染的藥物瑞德西韋(remdesivir)，為公司帶來一大筆收益。

收購歷史

Gilead Sciences 從西元 1999 年開始，因公司發展需要，分別收購以下的公司：

年 份	收購公司	收購價格
1999	Nexstar Pharmaceuticals	$550 million
2003	Triangle Pharmaceuticals	$464 million
2006	Corus Pharma, Inc.	$365 million
2006	Myogen, Inc.	$2.5 billion
2006	Raylo Chemicals, Inc.	$148 million
2007	Nycomed fr. Altana - Cork	$47 million
2009	CV Therapeutics, Inc.	$1.4 billion
2010	CGI Pharmaceuticals	$120 million
2010	Arresto Biosciences, Inc.	$225 million
2011	Calistoga Pharmaceuticals	$375 million
2011	Pharmasset, Inc	$10.4 billion
2013	YM Biosciences, Inc	$510 million
2015	Phenex Pharmaceuticals EpiTherapeutics	$470 million $65 million
2016	Nimbus Apollo, Inc.	$400 million
2017	Kite Pharma	$11.9 billion
2020	Forty Seven Inc.	$4.9 billion

表 7-8 Gilead Sciences 檔案小整理

公司型態	上市公司
上市股市	NASDAQ: GILD NASDAQ-100 Component S&P 100 Component S&P 500 Component NASDAQ Biotechnology Component
成立於	1987
總部	Foster City, California, U.S.

表 7-8　Gilead Sciences 檔案小整理（續）

主要人物	Daniel O'Day (CEO and Chairman), Andrew Dickinson (CFO), Tomáš Cihlář (Vice president, and Senior Director, Biology)
產品	AmBisome, Atripla, Biktarvy, Complera, Cayston, Descovy, Emtriva, Epclusa, Genvoya, Harvoni, Hepsera, Letairis, Lexiscan, Macugen, Odefsey, Ranexa, Sovaldi, Stribild, Tamiflu, Truvada, Tybost, Vemlidy, Viread, Vosevi, Yescarta, Zydelig
年收入	US$27.28 billion (2022)
營業收入	US$7.33 billion (2022)
淨利	US$4.59 billion (2022)
員工人數	17,000 (2022)

資料來源：Wikipedia

7-8 CSL

圖 7-9　CSL 公司的 logo

CSL 全名為“The Commonwealth Serum Laboratories”，剛開始是一家 1916 年由澳洲政府贊助所成立的生技公司，它的總部設於澳洲的墨爾本(Melbourne)，主要專精於疫苗(vaccines)、血漿分離物(blood plasma derivatives)、抗毒蛇血清(antivenom)和細胞培養的相關試劑(cell culture reagents)等產品的銷售與研發。CSL 在 1952 年開始血漿分離物的相關業務，並且在 1994 年 6 月 IPO，轉型為民營公司“CSL Ltd”（CSL Limited；CSL 股份有限公司）。在 2000 年 CSL 經由收購瑞士的血漿公司“ZLB Bioplasma AG”，將公司營運規模擴增兩倍，並在 2004 年，又收購了一家德國的公司“Aventis Behring”。該公司的豬流感(H1N1 Swine Flu)疫苗於 2009 年在澳洲被核准使用於 10 歲以上的民眾。

➲ CSL 所銷售的疫苗(vaccines)（取材自 Wikipedia 網站）：

- ADT 無細胞性白喉／破傷風疫苗(acellular diphtheria/tetanus vaccine)
- Comvax（B 型流行性感冒嗜血桿菌／B 型肝炎疫苗）(*Haemophilus influenzae* type B/hepatitis B vaccine)

- Fluvax 流感疫苗(influenza vaccine)
- Gardasil 人類 HPV 疫苗（2006 年 6 月核准）
- H-B Vax II（B 型肝炎疫苗，hepatitis B vaccine）
- Liquid PedVaxHIB（B 型流行性感冒嗜血桿菌疫苗）(*Haemophilus influenzae* type B vaccine)
- Menjugate（G 群腦膜炎雙球菌疫苗）(meningococcus group C vaccine)
- Meruvax II（德國麻疹疫苗）(rubella vaccine)
- M-M-R II（麻疹／腮腺炎／德國麻疹三合一疫苗）(MMR vaccine)
- Plague vaccine（鼠疫桿菌疫苗）(*Yersinia pestis* vaccine)
- Pneumovax 23（肺炎鏈球菌疫苗）(pneumococcus vaccine)
- Q Vax（伯納特氏柯克斯氏體疫苗）(*Coxiella burnetii* vaccine)
- Tet-Tox（破傷風疫苗）(tetanus vaccine)
- Vaqta（A 型肝炎疫苗）(hepatitis A vaccine)
- Varivax（水痘帶狀疱疹病毒疫苗）(varicella zoster vaccine)

➲ CSL 所銷售的抗血清(Antivenoms)：

- Black snake（黑蛇）
- Info jellyfish（箱形水母）
- Brown snake（棕伊澳蛇）
- Death adder（死亡蝮蛇）
- Funnel web spider（漏斗網蜘蛛）
- Polyvalent snake antivenom
- Red back spider（紅背蜘蛛）
- Sea snake（海蛇）
- Stonefish（石頭魚）
- Taipan（太攀蛇）
- Tick（壁蝨）
- Tiger snake（虎蛇）

➲ CSL 所銷售的藥物 (Pharmaceuticals)：

- Angiomax (bivalirudin)：由 Medicines 公司授權製造銷售。

- Austrapen (ampicillin)。
- BenPen (benzylpenicillin)。
- Burinex (bumetanide)：由 LEO Pharma 公司授權製造銷售。
- Daivonex (calcipotriol)：由 LEO Pharma 公司授權製造銷售。
- Daivobet (calcipotriol/betamethasone)：由 LEO Pharma 公司授權製造銷售。
- EpiPen (epinephrine autoinjector)：由 Dey Laboratories 公司授權製造銷售。
- Flomaxtra (tamsulosin)：由 Astellas Pharma 公司授權製造銷售。
- Flopen (flucloxacillin)。
- Fucidin (fusidic acid)：由 LEO Pharma 公司授權製造銷售。
- 微注射系統(Minijet system)：用於微注射系統的藥物包括有 epinephrine、atropine、calcium chloride、furosemide、glucose、lidocaine、naloxone 和 sodium bicarbonate 等等。
- Modavigil (modafinil)：由 Cephalon 公司授權製造銷售。
- Tramal (tramadol)：由 Grünenthal 公司授權製造銷售。

➲ CSL 所研發上市的血漿製劑(Bioplasma)：

- Albumex（白蛋白；albumin）。
- Biostate（第八凝血因子，factor VIII）。
- Carimune：靜脈注射用的免疫球蛋白(immunoglobulin for intravenous administration, IGIV)。
- CMV Immunoglobulin-VF（巨細胞病毒的免疫球蛋白，cytomegalovirus immunoglobulin）。
- Helixate：用於治療血友病(haemophilia)的基因重組凝血因子(recombinant antihemophilic factor)。
- Hepatitis B immunoglobulin（HBIG，B 型肝炎病毒感染治療用之免疫球蛋白）。
- human immunoglobulin：Intragam P, Normal, Rh(D) Immunoglobulin-VF, Sandoglobulin。

- MonoFIX-VF (Factor IX)。
- Prothrombinex-HT (prothrombin complex)。
- Tetanus Immunoglobulin-VF。
- Thrombotrol-VF (antithrombin III)。
- Vivaglobin：用於治療原發性的免疫缺乏症。sub-cutaneous human immune globulin indicated for the treatment of primary immunodeficiency. This product gained FDA approval in January 2006。
- von Willebrand factor。
- WinRho SDF (Rh(D) immunoglobulin G)。
- Zoster Immunoglobulin-VF (varicella zoster immunoglobulin)。

➲ ZLB Behring 所銷售的藥物：

- Beriate：第八凝血因子的乾燥劑型。
- Berinin：第九凝血因子的乾燥劑型。
- Helixate FS：重組第八凝血因子的乾燥劑型。
- Humate-P：第八凝血因子／von Willebrand factor 混合物的乾燥劑型。
- Monoclate：經單株抗體純化後第八凝血因子的乾燥劑型。
- Mononine：經單株抗體純化後第九凝血因子的乾燥劑型。
- Stimate：合成 desmopressin acetate 的鼻腔噴劑。

表 7-9　CSL Limited 檔案小整理

公司型態	上市公司
上市股市	ASX: CSL S&P/ASX 200 component
成立於	1916 (Federal government department), 1994 (privatised)
總部	Parkville, Melbourne, Victoria, Australia
主要人物	Paul McKenzie (CEO)
主力產品	blood plasma, vaccines, antivenom, other laboratory and medical products
年收入	US$10.61 billion (2021)
淨利	US$1.919 billion (2021)
員工人數	30,000 人 (2021)

資料來源：Wikipedia

7-9 MedImmune

MedImmune 公司的前身為 Molecular Vaccines, Inc.，由韋恩·T·荷克邁耶(Wayne T. Hockmeyer, 1944~)於 1988 年創立，次年改為現在的名稱。

圖 7-10　MedImmune 公司的 logo

MedImmune 是一家以發展治療或預防呼吸道疾病藥物的生技公司，其所研發上市的單株抗體藥物 "*Synagis*"（Palivizumab; 西那吉斯）專門用於治療新生兒的呼吸道融合細胞病毒(respiratory syncytial virus, RSV)感染，在 2005 年這項產品為該公司挹注了一億零六百萬美元的收入，幾乎佔公司一億二千萬美元年度營業額的絕大多數。此外，MedImmune 也在 2004 年推出了供 5~49 歲健康者所使用的鼻腔噴霧劑型的流感疫苗 "*FluMist*"，但是此項藥物剛推出時，並沒有預期中的暢銷，主要歸因於使用者年齡的限制以及醫師使用時的不便等因素。該公司新一代的鼻噴型流感疫苗 "CAIV-T"，於 2007 年獲美國 FDA 核准上市。雖然該公司曾名列世界前十大的生技公司，但是在 2004 年與 2005 年分別提列了 1,660 萬美元與 380 萬美元的淨虧損。可見生技產業雖然蓬勃發展，但是絕大多數的生技公司還是處於虧損的狀態，這主要是因為研發費用過於高昂、成功機率低以及產品不易獲得核准上市的緣故。MedImmune 在 2007 年被 AstraZeneca（阿斯特捷利康製藥公司）收購，2009 年預防 H1N1 感冒病毒(influenza virus)感染的疫苗核准上市。2019 年 2 月 14 日之後，MedImmune 的名稱與品牌，因母公司 AstraZeneca 另有其他的規劃而中斷。

表 7-10　MedImmune 2019 年之前的檔案小整理

公司型態	AstraZeneca 的子公司(Subsidiary)
總部	Gaithersburg, Maryland, USA
產品	Synagis, FluMist

資料來源：Wikipedia

7-10 Cephalon

Cephalon 是在 1987 年由曾經任職於 DuPont 公司的藥學家小弗蘭克．巴爾迪諾(Frank Baldino, Jr., 1953~2010)創立的公司，並擔任公司的董事長與執行長直到 2010 年去世為止。

圖 7-11 Cephalon 公司的 logo

公司總部設於美國賓州的 Frazer 地區，專精退化性腦神經疾病(neurodegenerative diseases)的研究與治療。其公司名稱 "Cephalon" 來自於希臘字的字根— "*cephalic*"，意即與「頭」或「腦」有關。該公司初期與 Chiron 公司合作，主要以研發 "IGF-1" (an insulin-like growth factor；somatomedin-C/Myotrophin)在治療「肌萎縮性脊髓側索硬化症」（amyotrophic lateral sclerosis, ALS，或稱為 Lou Gehrig's Disease）或相關疾病方面的應用，但是至今尚未被核准。近年來，公司將注意力轉移至失眠、疼痛、藥癮與癌症方面的小分子藥物研發，並且從 CIMA Labs、Anesta Corp.和 Laboratoire Lafon 等公司取得某些複合物的專利授權。目前公司的主力產品是 "PROVIGIL®" (modafinil)，主要是用來治療因嗜睡症(narcolepsy)、睡眠窒息症(sleep apnea)和「職業轉換睡眠失調」(shift work sleep disorder)等原因所造成的日間嗜睡症(excessive daytime sleepiness)。此外，公司也銷售治療癌症疼痛的藥物—ACTIQ® (oral transmucosal fentanyl citrate)和 FENTORA® (fentanyl buccal tablet)；治療癲癇性發作(epileptic seizures)的藥物—GABITRIL® (tiagabine HCl)；治療稀有白血病(leukemia)的藥物—TRISENOX® (arsenic trioxide)；治療酒精成癮(alcohol addiction)的藥物—VIVITROL® (naltrexone for extended release injectable suspension)。

在 2005 年，Cephalon 買下了位於歐洲的製藥公司(pharmaceutical company)— "Zeneus"，這家公司出產有治療末梢型 T 細胞淋巴瘤(cutaneous T-cell lymphoma)的藥物—ABLECET® (antifungal)和 TARGRETIN® (bexarotene)；治療轉移性乳癌(metastatic breast cancer)的藥物—MYOCET® (liposomal doxorubicin)。在 2011 年 Teva 藥廠（位於以色列，為全球最大的學名藥藥廠）宣布收購 Cephalon 公司。

表 7-11　Cephalon 2011 年之前的檔案小整理

公司型態	Teva Pharmaceutical Industries 的子公司(Subsidiary)
成立於	1987
總部	Frazer, Pennsylvania, United States
主要人物	J. Kevin Buchi, CEO
員工人數	3,726 (December 31, 2010)

資料來源：Wikipedia

Info 7-3 小分子藥物（Small Molecule Drug）

指分子量低於 1,000 Daltons 的藥物，通常在 300~700 Daltons 之間。目前市面上約 70%的藥物屬於此類。不過由於生物技術的發展快速，屬於大分子類的蛋白質藥物，或稱為生物製藥(biopharmaceuticals)或生物製劑(biologics)，已漸漸成為藥廠和生技公司藥物研發的主要方向。一般預估在二、三十年後，生物製藥／生物製劑的市佔率將有可能達到全球藥物市場的一半。

7-11 生物科技產業紀實

- 美國生技產業主要受到美國食品藥物管理局(FDA)、美國環境保護局(Environmental Protection Agency, EPA)和美國農業部(Department of Agriculture, USDA)等三個機構的規範（圖 7-12）。
- 生物科技發展的藥物或是疫苗，主要針對二百多種對人類健康有重要威脅的疾病，例如阿茲海默症(Alzheimer's disease)、心血管疾病(cardiovascular disease)、糖尿病(diabetes)、多發性硬化症(multiple sclerosis)、愛滋病(AIDS)及風濕性關節炎(arthritis)等等疾病（圖 7-13）；而治療這些疾病的藥物研發工作也代表著當今生技產業的發展主流。

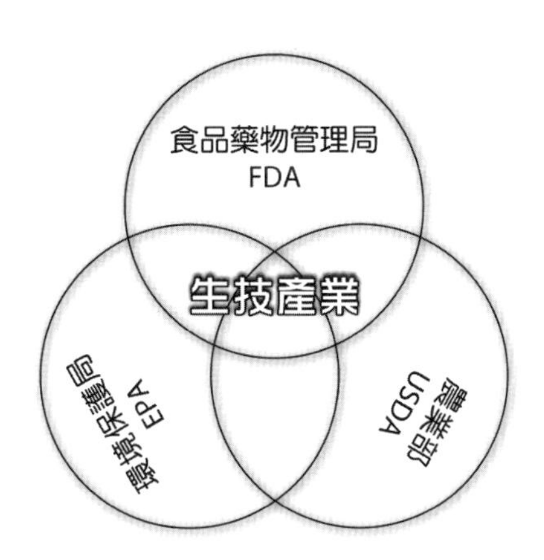

圖 7-12 美國生技產業的主要管理機構

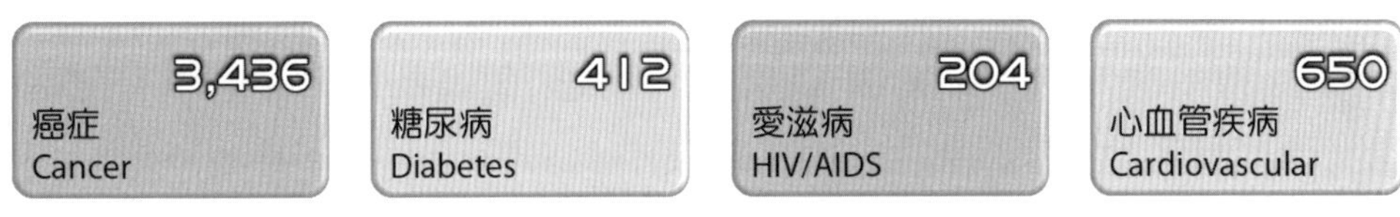

圖 7-13 2014 年特定疾病的藥物研發數量

資料來源：「The Pharmaceutical Industry and Global Health: Facts and Figures 2014」, International Federation of Pharmaceutical Manufacturers & Associations。

- 在 2003 年底，美國共有 1,473 家生技公司，而其中有 314 家是股票上市(IPO)公司。這些公開交易的生技公司，在 2005 年四月初估計，市場總資本額共約值 3,110 億美金（圖 7-14）。自從 1992 年美國生技產業如雨後春筍般的發展以來，有關醫療健康方面的總收入(revenue)從 1992 年剛開始的 80 億美金，到 2003 年則大幅成長至 392 億美金（表 7-13）。2023 年粗估全美參與生技產業的公司大幅擴增至 3,429 家，較前一年增加 7%，可見這個產業的蓬勃發展。
- 市面上數百種醫學檢驗試劑絕大部分都是以生物科技發展出來的產品。這些產品可以使得輸血變得更為安全，以避免感染愛滋病，或是提供精確而靈敏的懷孕試驗，而且對於很多的疾病更是提供了早期的診斷與其治療的依據。
- 消費者持續對生物科技改良的農產品感到憂慮，像是棉花、黃豆與玉米等等。生物性的殺蟲劑和一些生技農業產品也持續用來增加農產量。此外，利用一些新開發的環境生物技術的產品，像是一些分解污染原的微生物，可以利用它們來更有效率的清除一些有害的廢棄物。

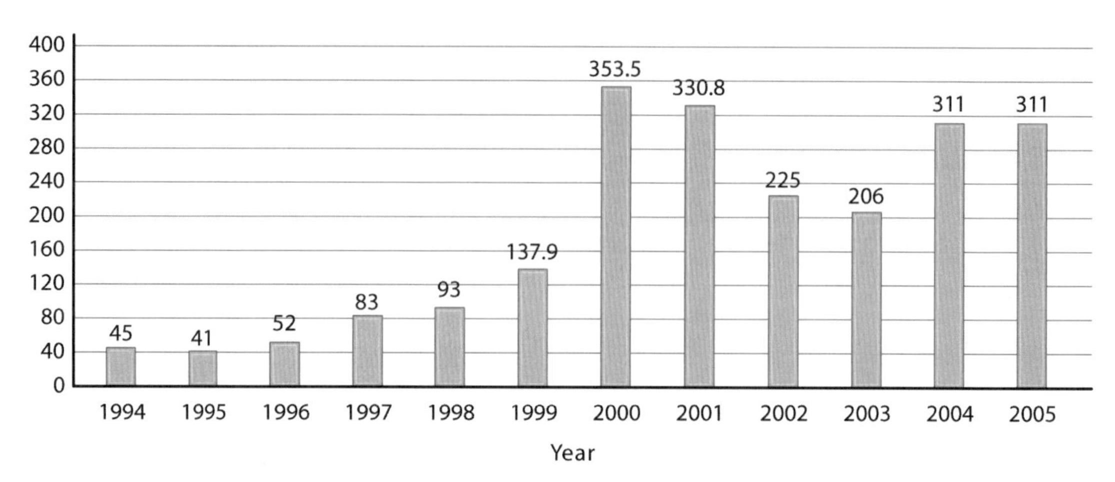

圖 7-14　1994~2005 年生技產業的總資本額

- 市面上販售的洗潔精中，常加入利用生物技術研發的酵素，可以有效的用來清洗日常生活當中所使用的衣物、蔬果、食物等等；不僅節省時間，還減少水與能源的消耗。
- 由生物技術發展出來的 DNA 鑑定(DNA fingerprinting)方法，對於犯罪調查與法醫醫學有著莫大的助益。而且也促進在人類學研究以及野外生物管理上的長足進步。
- 在 2004 年，全球的藥品市場銷售額約有 5,500 億美金，其中美國市場佔了 45%，而歐洲市場則佔有 25%。到了 2006 年，全球的藥品市場銷售額首度突破 6,000 億美金，其中美國的市場就佔了 2,520 億美金，這是世界上最大的藥品消費市場。而在 2012 年全球的藥品市場銷售額則增加至 8,578 億美金，各區域的市佔率分別為：北美（美國與加拿大，41%）、歐洲(26.7%)、日本(11.7%)、非洲／亞洲／澳洲(14.7%)、拉丁美洲(5.9%)（圖 7-15）。至 2021 年，北美地區（美國、加拿大）還是全球最大的消費市場，市占率微幅上升至 49.1%，歐洲 23.4%，日本下降至 6.1，中國則有 9.4%。
- 過去曾有段時期大藥廠在抗生素研發的投資上顯著減少，加上細菌抗藥性的逐年增加，使得當時既有的抗生素已經呈現不敷使用的窘境，甚至是一般醫院作為最後一道防線的萬古黴素(vancomycin)也瀕臨失效。因此，之後大藥廠開始推出幾種新一代的抗生素（表 7-12），以能面對致病菌快速突變所產生的抗藥性問題。其中 “Tigacil®” （中文譯名為「老虎黴素」）已在 2006 年底引進臺灣，並已列入健保給付。

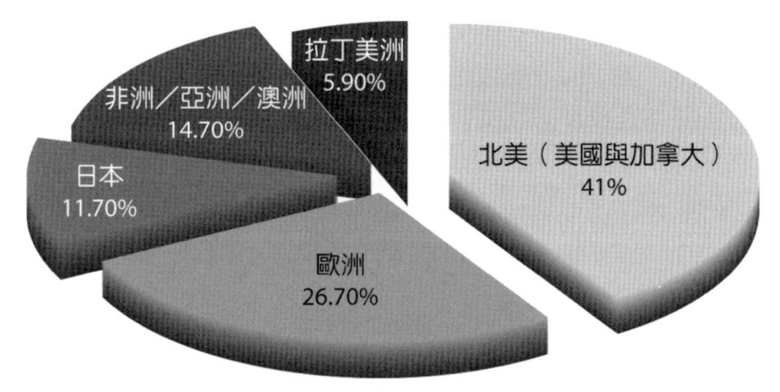

圖 7-15　2004 年全球藥品市場銷售比例（資料來源：IMS MIDAS, 2013）

表 7-12　新一代的抗生素

藥物學名	商業名稱	藥物種類	作用機制	上市藥廠
Tigecycline	Tigacil®	Tetracycline	結合到細菌核糖體 30S 次單位上，以阻礙細菌蛋白質的產生	Wyeth
Telithromycin	Ketek®	Ketolides	結合到細菌核糖體 50S 次單位上 23S RNA，造成新生蛋白質的未成熟	Aventis
Daptomycin	Cubicin®	Lipopeptides	改變細菌細胞膜的電位	Cubist
Gemifloxacin	Factive®	Quinolones	抑制細菌的 DNA gyrase 和 topoisomerase IV 酵素	Oscient
Linezolid	Zyvox®	Oxazolidinones	此藥物會結合到細菌核糖體 50S 次單位上 23S RNA，阻礙蛋白質的轉譯	Pfizer
Quinupristin/ Dalfopristin	Synercid®	Streptogramins	抑制細菌蛋白質鏈的延長	Aventis/King Pharmaceuticals
Moxifloxacin	Avelox®	Quinolones	抑制細菌的 DNA gyrase 和 topoisomerase IV 酵素	Bayer
Gatifloxacin	Tequin®	Quinolones	抑制細菌的 DNA gyrase 和 topoisomerase IV 酵素	Bristol-Myers

取材自：Monaghan&Barrett (2006), Biochemical Pharmocology 71:901-90。

- 在 2003 年 12 月 31 日之前的統計，美國的生技業一共聘雇了 198,300 個員工（表 7-13）。由於生技業是世界上最重視研究的一種產業，美國的生技業光是 2003 年花在研發上的費用，就高達 179 億美金；而前五大生技公司，在 2002 年平均花在每位從事 R&D 工作的員工上，就高達 101,200 美金。
- 美國生技公司主要是集中在加州（圖 7-16），這與當初加州矽谷發展半導體業成功的經驗與其帶來的豐沛資金，加上創投公司在矽谷投資高風險性產業成功的經驗，應有密切的關聯性。尤其目前在美國排名前幾大的生技公司，也大都創始於加州。

表 7-13　1994~2003 年美國生技產業的各項數據

年度	2003	2002	2001	2000	1999	1998	1997	1996	1995	1994
銷售金額	28.4	24.3	21.4	19.3	16.1	14.5	13	10.8	9.3	7.7
總收入	39.2	29.6	29.6	26.7	22.3	20.2	17.4	14.6	12.7	11.2
研發費用	17.9	20.5	16.7	14.2	10.7	10.6	9.0	7.9	7.7	7.0
淨損失	5.4	9.4	4.6	5.6	4.4	4.1	4.5	4.6	4.1	3.6
上市公司總數	314	318	342	339	300	316	317	294	260	265
公司總數	1,473	1,466	1,457	1,379	1,273	1,311	1,274	1,287	1,308	1,311
聘雇員工總數	198,300	194,600	191,000	174,000	162,000	155,000	141,000	118,000	108,000	103,000

*Amounts are U.S. dollars in billions.

Sources: Ernst & Young LLp. annual biotechnology industry reports, 1994-2004.
Financial date based primarily on fiscal-year financial statements of publicly traded companies.

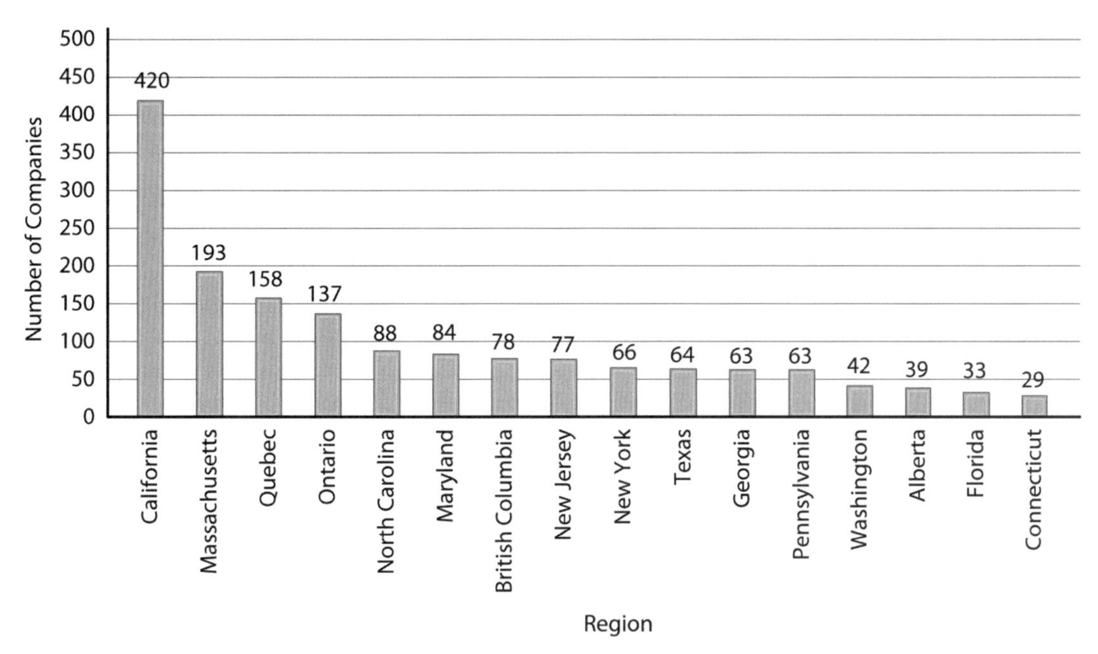

圖 7-16　2004 年北美各州或各省的生技公司數目

- 除了 2000 年和 2002 年比較異常外，美國挹注在生技產業的資金都有逐年增加的趨勢（圖 7-17），反應出美國人對於這項產業的重視。而在 2004 年的統計資料中（圖 7-18），更可看出有 50.2%的資金是來自於其他的上市公司，這主要是因為絕大多數的生技公司必須要倚靠其他藥廠或是大型生技的策略聯盟，才有生存的空間；其他約 50%的資金是來自於創投公司和股票上市。因此，生技公司之所以能維持營運，這三項因素似乎是不可或缺的。2000 年大量的資金湧入生技業，主要是因有約百家的生技公司在這段期間 IPO 的關係，而 2002 年的些微下降可能與這年的網路泡沫化有關。
- "Blockbuster drug"是指年銷售額超過十億美金的暢銷藥。例如：Pfizer 藥廠的 atorvastatin (Lipitor)和 celecoxib (Celebrex)；AstraZeneca 藥廠的 omeprazole (Losec/Prilosec)、esomeprazole (Nexium)、quetiapine (Seroquel)、metoprolol (Seloken/Toprol)和 budesonide (Pulmicort/Rhinocort)；Aventis 藥廠的 Fexofenadine (Telfast/Allegra)等都屬於這類的暢銷藥。

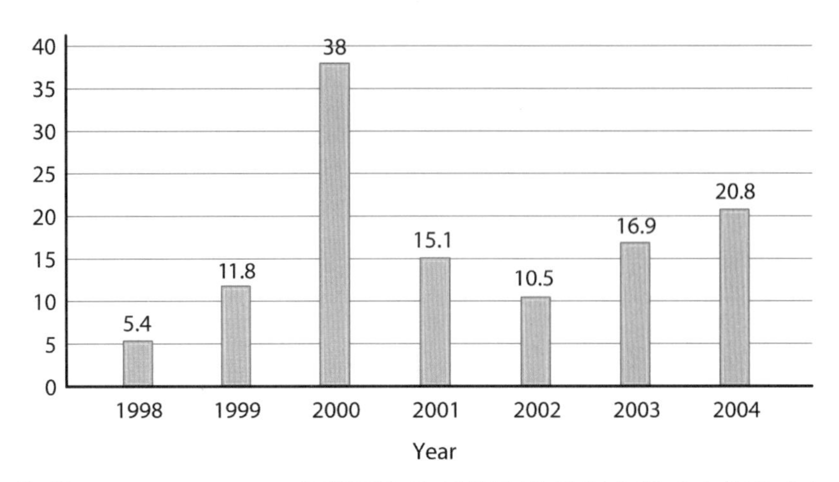

圖 7-17　1998~2004 年美國在生技產業的投資金額（十億美金）

（資料來源：BioWorld）

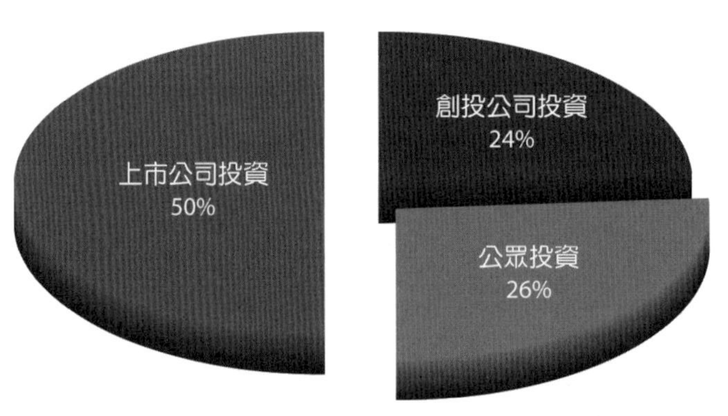

圖 7-18　2004 年美國生技產業的資金來源比例（共投資 20,813.8 百萬美金）

（資料來源：BioWorld）

- 生技產業依其研發與營運策略的不同，大致可區分為三種類型的公司：第一種是專注於疾病致病機轉研究的研發型生技公司，稱為“Dedicated biotechnology firms”，尤其著重於疾病分子致病機轉的探討，這類型態的公司通常是由大學所衍生(spin-off)出來；第二種是屬於傳統的大藥廠(big pharma)，但卻是利用現代的生物技術來研發新的藥物；第三種公司則是發展新的平台技術(platform technology)，提供大藥廠或是其他生技公司新一代的藥物研發或篩選的技術，以加速藥物研發上市的時程，這類公司屬於服務型的生技公司。不過，絕大部分的生技公司，界線上並沒有非常明確，也就是一家公司可能都具有以上三種型式的能力，只不過專注的研發方向有所不同而已。尤其目前傳統的大藥廠投資非常多的金錢在分子生物學和基因體學的研究，研發生物製劑的生技公司也開始將注意力轉移到小分子類的藥物上，而服務型的生技公司也希望能利用公司既有的技術平台來開發出屬於自己的藥物。因此生技公司之間的區隔，越來越不明顯。尤其在生技產業中，小公司被大公司收購的情形也越來越普遍，將來能生存下來的大型生技公司，都將會具備以上的三種能力。

- 一般“Big pharma”（大藥廠）指的是年營收超過 30 億美元($3 billion)或是每年在研發方面(R&D)的花費超過 5 億美元($500 million)，或是以上兩項特徵均具備的藥廠。
- 藥物研發是一項非常耗費金錢與人力的工作。根據 2023 年的報導，新藥研發的費用甚至已經暴增至 23 億美金以上（見第八章），而研發的時程則需十年以上的時間，加上能成功把藥物推向市場的機率非常的低。由於絕大部分的生技公司均無法在短期內有產品上市，因此，大部分的生技公司很難在這種沒有產品銷售的情況下生存。所以倚靠公司現有資本的利息收入以及與其他大公司的策略聯盟(strategic alliances)，是目前絕大部分生技公司的生存方式。與其他大公司策略聯盟所獲得的資金來源，一般可以分為初期權利金(upfront licensing fee)、專利授權權利金(royalty)、研發報酬金(R&D remuneration)與階段任務完成金(milestone payment)等等。

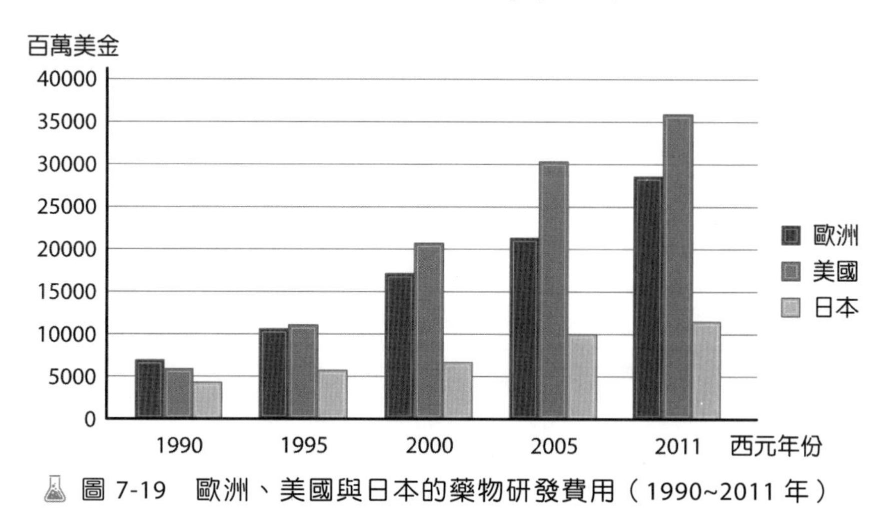

圖 7-19　歐洲、美國與日本的藥物研發費用（1990~2011 年）

（資料來源：EFPIA member associations, PhRMA, JPMA）

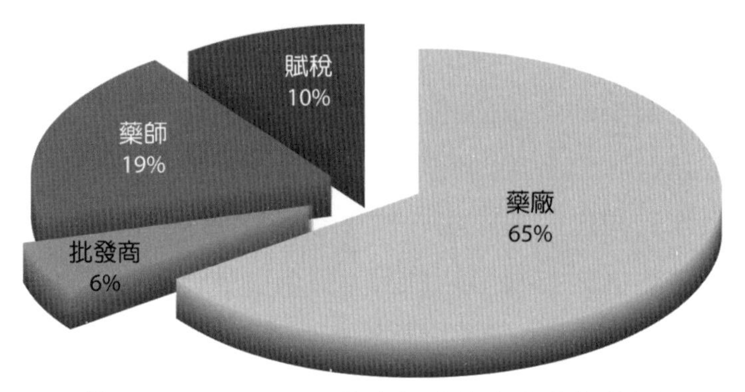

圖 7-20　2011 年藥物價格的成本估算比例

（資料來源：EFP IA member associations）

➲ 如上述所提，藥物的研發非常耗費資金，從 2004 年全世界年銷售額前十大的公司來看（表 7-14），當年的研發費用就高達 25~75 億美元之間。這任何一家大藥廠的年度研發費用可能都遠超過臺灣政府和民間每年在這方面所投入的總金額。

表 7-14　世界前十大藥廠（2005 年）

排名	公司	總收入(Revenues)（十億美金）	研發費用（十億美金）
1	Pfizer	50.9	7.5
2	GlaxoSmithKline	32.7	5.2
3	Sanofi-Aventis	27.1	3.9
4	Johnson & Johnson	24.6	5.2
5	Merck	23.9	4.0
6	Novartis	22.7	3.5
7	AstraZeneca	21.6	3.8
8	Hoffmann-La Roche	17.7	5.1
9	Bristol-Myers Squibb	15.5	2.5
10	Wyeth	14.2	2.5

資料來源：Wendy Diller and Herman Saftlas, "Healthcare: Pharmaceuticals," Standard & Poor's Industry Surveys, 22 December 2005, 13。

表 7-15　世界前十九大的藥廠或生技公司（以 2006 年總收入排名）

排名	公司名稱	國 家	總收入(Total Revenues)（百萬美金）	研發費用(2006)(百萬美金)	淨收入（淨損）(Net income/loss, 2006)（百萬美金）	聘雇員工人數(2006)
1	Pfizer	USA	67,809	7,599	19,337	122,200
2	Novartis	Switzerland	53,324	7,125	11,053	138,000
3	Merck & Co.	USA	45,987	4,783	4,434	74,372
4	Bayer	Germany	44,200	1,791	6,450	106,200
5	GlaxoSmithKline	United Kingdom	42,813	6,373	10,135	106,000
6	Johnson and Johnson	USA	37,020	5,349	7,202	102,695
7	Sanofi	France	35,645	5,565	5,033	100,735
8	Hoffmann-La Roche	Switzerland	33,547	5,258	7,318	100,289
9	AstraZeneca	United Kingdom	26,475	3,902	6,063	50,000+
10	Abbott Laboratories	USA	22,476	2,255	1,717	66,800
11	Bristol-Myers Squibb	USA	17,914	3,067	1,585	60,000
12	Eli Lilly and Company	USA	15,691	3,129	2,663	50,060
13	Amgen	USA	14,268	3,366	2,950	48,000
14	Boehringer Ingelheim	Germany	13,284	1,977	2,163	43,000
15	Schering-Plough	USA	10,594	2,188	1,057	41,500
16	Baxter International	USA	10,378	614	1,397	38,428

表 7-15　世界前十九大的藥廠或生技公司（以 2006 年總收入排名）（續）

排名	公司名稱	國 家	總收入(Total Revenues)（百萬美金）	研發費用(2006)(百萬美金)	淨收入（淨損）(Net income/ loss, 2006)（百萬美金）	聘雇員工人數(2006)
17	Takeda Pharmaceutical Co.	Japan	10,284	1,620	2,870	15,000
18	Genentech	USA	9,284	1,773	2,113	33,500
19	Procter & Gamble	USA	8,964	n/a	10,340	29,258

表 7-16　世界前十五大的藥廠或生技公司（以 2008 年總銷售排名）

排名	公司	銷售(Sales)（百萬美金）	總部
1	Pfizer	43,363	United States
2	GlaxoSmithKline	36,506	United Kingdom
3	Novartis	36,506	Switzerland
4	Sanofi-Aventis	35,642	France
5	AstraZeneca	32,516	United Kingdom
6	Hoffmann–La Roche	30,336	Switzerland
7	Johnson & Johnson	29,425	United States
8	Merck & Co.	26,191	United States
9	Abbott	19,466	United States
10	Eli Lilly and Company	19,140	United States
11	Amgen	15,794	United States
12	Wyeth	15,682	United States
13	Bayer	15,660	Germany
14	Teva	15,274	Israel
15	Takeda	13,819	Japan

資料來源：*IMS Health 2008*, Top 15 Global corporations

➲ 近年來禽流感的防疫，一直是世界各國衛生機構的重要課題。在 2007 年 4 月 17 日美國 FDA 核准全世界第一種針對高原性禽流感病毒型 H5N1 的疫苗上市。這第一個使用於人類的禽流感疫苗(avian influenza vaccine)是由“U.S. Sanofi Pasteur”公司和美國的國家衛生院(NIH)所合作研發。Sanofi pasteur 是歐洲最大的藥廠“sanofi-aventis”集團底下的子公司，在美國的分公司就稱為 U.S. Sanofi pasteur。Sanofi pasteur 公司專精於疫苗的研發，在 2006 年，這家公司就生產超過十億劑的疫苗。

表 7-17 2013 年世界前 25 大的獨立生技公司(Top 25 Independent Biotechnology Companies)

2013 排名	公司名稱	國家	2013 年市值（十億美金）	2012 年市值（十億美金）
1	Novo Nordisk	Denmark	85.335	62.809
2	Amgen	USA	78.695	55.054
3	Gilead Sciences	USA	78.373	19.751
4	Celgene	USA	52.557	34.319
5	Biogen Idec	USA	47.157	31.582
6	Teva Pharmaceutical Industries	Israel	33.768	39.292
7	Merck KGaA	Germany	33.364	22.319
8	CSL	Australia	27.44	18.359
9	Regeneron		20.269	11.894
10	Alexion Pharmaceuticals	USA	17.893	17.152
11	Shire	USA	17.252	17.205
12	Vertex Pharmaceuticals	USA	17.495	8.151
13	UCB (Company)	USA	11.65	7.449
14	BioMarin Pharmaceutical		9.097	3.3788
15	Élan	Ireland	7.041	8.868
16	Actelion	USA	6.885	4.548
17	Onyx Pharmaceuticals*	India	6.58	3.01
18	Dr. Reddy's Laboratories	USA	5.014	5.001
19	Seattle Genetics	USA	4.39	2.316

表 7-17 2013 年世界前 25 大的獨立生技公司(Top 25 Independent Biotechnology Companies)(續)

2013 排名	公司名稱	國家	2013 年市值（十億美金）	2012 年市值（十億美金）
20	Alkermes	Switzerland	4.011	2.356
21	Ariad Pharmaceuticals	Ireland	3.3	2.668
22	Cubist Pharmaceuticals	India	3.059	2.668
23	United Therapeutics	USA	2.966	2.26
24	Ipsen Group	USA	2.889	2.23
25	DiaSorin	Italy	2.6	2.2

*2013 年 8 月被 Amgen 以 104 億美金併購。

註：這項排名是以市值(Market Capitalization)為依據，但不包括已被併購的生技公司，如：Genentech（被 Roche 併購）、Genzyme（被 Sanofi 併購）或 MedImmune（被 AstraZeneca 併購）等。

議題討論與家庭作業

1. 生技公司 Tanox 是由來自臺灣的華裔科學家張子文與唐南珊博士於 1980 年代在美國的德州休士頓所創立的，請問該公司的研發特色為何？有哪種單株抗體的藥物在 2003 年被 FDA 核准上市？另有哪些藥物在不同階段的臨床前或是臨床試驗中？此外，Tanox 即將會被哪家大型的生技公司以 9 億 1 千 9 百萬美金所收購？（請由該公司的網站查詢解答）

2. 請查詢 Tamiflu（克流感）的作用機制與治療疾病。並請討論為何在對抗禽流感（Bird Flu，或稱為 Avian Flu）的戰爭中，這個藥物被寄予莫大的希望。

3. 請討論創投業者(venture capitalist)在現代生技產業開始萌芽之時，所扮演的角色。

4. 請討論藥廠(pharmaceutical company)和生技公司(biotechnology company)之間的異同點與其策略聯盟的主要因素。

5. 請分組報告任一家名列世界百大生技公司的研發方向、上市產品、研發中的藥物種類（包括臨床前與臨床試驗中的藥物）、財務報表、資本額、市場價值、各年度的總營收(revenue)、各年度的研發費用、各年度的股價變化與員工人數等等。

學習評量

1. “Biotechnology”這個名詞，最早是由何位科學家在西元 1919 年所先率先使用的？
2. Genentech 公司在 1980 年 10 月公開發行股票(IPO)成功的案例，對於當時其他的新創生技公司有何指標性的意義？對於現代生技產業的發展又有何重要的影響？
3. 全世界規模最大的生技公司是哪一家？其特色為何？
4. Tamiflu（克流感）是由哪家生技公司所開始研發的？最後是在哪一家藥廠中完成核准上市的？
5. Serono S.A.公司在哪些醫藥領域方面，居於領導的地位？
6. Biogen Idec 公司專精於哪些領域的醫藥研發？
7. 何謂（孤兒藥）？美國哪一家排名全世界前十名的生技公司專精於此類藥物的研發與販售？
8. Chiron 主要以何種領域的藥物研發為主？其中以哪一類的研發對於人類的預防醫學最為重要？
9. 於 1916 年由澳洲政府所贊助成立的著名生技公司為何？該公司專精於哪些領域的醫藥研發與上市？
10. 生技公司 MedImmune 專精於哪些領域的醫藥研發？
11. 生技公司 Cephalon 以何類的藥物研發為主？
12. 何謂小分子藥物(small molecule drugs)？

Chapter 08

新藥研發與生物製劑

New Drug Development and Biologics

8-1 從藥廠到生技公司

8-2 美國食品藥物管理局的架構

8-3 藥物從研發至上市的過程

8-4 生物製劑的發展

8-5 藥物研發與專利權

8-6 生物相似藥

8-1 從藥廠到生技公司(From Pharmaceutical Company to Biotechnology Company)

藥廠(pharmaceutical company, drug company)為與藥物的研發、製造和銷售有關的公司，其中最主要的發展方向與人類的健康醫療有關。從 19 世紀初期開始，藥廠至今已發展的相對快速與成熟，儼然成為當代最具影響力的行業之一，尤其它所帶來的龐大商業利益，更是世界各國政府所亟於追求的目標。在重組 DNA 技術成為製藥的可行性之前，藥廠主要是以小分子類的藥物研發為主，尤其在 1927 年第一個抗生素盤尼西林(penicillin)的發現之後，人類醫藥的進展更為迅速，瑞士、德國與義大利等國的醫藥業最為蓬勃發展，而英國及美國則緊追在後。在 1950~60 年代，有不少的新藥物陸續出現，例如：第一個口服避孕藥(oral contraceptive)（含有 estrogen (oestrogen)和 progestin (progestogen)兩種成分）、降血壓藥、用於治療精神方面疾病的 chlorpromazine (Thorazine)、Haldol (Haloperidol)和鎮靜劑(tranquilizers)等屬於單胺氧化酶(MAO)抑制劑類的藥物。此外，治療焦慮症的 valium (diazepam)發現於 1960 年，隨後在 1963 年上市，也是史上最暢銷的處方藥之一。

由於在 1960 年代，懷孕婦女服用止吐劑 thalidomide（沙利竇邁），結果造成許多新生兒的生長缺陷（圖 8-1），因此，當時的世界醫學組織(World Medical Association)便在 1964 年發布了所謂的「赫爾辛基宣言」(Declaration of Helsinki)，建立藥物臨床試驗(clinical trials)的準則，並且開始要求藥廠在藥物上市之前，要提供藥物在臨床上足夠的安全性與藥效的資訊。

在 1980 年代開始，由於生技公司陸續的成立，開始改變藥物研發的方式。在重組 DNA 技術出現之前，藥物大都從傳統的藥方(traditional remedy)或是偶然的發現(serendipitous discovery)去找出有效的成分(active ingredient)。早期這種亂槍打鳥(shot-gun)或是所謂的"hit-and-miss approach"（碰運氣）的藥物研發方式，常常是先有藥物的出現，然後再來研究藥物可以治療的疾病種類，這種嘗試錯誤(trial-and-error)的傳統模式，通常需要很多的時間與金錢的投入。在 DNA 結構發表之後，基因與疾病之間關連性的研究突飛猛進，藥物的研發已經

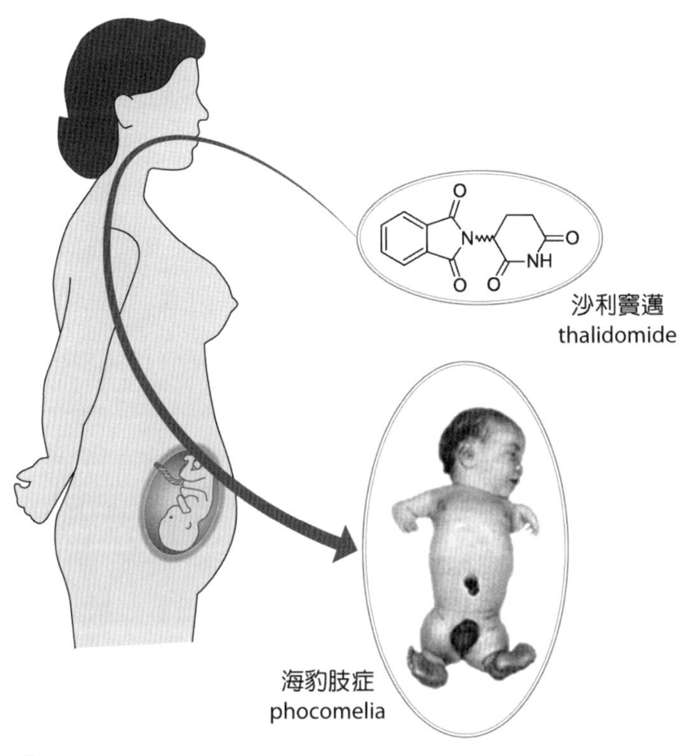

圖 8-1 沙利竇邁與海豹肢症（圖改編自 Wikipedia）

逐漸轉向以疾病為導向(disease-oriented)的研發方式，而非舊有的以藥物為導向(drug-oriented)的方法。因此，科學家們利用所謂的重組 DNA 技術或是相關的基因工程技術，來研究基因的致病機轉，並進而利用電腦來分析基因的資料，以便更有效率的找出治療的藥物或是治療的方法。顯而易見的，生技公司以基因為基礎的藥物研發方向，已經成為現代醫藥產業的主流。

不過，即便如此，這些在 1980 年代成立的生技公司，在規模上還是很難和既有的傳統藥廠相抗衡，加上藥物本身或是藥物的製程受到專利權嚴格的保護，使得新創生技公司只能在夾縫中求生存。因此，這些新興的生技公司為了生存，不得不開始尋求各種與大藥廠合作的可能性。所以藥廠和生技公司常有合併(merger)、收購(acquisition)或是共同販售(co-marketing)的關係存在。生技公司與藥廠間，除了合作夥伴關係的建立之外，小公司被大公司併購（合併／收購）的模式，在 1990 年代之後，則屢見不鮮。當然，這種模式不僅僅發生在大藥廠與小生技公司間，大型的生技公司也開始收購小型的生技公司，甚至是收購小型的藥廠。

此外，過去生技公司尋求與大藥廠或大型生技公司策略聯盟的另一項因素，是利用這些藥廠或生技公司既有的臨床經驗來協助它們加速藥物的上市核准。但是由於提供臨床試驗服務的合約研究機構(contact research organizations, CRO)的出現，這種相互依存的方式，也漸漸開始改變。不久的未來，只要解決臨床試驗所需龐大的資金來源，一般中小型的生技公司也將有機會上市完全屬於自己公司所有的藥物。尤其只要藥物能通過臨床試驗第二期的門檻之後，將會有更大的機會獲得外來資金的奧援，或是獲得更有利的夥伴關係。

8-2 美國食品藥物管理局(U.S. Food and Drug Administration, FDA)的架構

由於美國是全球最大的藥品消費市場，其他國家所研發出來的藥物莫不積極的想進入美國市場銷售。加上美國對人類藥物的管理是目前世界上制度最完善的國家；獲得美國藥品上市的許可，幾乎在其他國家的藥檢相關單位可能會通過。在美國，藥物是由食品藥物管理局(U.S. Food and Drug Administration, FDA)負責管理。FDA 主要業務包括有：食品安全(food safety)、菸草產品(tobacco products)、膳食補充品(dietary supplements)、處方藥與非處方藥(prescription and over-the-counter pharmaceutical drugs)、輸血產品(blood transfusions)、疫苗(vaccines)、生物製藥(biopharmaceutical)、醫療器材(medical devices)、電磁辐射發射設備(electromagnetic radiation emitting devices, ERED)、獸醫產品(veterinary product)與化妝品(cosmetics)…等等。其中，除了肉類與家禽(meat and poultry)以外的所有食品，均受到 FDA 的規範；肉類與家禽的規範是由農業局(US Department of Agriculture, USDA)來負責。

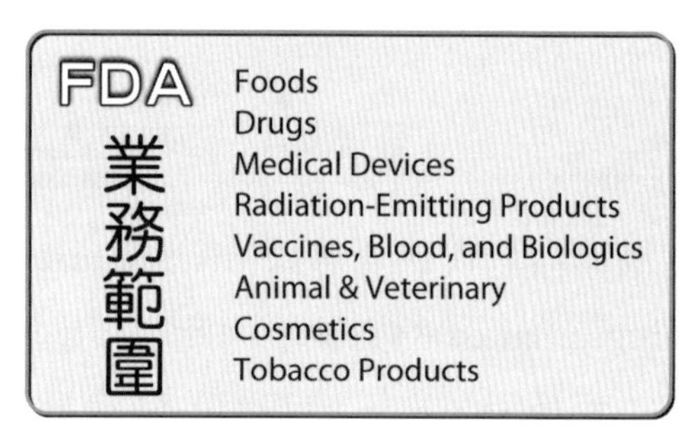

圖 8-2 FDA 業務範圍

FDA 是由「Office of the Commissioner (OC)」(局長辦公室)來統籌所有的業務，其底下共設有 11 個主要的辦公室分別主管不同的業務(圖 8-3):「Office of the Chief Counscel」、「Office of the Executive Secretariat」、「Office of the Counselor to the Commissioner」、「Office of Regulatory Affairs」、「Office of Clinical Policy& Programs」、「Office of External Affairs」、「Office of Food Policy& Response」、「Office of Minority Health & Health Equity」、「Office of Operations」、「Office of Policy, Legislation, & International Affairs」、「Office of The Chief Scientist」、「Office of Women's Health」，來區分不同的業務。

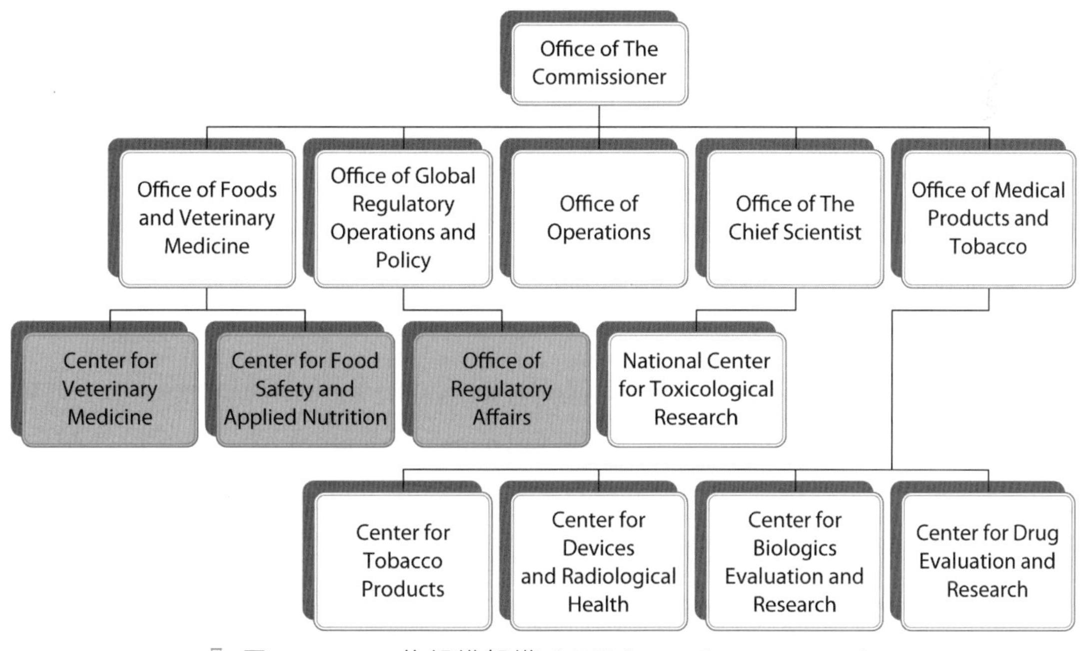

圖 8-3　FDA 的組織架構(資料來源：美國 FDA 網站)

除此之外，FDA 四個主要辦公室之下還設了七個中心(center)來處理非區域性的事務(non-field activities)。這些中心包括有：「Center for Biologics Evaluation and Research (CBER)」、「Center for Drug Evaluation and Research (CDER)」、「Center for Devices and Radiological Health (CDRH)」、「Center for Food Safety and Applied Nutrition (CFSAN)」、「Center for Tobacco Products (CTP)」、「Center for Veterinary Medicine (CVM)」和「Oncology Center of Excellence (OCE)」等七個中心。

這七個中心直接與人類藥物規範有關的部門主要是 CDER 和 CBER 兩個藥檢研究中心。CDER 主要負責監督藥品的研發、製造與銷售，審核臨床試驗藥品的安全性與療效的結果，以決定是否核准上市；並且追蹤上市後可能的危險性，及確定藥品的標示、藥品的使用須知與藥品的促銷活動是否正確、是否對病患有幫助或是誤導等等。另外也主管 cGMP（current good manufacturing practices；藥品優良製造規範）的各項相關規定。CDER 依不同的權責，內部分成了四個主要的功能單位：New drug development and review、Post-market drug surveillance、Generic drug review 和 Over-the-counter (OTC) drug review 等。

CBER 主要是負責監督生物性產品(biological products)的臨床前和臨床試驗(pre-clinical and clinical testing)，並且評估這些藥物的安全性與療效；核發生物產品上市與製程的執照（如 Biologics License Application (BLA)的審核）；愛滋病的醫療、檢驗試劑與疫苗等的研究；監督藥品是否遵守相關的規範、藥品批號的公布與上市後的監督等等。CBER 所主管的生物性產品主要有：過敏原相關檢驗產品(allergenics)、血液(blood)、血漿製劑（plasma derivative，如從血液中分離出來的免疫球蛋白、抗毒素、高免疫產品等）、細胞及基因治療(cellular & gene therapy)、相關之醫療器材(medical devices)、益生菌(probiotics)、組織(tissues)、疫苗(vaccines)、人類複製(human cloning)和異種器官移植(xenotransplantation)等等。不過單株抗體藥物(monoclonal antibody)及其他的治療性蛋白質藥物(therapeutic protein)還是受到 CDER 的規範。

相對於美國的 FDA，臺灣行政院衛生福利部（原衛生署）也在 2010 年 1 月 1 日整併食品衛生處、藥政處，成立「行政院衛生福利部食品藥物管理署」（TFDA，原「行政院衛生署食品藥物管理局」）。TFDA 主要職掌為食品、西藥、管制藥品、醫療器材、化粧品管理、政策及相關法規之研擬與執行、產品查驗登記、審查與審核，業者生產流程之稽查與輔導、產品檢驗研究與科技發展、產品風險評估與風險管理、產品安全監視、危害事件調查及處理、以及消費者保護措施之推動。其業務單位分為：企劃及科技管理組、食品組、藥品組、醫療器材及化粧品組、管制藥品組、研究檢驗組、品質監督管理組等七個業務組，北、中、南 3 個區管理中心，秘書、人事、政風、主計和資訊等 5 室行政單位，另外還有以任務編組方式運作的管制藥品製造工廠、食藥戰情中心等 2 個機構。並且有財團法人醫藥品查驗中心與財團法人藥害救濟基金會等多個合作單位或是附屬機構加入。2013 年 1 月 1 日，食品藥物管理局以官方身份正式成為「醫藥品稽查協約組織」(The Pharmaceutical Inspection Convention and Co-operation Scheme, PIC/S)第 43 個會員。同年 1 月 18 日，推出國產藥品認證標章，之後所有臺灣國產藥物都必須符合 PIC/S GMP 的規範才可上市。據信臺灣加入醫藥品稽查協約組織後，可望加速藥品的外銷，提升生技產業的發展。

（資料來源：「行政院衛生福利部食品藥物管理署」網站）

衛生福利部組織架構圖

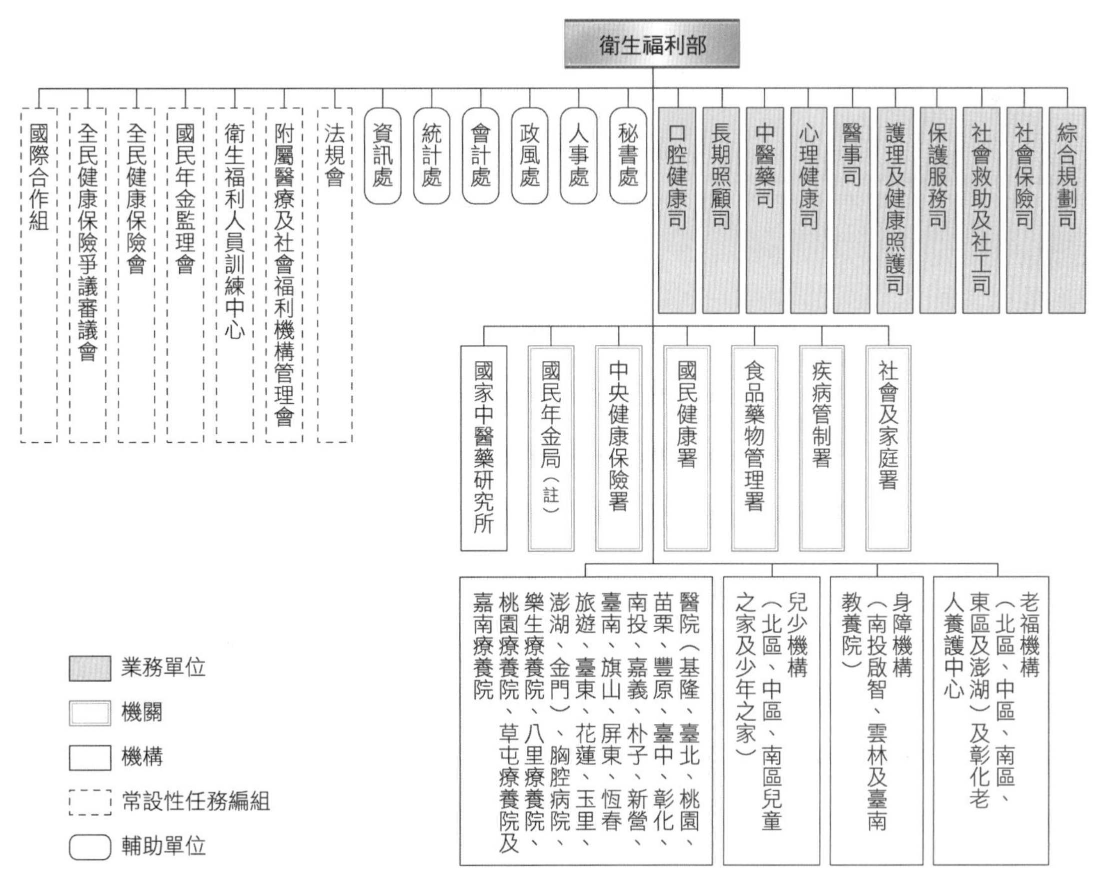

註：國民年金局暫不設置，衛福部組織法明定其未設立前，業務得委託相關機關（構）執行。

圖 8-4 衛生福利部行政組織圖（資料來源：「行政院衛生福利部」）

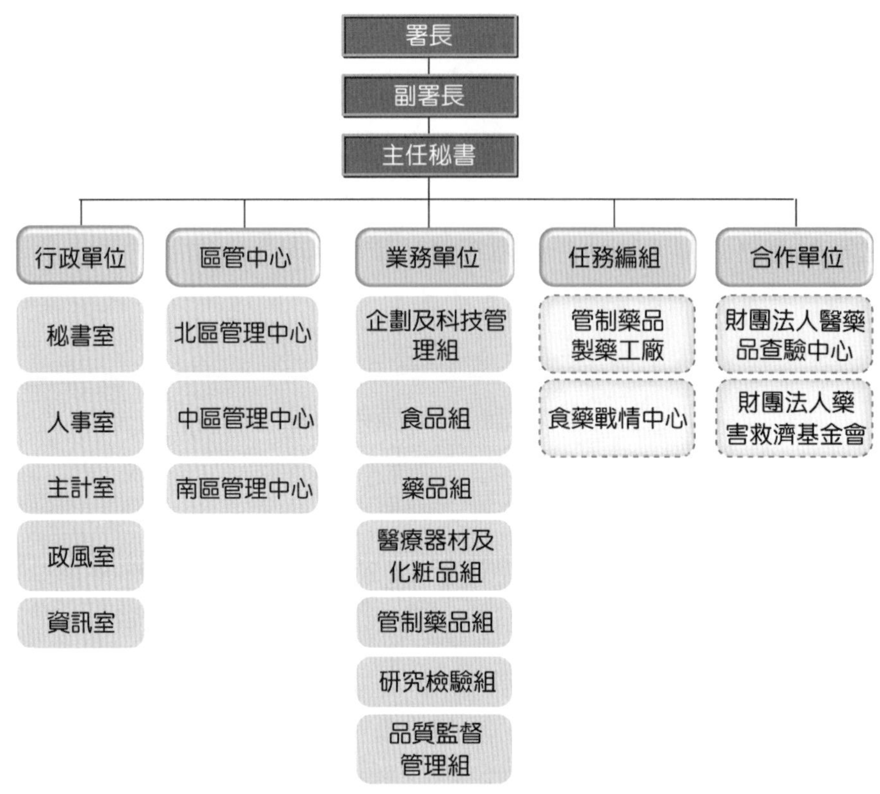

圖 8-5　行政院衛生福利部食品藥物管理署(TFDA)組織架構

（資料來源：「行政院衛生福利部食品藥物管理署」網站）

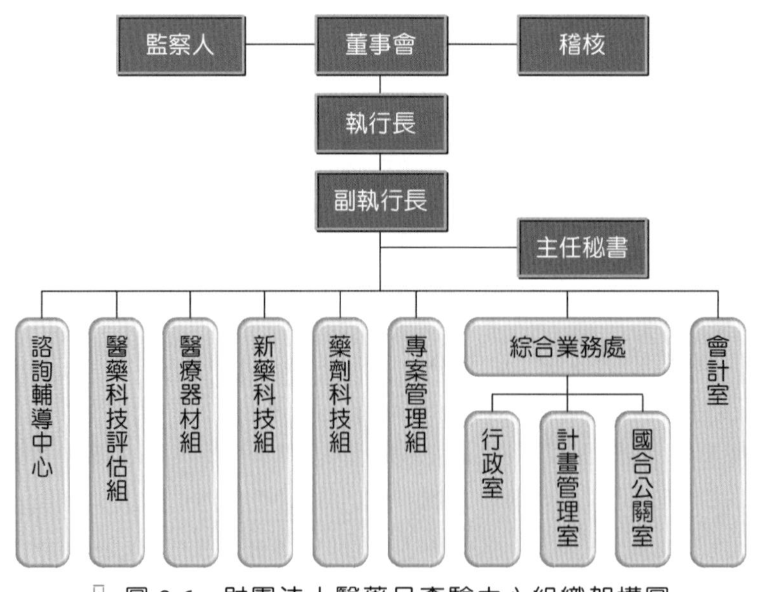

圖 8-6　財團法人醫藥品查驗中心組織架構圖

（資料來源：財團法人醫藥品查驗中心，網址：http://www.cde.org.tw）

業務內容	
◎藥品技術性資料評估	◎醫藥科技評估
•新藥臨床試驗計畫書評估 •新藥查驗登記案與相關之展延變更案評估 •學名藥查驗登記案與相關之展延變更案評估 •銜接性試驗評估 •原料藥查驗登記／主檔案評估 •溶離率曲線比對／生體可用率／生體相等性試驗報告評估	•執行主管機關委託之醫療科技評估 •建立各類醫療科技評估之標準作業流程
◎醫療器材技術性資料評估	◎諮詢輔導
•醫療器材臨床試驗計畫書評估 •醫療器材臨床試驗報告評估 •醫療器材查驗登記案與相關之展延變更案評估 •醫療器材專案進口評估 •國家型計劃申請案／報告評估 •政府補助計畫申請案／報告評估	•一般法規諮詢服務 •審查中案件諮詢服務 •醫藥品研發專案諮詢輔導（指標案件諮詢服務）

圖 8-7　財團法人醫藥品查驗中心的業務

（資料來源：財團法人醫藥品查驗中心(CDE)，網址：http://www.cde.org.tw）

其中「財團法人醫藥品查驗中心」(Center for Drug Evaluation, CDE)的功能即類似於美國 FDA 下屬的 CDER。該中心於 1998 年 7 月成立，目的在於：(1)建立嚴謹而有效率的新藥審核體系；(2)提升審查品質與效率；(3)建立與申請廠商間直接對話之窗口。最終目標是希望未來能縮短新藥在臺灣上市的時間，以提升產業競爭力，及促進生技產業發展。（資料來源：「財團法人醫藥品查驗中心」網站）

Info 8-1 ● 藥物定義

- Over-the-counter (OTC) drug（即臺灣所稱之成藥）：不需醫師開立處方箋的成藥，這些藥物通常在美國一般的藥局或是超市、量販店均可陳列販售。這類藥物共有八十種以上的分類，從治療粉刺(acne)到減肥藥(weight control drug)均有。和處方藥一樣，CDER 負責 OTC 藥物的相關規範，以確保藥物有正確而不虛假的標示。OTC 藥物有以下的特性：
  (1) 藥效超過不良反應。
  (2) 錯誤用藥或是濫用藥物的機率低。
  (3) 消費者可以自行判斷使用。
  (4) 可以正確標示。
  (5) 醫藥從業人員可以不用負責該類藥物的安全性與有效使用。

- **臺灣藥物定義**：有別於美國藥品分為處方藥(prescription drugs)和成藥（over-the-counter (OTC) drugs）兩種。根據藥事法第八條，臺灣所稱製劑，係指以原料藥經加工調製，製成一定劑型及劑量之藥品。製劑分為醫師處方藥品、醫師藥師藥劑生指示藥品、成藥及固有成方製劑（圖 8-8）。
    - **醫師處方藥**：使用過程需由醫師加強觀察，有必要由醫師開立處方，再經藥局藥事人員確認無誤，調配之後，稱為處方藥。藥品包裝上需印有「本藥須由醫師處方使用」等字樣。例如抗生素、克流感、性功能障礙藥、避孕藥、減肥藥、治療落髮（雄性禿）藥等。
    - **醫師藥師藥劑生指示藥品**：藥品藥性溫和，由醫師或藥事人員推薦使用，並指示用法，即為醫師、藥師／藥劑生指示藥，僅能於藥局或藥事人員執業的處所內，經醫藥專業人士指導下，才可購得。藥品包裝上需印有「醫師藥師藥劑生指示藥品」字樣。可在一般或健保藥局，在藥師或藥劑生指示下購得。例如感冒藥、眼藥水、維他命及部分戒菸口嚼錠等。
    - **成藥**：「藥事法」第九條所稱成藥，係指原料藥經加工調製，不用其原名稱，其摻入之藥品，不超過中央衛生主管機關所規定之限量，作用緩和，無積蓄性，耐久儲存，使用簡便，並明示其效能、用量、用法，標明成藥許可證字號，其使用不待醫師指示，即供治療疾病之用者。藥品包裝上需印有「成藥」等字樣，並有成藥許可證字號。可在持有藥商執照之商店購得。常見的成藥例如：綠油精、白花油、薄荷棒、曼秀雷敦軟膏、酸痛貼布等。成藥又可分成甲類與乙類：甲類成藥可向領有藥局或藥商（房）許可證執照之業者購買；而乙類成藥可向雜貨店、餐飲店等一般業者購買。
    - **固有成方製劑**：根據「成藥及固有成方製劑管理辦法」第五條所稱：固有成方係指我國固有醫藥習慣使用，具有療效之中藥處方，並經中央衛生主管機關選定公布者而言。依固有成方調製（劑）成之丸、散、膏、丹稱為固有成方製劑。現今市面上之中藥劑型有「濃縮科學中藥」、「傳統中藥」及「中藥材」，可在持有販賣中藥之藥商執照的中藥房及藥局購得。
- **Generic drug（學名藥）**：根據美國 FDA 的定義，“generic drug”是指與“brand name drug”（品牌藥，即原廠所販售之藥）在劑型(dosage form)、安全性(safety)、藥性強度(strength)、施用方式(route of administration)、品質(quality)、藥效表現(performance characteristics)和治療疾病上完全相同或是生物作用上相等的藥物。雖然學名藥在化學成分上和品牌藥是完全一樣，但是在價格上則更為低廉。據美國「國會預算辦公室」(Congressional Budget Office)的統計，generic drug 一年可以為消費者省下上百億美元之治療費用。根據在 1984 年通過的“The Drug Price Competition and Patent Term Restoration Act”法案

(俗稱為“Hatch-Waxman Act”),學名藥的審核是由藥廠向 FDA 提出“abbreviated new drug application”(ANDA,簡明新藥申請),ANDA 的申請並不需要藥廠再度重複昂貴的動物和人體臨床試驗,但是需要由通過 FDA 審核的 cGMP 藥廠生產。學名藥和品牌藥兩者不管在品質(quality)、強度(strength)、純度(purity)與穩定性(stability)等等,均具有相同的審核標準,因此學名藥在人體使用上的安全性與品牌藥沒有兩樣。這種 ANDA 申請可以回溯至 1962 年以後上市且專利權已過期的藥物。相對的,臺灣的「藥品查驗登記審查準則」第 4 條中對於學名藥及原料藥的定義如下:

- 學名藥:指與國內已核准之藥品具同成分、同劑型、同劑量、同療效之製劑。
- 原料藥(藥品有效成分):指一種經物理、化學處理或生物技術過程製造所得具藥理作用之活性物或成分,常用於藥品、生物藥品或生物技術產品之製造。

➲ **New drug(新藥)**:是指受到專利權保護的藥物。藥物的專利保護是提供藥物研發者在一定期限內的專賣權,在沒有特殊的情況下,新藥的專利期限為 20 年。這種有專利權保護的上市藥物就稱為 brand name drug(品牌藥)。臺灣的藥事法第 7 條對新藥的定義如下:「本法所稱新藥,係指經中央衛生主管機管審查認定屬新成分、新療效複方或新使用途徑製劑之藥品」。

➲ **Biological products(生物性產品)**:根據 FDA 的定義,凡是由活的生物體所製造或衍生出來的產品,都可稱為“Biological products”,活的生物體可以是人類、動植物或是微生物等等。目前常見的 Biological products 有:血液(blood)、血液成分和衍生物(blood components and derivatives)、組織(tissues)、過敏原萃取物(allergenic extracts)、疫苗(vaccines)、生技藥物(biotech drug)和一些診斷試劑產品(diagnostic products)等等,此外也包括有以下治療的方式:體細胞治療(somatic cell therapy)、基因治療(gene therapy)、保存的人類組織(banked human tissues)和異種器官移植(xenotransplantation)(通常是指將其他動物的器官或是組織移植至人類身上)等等。

➲ 生物製藥(Biopharmaceutics/Biopharmaceuticals):是指以現代生物技術,如重組 DNA 技術(或稱為基因工程)所研發出來的藥物,主要以蛋白質為主,名稱上常與「生物製劑」(biologics)混用,或歸類於生物製劑中。生物製藥常被定義為通過生物技術在生命系統中產生並用於治療目的或體內診斷的物質。由於它們的製造方式,這些藥物通常被稱為生物技術藥物(biotech drug),包括治療性胜肽和蛋白質、抗體、寡核苷酸和核酸衍生物以及 DNA 製劑。

- 生物製劑（Biologics；也稱為 biologic drug）：美國 FDA 對於“biologics”的說明如下：生物製劑可以由醣類(sugars)，蛋白質(proteins)、核酸(nucleic acids)或這些物質的複雜組合，或者也可以是活體(living entities) ，例如細胞(cells)和組織(tissues)。生物製劑可以從人類、其他動物或微生物等多種自然資源中分離出來，並常利用生物科技和其他尖端技術生產。例如，基因治療和細胞性的生物製劑通常走在生物醫學研究的最前端，用於治療沒有其他治療方法的疾病。
- Biologics License Application (BLA)：即治療用生物性產品(therapeutic biological products)的上市申請。這些產品包括有：
  (1) 使用於人體的單株抗體(monoclonal antibodies)。
  (2) 細胞激素(cytokines)、生長因子(growth factors)、酵素(enzymes)、免疫調節劑(immunomodulators)和血栓溶解劑(thrombolytics)。
  (3) 從動物或微生物中分離出用於治療用途的蛋白質，也包括這些產品的重組蛋白質複製品（凝血因子除外）。
  (4) 其他非疫苗類的治療性免疫療法(therapeutic immunotherapies)。

這項申請需包括有以下的資料：
(1) 動物試驗和人體臨床試驗。
(2) 藥品製程、處理與包裝。此外還需包括這些過程中所實施品管方法的資訊。
(3) 用藥標示。

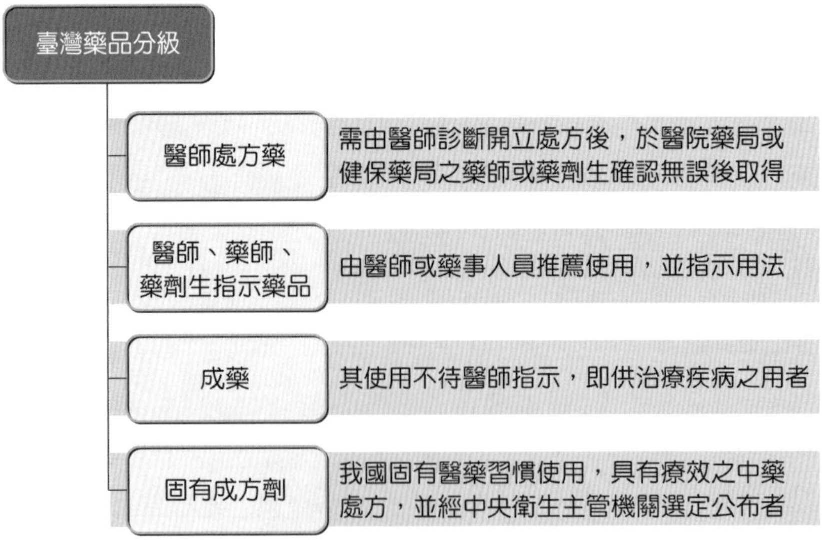

臺灣藥品分級	
醫師處方藥	需由醫師診斷開立處方後，於醫院藥局或健保藥局之藥師或藥劑生確認無誤後取得
醫師、藥師、藥劑生指示藥品	由醫師或藥事人員推薦使用，並指示用法
成藥	其使用不待醫師指示，即供治療疾病之用者
固有成方劑	我國固有醫藥習慣使用，具有療效之中藥處方，並經中央衛生主管機關選定公布者

圖 8-8　臺灣藥品分級制度

8-3 藥物從研發至上市的過程 (From Drug Discovery to Market)

人類藥物研發是一種相當花錢且費時的過程（圖 8-9 及圖 8-10），根據顧問公司“Bain & Company”的報告顯示，在 2003 年，一個藥物從研發到上市，如果把研發失敗的成本與行銷費用考慮進去，在 5 年的期間內，至少需要花費 17 億美金以上，而且成功的機率相當的低。根據 2023 年的報導，新藥研發的費用甚至已經暴增至 23 億美金以上。通常研發中的新藥只有極少部分最後可以獲得核准上市（圖 8-11），2021 及 2022 年美國 FDA 核准的新藥數量分別為 50 和 35 種。可知新藥被核准的數量並沒有隨著研發費用的上升而增加。不過一旦新藥研發成功且獲得核准上市，其市場的龐大利益是非常可觀。考量生物科技的進步與研發成本，現代藥物的研發過程，已揚棄以往傳統的亂槍打鳥的方式，而改採用以基因為基礎的疾病導向模式。現代藥物研發主要根基於以下幾項重要的核心技術：

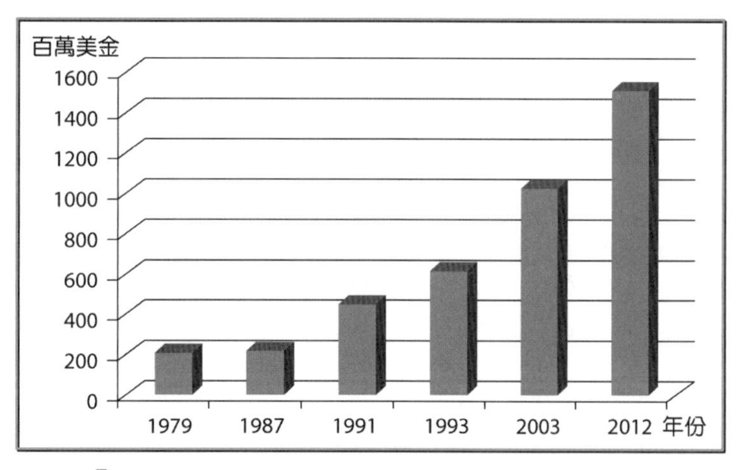

圖 8-9　單一新藥從研發到上市的估算費用

資料來源：J. Mestre-Ferrandiz, J. Sussex and A. Towse, The R&D cost of a new medicine, Office of Health Economics, December 2012 (Hansen, 1979; Wiggins, 1987; DiMasi et al, 1991; OTA, 1993; DiMasi et al, 2003; Mestre-Ferrandiz et al, 2012)

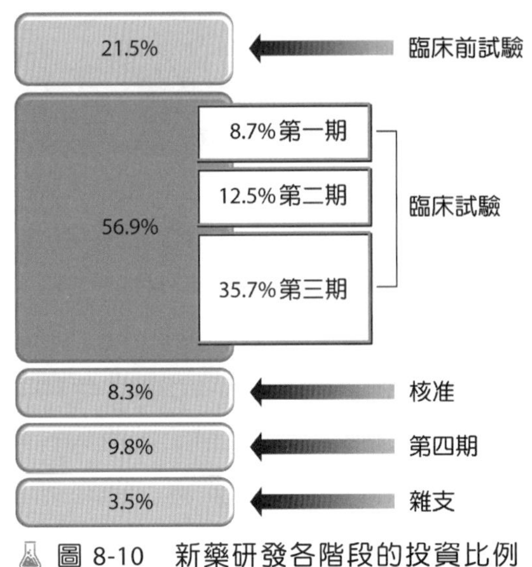

圖 8-10 新藥研發各階段的投資比例

資料來源：PhRMA, Annual Membership Survey 2013 (percentages calculated from 2011 data)

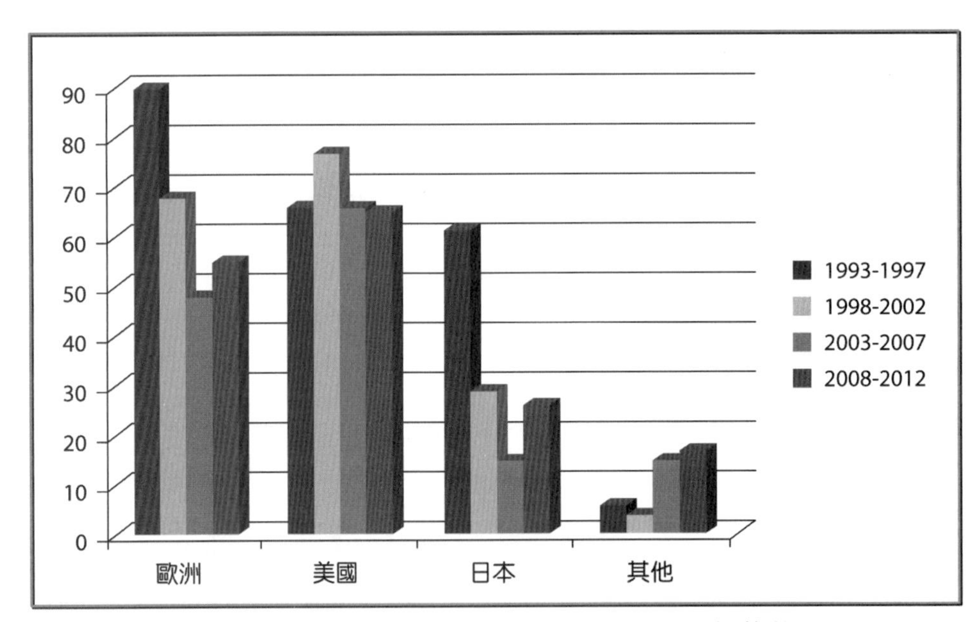

圖 8-11 1993~2012 年全球主要地區核准的新藥數量。

資料來源：SCR IP-EFP IA calculations (according to nationality of mother company)

1. 功能性基因體學(functional genomics)：提供藥物研發所需的標的基因。在人類基因體計畫開始之前，可當作藥物研發的標的基因大約只有 500 個，但是人類基因體計畫的完成，加上其他生物體基因體計畫陸續的開展與完成，與疾病相關的基因暴增至 5,000~10,000 個左右，使得藥物的研發得以加速進行，也開啟了藥物發展的各種可能性。

2. 組合化學(combinatorial chemistry)：提供大量的化學分子來源，以篩選與疾病相關基因結合的候選藥物。這些可能作為藥物的化學分子通常為小分子(small molecules)。
3. 高通量篩選系統(high-throughput screening)：因全自動化機器的導入，可大規模篩選與疾病相關的基因，或是與基因作用的先導藥物(lead compound)等。
4. 生物資訊學(bioinformatics)：利用快速發展的電腦軟硬體與人工智慧(artificial intelligence, AI)的結合，來分析龐大的基因資料、蛋白質結構或是設計藥物等等。
5. 電腦輔助藥物設計(computer-aided drug design, CADD)：也稱為「電腦輔助分子設計」(computer-aided molecular design)，是一個利用電腦運算技術，尤其是人工智慧(artificial intelligence, AI)，來幫助發現和開發新藥的研究領域。這個領域包括電腦模擬和模型的建置(computer simulations and modeling)，及大數據分析，用來了解藥物與標的分子如蛋白質或核酸等的相互作用。CADD 通過幫助研究人員以更有效率和更具成本效益的方式識別和優化潛在的“Lead compound”（先導藥物，或稱前驅藥物），在藥物發現過程中發揮著至關重要的作用。它可以協助藥物設計的幾個關鍵方面如下：（資料來源：ChatGPT）

➲ 目標識別和確認(Target identification and validation)：CADD 技術可以幫助識別和驗證會干擾先導藥物作用的潛在目標。藉由分析基因遺傳資訊或蛋白質結構等數據，研究人員可以辨識參與疾病進程並適合當作後續藥物開發的標靶分子。

➲ 虛擬篩選(Virtual screening)：虛擬篩選使用電腦強大的運算功能，快速篩選大型化合物資料庫，以辨識出潛在的先導藥物。通過模擬小分子藥物和標的蛋白質(target protein)之間的相互作用，CADD 可以幫助優先選擇更有可能與標的蛋白質結合，且具治療效果的小分子化合物。

➲ 基於結構的藥物設計：CADD 技術可用於根據標的蛋白質三級結構(tertiary structure)的知識來創造和優化藥物分子。電腦模型與模擬使藥物開發人員能夠探索藥物在不同化學修飾下的作用，並預測它們對藥物與標的蛋白質之間相互作用的影響，從而提升先導藥物的療效、選擇性和藥物動力學等特性。

- 基於配子的藥物設計：如在標的蛋白質的結構未知或難以確定的情況下，可以採用以配子(ligand)為基礎的藥物設計方法。藉由分析已知配子（與標的蛋白質結合的小分子）的化學作用和結構特性，並利用運算功能強大的電腦在大型資料庫中搜尋具有相似特性的化合物。這種方法可以幫助快速識別具有潛在治療效果的小分子化合物。
- ADME/Tox 預測：藥物在人體內的吸收(absorption)、分佈(distribution)、代謝(metabolism)、排除(excretion)（這四項簡稱為 ADME）和毒性(toxicity) 是藥物開發中必須要考慮的重要因素。CADD 技術可以預測候選藥物的藥物動力學特性和潛在毒性，幫助研究人員選擇具有良好潛在藥物特性的化合物，並降低後期開發失敗的風險。
- 通過將計算方法與實驗方法相結合，CADD 可以加速藥物開發的過程，引導藥物的化學合成，並優先選擇最具潛力的候選藥物以進行進一步開發和測試。它使研究人員能夠優化藥物特性，並提高藥物發現和開發工作的成功率。

整個藥物的研發過程，大致可以分為以下幾個階段（圖 8-12）：

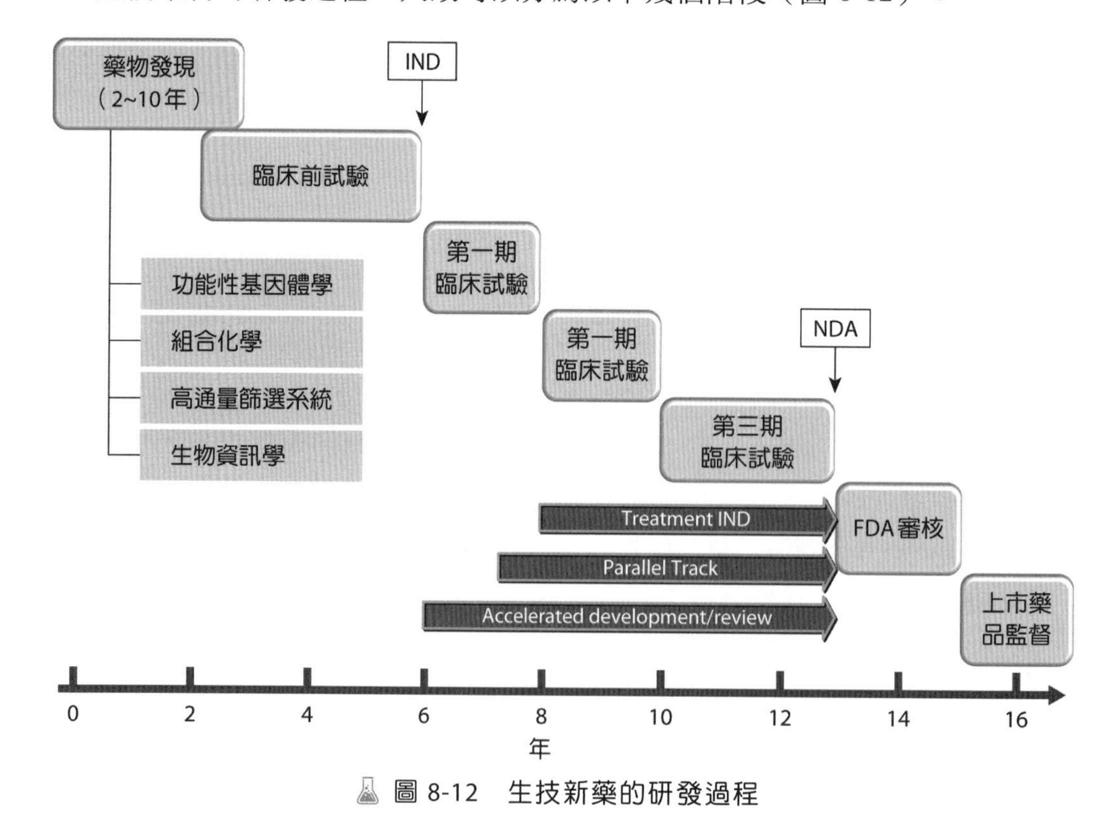

圖 8-12　生技新藥的研發過程

藥物的發現(Discovery)

首先要決定研究的疾病對象，通常是以病人數的多寡作為優先考量。病人數越多的疾病，代表著將來的商業利基(niche)越大。接著就利用現代先進的生物科技，找出與疾病相關的致病機轉，尤其注重基因與疾病之間的相關性，亦即找出與疾病相關的可能基因，這個步驟稱之為“Molecular Target Identification”（目標分子的辨識）。之後，這些初步篩選出的基因還要利用一些生物性試驗(biological assays)進一步確認與疾病有高度相關性的基因，這個步驟稱為“Validation of Target”（目標的確認）。一旦與疾病密切相關的基因被確認後，就要開始構思調控這些基因的蛋白質功能，以達到治療疾病的目的。通常是利用大規模篩選方式(High-Throughput Screening, HTS)，或是更先進的超高規模篩選的方式(Ultra-High-Throughput Screening, uHTS)，來初步篩選出可以調控蛋白質功能的小分子藥物，這些小分子藥物稱為“Lead compound”（先導藥物，或稱前驅藥物），所以這個步驟稱為“Lead Discovery”（先導藥物的發現）。由於藥物要在人體內達到治療的效果，並且能降低毒性或不良反應（adverse reaction/adverse effect，副作用），就必需提升藥物的專一性(specificity)與親合力(affinity)，以減低使用的劑量(dosage)與增加藥物的療效(efficacy)，並且盡量避免或降低在藥物使用過程中可能造成的不良反應。因此這些先導藥物還要再經過進一步的修飾改造，和所謂的 ADME/Toxicity 的試驗，這個步驟稱為“Lead Optimization”（先導藥物的優化）。

臨床前試驗(Preclinical Testing/Preclinical Research)

這些優化的藥物需要利用一些生物性的實驗來決定它們對於疾病可能的療效，尤其需要進一步在動物模型(animal models)裡來測試藥物的安全性(safety)，甚至於療效(efficacy)。通常需要囓齒類(rodent)與非囓齒類的動物試驗，而非囓齒類則常以基因組成較接近人類的靈長類動物為試驗的對象。動物試驗中，必須包括短期(short-term testing)與長期的試驗(long-term testing)；短期試驗是指藥物在動物模型中，測試 2 週到 3 個月的時間，而長期試驗是指藥物測試從幾週到幾年的時間，時間的長短通常與治療的疾病種類有關。長期試驗可能會持續至人體臨床試驗之後，以避免藥物長期使用可能造成的癌症與出生缺陷等問題。這個動物試驗的步驟稱為“Verification in Animal Models”（動物模型的驗證）。臨床前試驗的結果如果顯示可行，並且藥物將來可以在 cGMP 廠大量生產與純化的話，就可以向 FDA 申請人體臨床試驗，這個申請的文件程序稱為 "Investigational New Drug Applications"（簡稱 IND，新藥審查；圖 8-13）。如果 IND 符合所有規定，FDA 將發出核准函，就可以逕行人體臨床試驗。

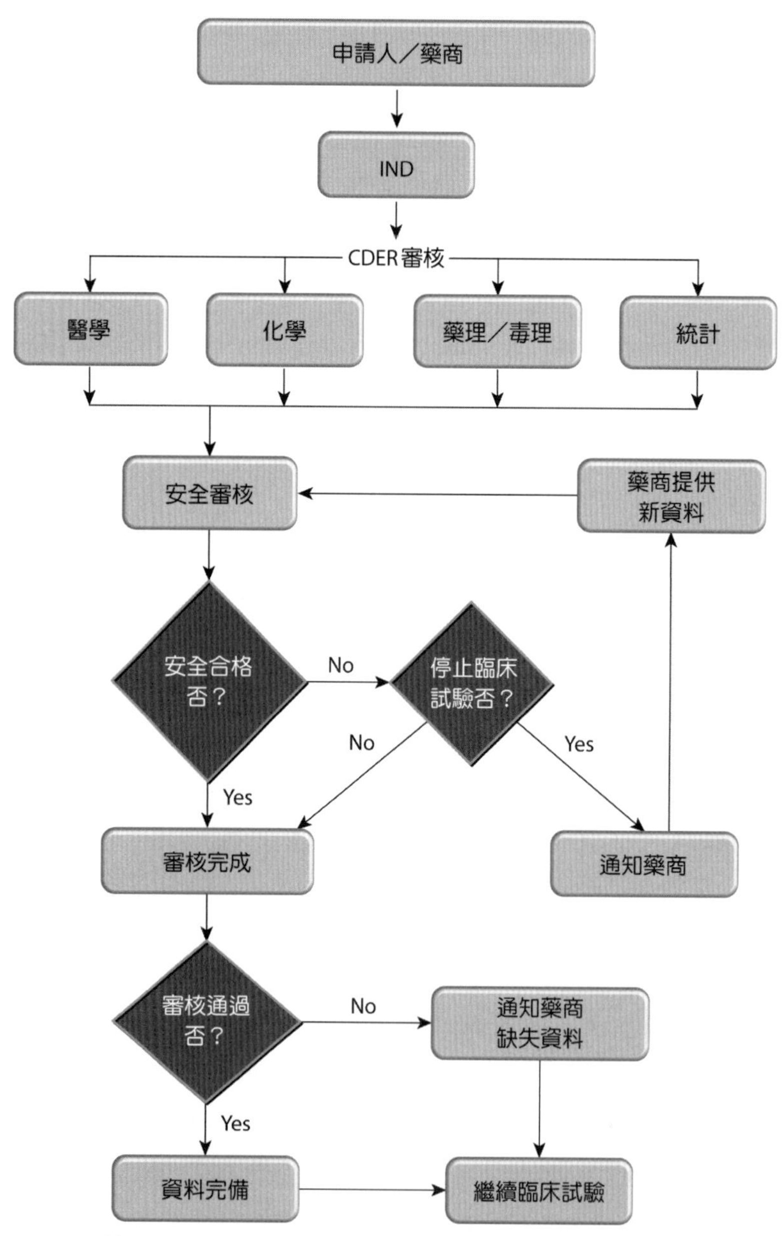

圖 8-13 「Investigational New Drug」的審核程序(IND Review Process)

（取材並翻譯自美國 FDA 官方網站）

人體試驗委員會(Institutional Review Boards, IRB)

IRB（人體試驗委員會，或稱研究倫理委員會或稱機構審查委員會）的設立最主要就是要保證參與臨床試驗的受試者在臨床試驗之前與試驗期間的福祉(rights and welfare)，並且確認受試者在臨床試驗開始之前，已經獲得充分的資訊與同意。在研究機構與實施臨床試驗的 IRB 受到 FDA 的監督，以確保參與臨床試驗者的安全。IRB 必須要由 5 個以上各領域的專家組成，以便對於在研究機構所進行的各項相關活動能與予有效且適當的審核。

目前臺灣負責人體臨床試驗的最高指導機構為「聯合人體試驗委員會」(Joint Institutional Review Board, JIRB)。由「財團法人醫學研究倫理基金會」依據其章程第五條第二款及第二十一條規定設立，希望藉由審查人體試驗計畫來保護受試者，以符合藥品優良臨床試驗規範(Good Clinical Practice, GCP)，並提升國內臨床試驗水準。其主要任務有以下三項：(1)審查人體試驗計畫；(2)評估人體試驗進行之成效與受試者之安全；(3)其他人體試驗中有關之受試者保護事宜。（資料來源：「財團法人醫學研究倫理基金會」網站）

人體臨床試驗(Clinical Studies/Clinical Trials)

人體臨床試驗一般分為三個階段：

- Phase I：通常需要約 20~80 個健康的志願者來試驗藥物的安全性與決定藥物的劑量。這個階段費時約一年，藥物的安全性、代謝及排除是這階段的重點。
- Phase II：通常需要約 100~300 個病人來試驗藥物的療效(efficacy)與可能造成的不良反應。病況相似的病人會分成實驗組（實際用藥）和對照組（施予安慰劑，placebo），此階段費時約兩年。
- Phase III：通常需要約數百~3,000 個病人來試驗長期使用藥物可能造成的反應與療效。通常實施人體臨床試驗的醫院會仔細監測這些患者，以確定藥物的療效及進一步確定可能產生的不良反應。不過，罕見疾病可能有較少的受試患者。另外，也會同時評估不同族群和年齡範圍的患者，使用不同劑量以及與其他治療相結合的實驗藥物，這一階段平均費時約 3 年。此階段如果達到統計上顯著的意義，可申請新藥上市許可(New Drug Application, NDA)，開始販售。

➲ Phase IV：此階段主要收集並研究新藥上市後有關產品安全性、有效性或核准後最佳使用情況的資訊。上市後研究是在真實環境中使用該藥物的患者群體中進行。這階段的監督可以確定有無其他療效、長期有效性和前面三期臨床試驗沒發現的其他不良反應。（見下述「上市藥品之監督」）

一般而言，人體臨床試驗通常是以隨機而管控的方式(random and controlled)進行的。

FDA 的審查與核准(FDA Review and Approval)

在美國，經過三期的臨床試驗後，如果所得的試驗結果達到預期的成效，就可以將所得的資料與數據，向 FDA 申請所謂的“New Drug Application”（簡稱 NDA，新藥上市許可；圖 8-14a、b），負責新藥上市許可審核的機構主要是上述所提的“Center for Drug Evaluation and Research”(CDER)。NDA 必須包括臨床前的動物試驗與人體臨床試驗的所有結果與分析、藥物本身的資訊、藥物製程的描述等等。CDER 會組成一個由醫生、統計學家、化學家、藥物學家、及其他相關領域的專家組成的團隊，對藥商提出的資料數據及建議的標示(proposed labeling)進行審核。審核的重點有兩項：(1)從人體臨床試驗的統計數據來評估新藥的療效與風險；(2)審核藥商對於風險管控的策略。如果新藥對欲治療疾病的療效超過已知的風險，通常會授予藥證，新藥就可以在美國上市；如果申請上市的藥物屬於生物性產品(biological products)，這類新藥的上市申請又特別稱為“Biologics License Application”（簡稱 BLA）。

美國新藥審核機制除了歷時約 10 個月的標準程序外，對於致命性疾病的新藥審核，FDA 於 1992 年建立加速審核機制(Accelerated Approval pathway)，例如一些愛滋病治療用藥或是抗癌藥物便是循此機制提早上市。加速審核還包括下列三種管道：

➲ Fast Track（簡化審查程序）：為了縮短藥物審核通過的時程，以促進藥物研發的效率，美國在 1997 年通過了“Food and Drug Modernization Act of 1997”(FDAMA)。這個法案主要適用於治療嚴重或致命性疾病的藥物(drug)或生物製劑(biologics)，以滿足醫療迫切需求(unmet medical need)下，根據藥商提供的動物及人體臨床試驗的結果，加速藥物的審查進度。

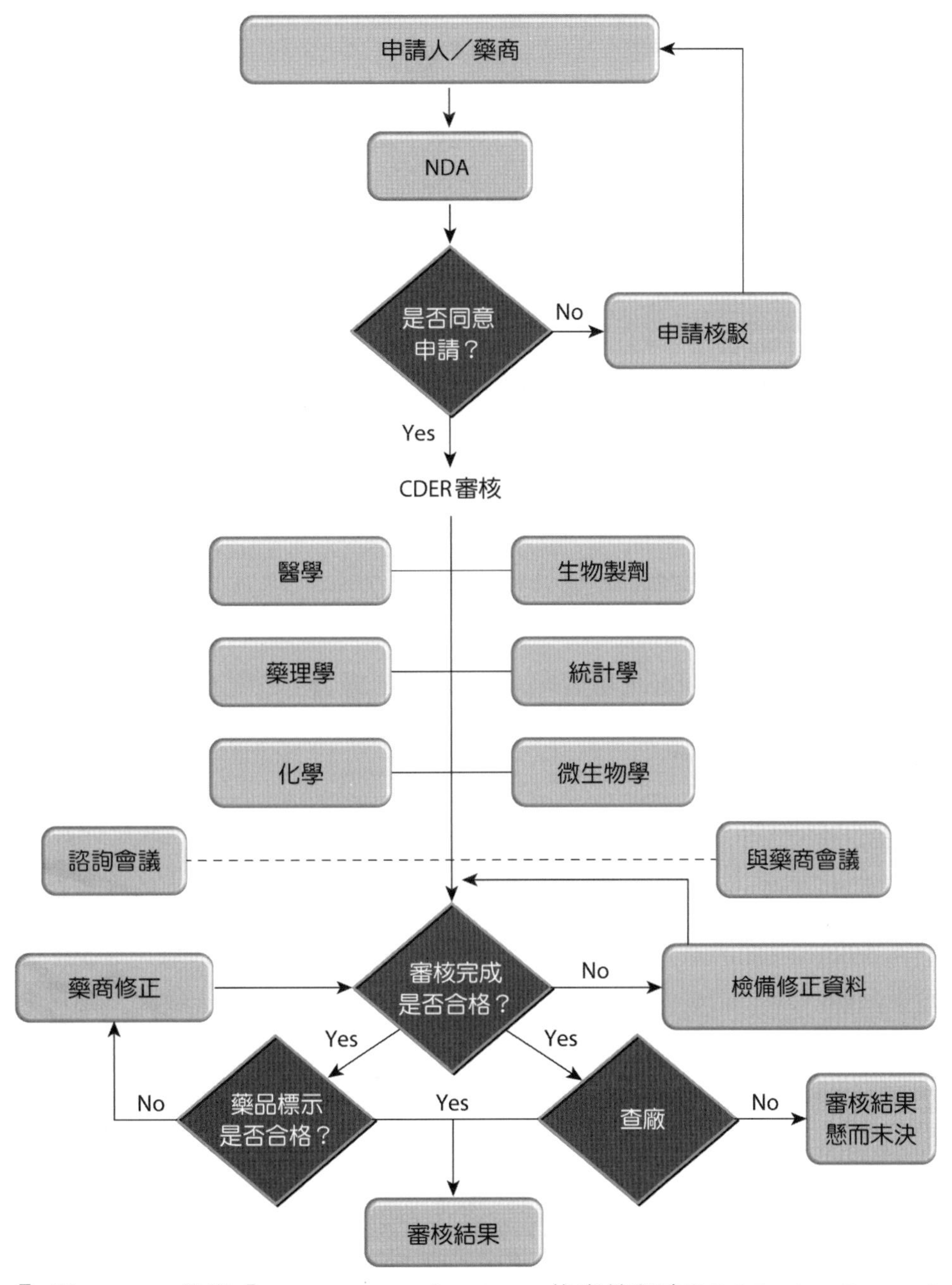

圖 8-14a　美國「New Drug Application」的審核程序(NDA Review Process)

（取材並翻譯自美國 FDA 官方網站）

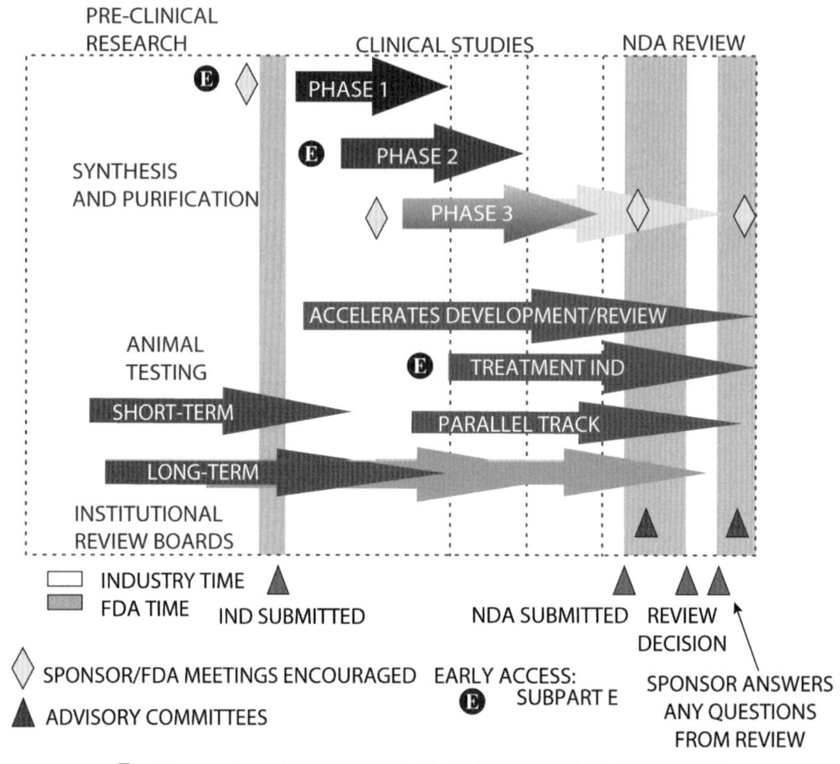

圖 8-14b　美國新藥物的研發至審查上市的過程

（取材自美國 FDA 官方網站）

- Breakthrough Therapy（突破性療法）：旨在治療嚴重疾病的藥物開發和審查，而且初步臨床證據顯示該藥物可能比現有醫療方式較具有實質性改善。此種具突破性療法認定的藥物也有資格進入 Fast Track 流程。
- Priority Review（優先審查）：如上所述，FDA 標準審查一般需要 10 個月，而優先審查主要將注意力和資源集中用於評估可顯著改善嚴重疾病的治療、診斷或預防的藥物，希望在六個月內能對新藥申請有初步的決定。

除此之外，還有以下幾種重要的藥物審查管道：

- Subpart E：是[Section 312 of the Code of Federal Regulations]中的子條款，主要是針對致命性(life-threatening)或嚴重傷殘性疾病(severely-debilitating illnesses)治療藥物的研發、審核與上市等程序的建立，以縮短此類新藥從研發到上市的時程，尤其是希望加速一些現階段並沒有適當藥物治療的疾病的藥物研發。而這類新藥的加速審核則稱為“Accelerated development/review”。

- Subpart H：[Section 314 of the Code of Federal Regulations]中的子條款，是針對治療嚴重或是致命性疾病加速新藥的審核程序。

- Treatment Investigational New Drugs (Treatment IND)：此項程序根據法條[21 CFR 312.34 and 312.35]，主要適用於治療絕症患者(desperately ill patients)而仍處於早期研發階段中的新藥物。這種緊急病患指的是隨時可能死亡或是將在近期內死亡的病人，像是愛滋病(acquired immune deficiency syndrome, AIDS)、單純疱疹病毒感染性腦炎(herpes simplex encephalitis)與自發性蜘蛛網膜下出血(subarachnoid hemorrhage, SAH)等，都可算是這類可能立即致命性的疾病(immediately life-threatening diseases)。這類的藥物審核程序通常直接於臨床試驗第三期實施。

- Parallel Track：這項政策屬[57 FR 13250]，是由"U.S. Public Health Service"（美國公共衛生服務機構）針對愛滋病患的治療所特別制定的子條款。在此政策下，無法參與一般控制性臨床試驗(controlled clinical trials)的愛滋病相關病患，可以經由此單獨分開的擴展管道，接受仍處於早期研發階段中的新藥的臨床試驗，以建立此新藥應有的安全性與藥效。

- 緊急授權(Emergency Use Authorization, EUA)：美國 FDA 為加強國家的公共健康防護，對於包括傳染性疾病在內的化學(chemical)、生物(biological)、放射線(radiological)及核子的(nuclear)威脅下（這四項簡稱為 CBRN），提供公共健康緊急狀態下所需的醫療應對措施(medical countermeasures, MCMs)，這項授權是依據美國法律條款[Section 564 of the Federal Food, Drug, and Cosmetic Act (FD&C Act)]。在受到 CBRN 其中任一項的威脅下，並獲得國土安全部(Homeland Security)或國防部(Department of Defense)的認可，美國公共衛生服務部(US Department of Health and Human Services, US HHS)的首長就會宣布適合緊急授權情況，接著 FDA 會授權使用未經核可(unapproved)的醫療產品，或是授權使用已核可但未經核准使用的醫療產品，以用於診斷、治療、預防嚴重或是致命性的疾病或狀況，且須在沒有其他適切、已核准或是替代的方案下進行。因有美國 EUA 的先例，臺灣食品藥物管理署(TFDA)為因應 2019 年 12 月底爆發的 COVID-19 疫情，依據藥師法第 48-2 條，於 2020 年 6 月 10 日發布國產 COVID-19 疫苗緊急使用授權審查標準，並依照特定藥物專案核准製造及輸入辦法第 3 條，進行國產 COVID-19 疫苗的審查程序，此即為臺灣版的緊急授權(EUA)案例。

上市藥品之監督(Post-approval surveillance)

這個階段又稱為臨床試驗第四期(Phase IV trial)。因為在三期的臨床試驗中，健康志願者的人數或是志願的病患人數，其實都是相當有限的。上市後，藥物所治療的病人數可能遠超過當初臨床試驗的人數，這時就可能會出現預期外的療效或不良反應（副作用）。因此臨床試驗第四期最主要就是密切監督上市藥物的安全性與其他可能的副作用，此階段也稱為新藥監視期。

類似於美國的制度，臺灣的新藥審查機制，除了標準審查外，還有精簡審查、優先審查、加速核准、藥品突破性治療及小兒或少數嚴重疾病藥品審查等幾種：(以下資料直接摘錄自「財團法人醫藥品查驗中心」)

(一)「精簡審查」適用對象

1. 第一類精簡審查：審查天數為 180 天。
   (1) 申請新成分新藥查驗登記。
   (2) 具有美國 FDA、歐盟 EMA 或日本 MHLW 其中兩地區核准證明。
   (3) 經評估未具族群差異者。
2. 第二類精簡審查：審查天數為 120 天。
   (1) 申請新成分新藥查驗登記。
   (2) 有美國 FDA、歐盟 EMA 及日本 MHLW 核准證明且化學製造管制(CMC)資料皆相同。
   (3) 經評估未具族群差異者。

(二)「優先審查」適用對象

1. 屬「藥事法」第 7 條定義之新藥。
2. 應同時符合下列二條件：
   (1) 適應症為我國的嚴重疾病。
   (2) 滿足我國醫療迫切需求，係指具有醫療主要優勢(majoradvance)。
3. 經我國政府核准優先輔導、補助研發，且具我國公共衛生或醫療迫切需求者。

（三）「藥品加速核准」適用對象

1. 屬「藥事法」第 7 條定義之新藥。
2. 宣稱之適應症（符合下列情形之一）：
   (1) 為我國的嚴重疾病，並能滿足我國醫療迫切需求(unmetmedicalneed)。
   (2) 具醫療迫切需求，且在十大醫藥先進國之任一國已取得罕藥認定(orphandrugdesignation)。
   (3) 具醫療迫切需求，且於國內非屬罕見疾病藥物，製造或輸入我國確有困難者。

（四）「藥品突破性治療」適用對象

1. 屬「藥事法」之新成分新藥或已取得藥品許可證，且宣稱之適應症為我國嚴重疾病或罕見疾病。
2. 早期臨床證據顯示其臨床療效指標比現行療法具重大突破性改善。
3. 於我國執行有臨床意義之臨床試驗，如為早期臨床試驗尤佳。

（五）「小兒或少數嚴重疾病藥品」審查適用對象

1. 屬「藥事法」第 7 條定義之新藥。
2. 適應症為我國的嚴重疾病。
3. 該疾病主要影響小兒族群或盛行率在萬分之五以下。
4. 滿足我國醫療迫切需求(unmetmedicalneed)。

8-4 生物製劑的發展

「生物製藥」(biopharmaceuticals/biopharmaceutics)指的是利用生物科技所製造出來的醫療用藥。這些常用的生物科技包括有：重組 DNA 技術(recombinant DNA technology)、細胞培養技術(cell culture technology)或是與基因操控／編輯(genetic manipulation/gene editing)有關的技術等。經由這些技術所產生結構複雜的大分子物質(complex macromolecules)，主要是蛋白質（包括治療用的抗體)、治療用的核酸(包括 DNA、RNA 及反股寡核苷酸(antisense oligonucleotide))等。而「生物製劑」(biologics)除了涵蓋生物製藥的種類外，還包括醣類或與蛋白質、核酸這些物質的複雜組合。此外，生物製劑也可以從人類，其他動物或微生物等多種自然資源中分離出來。

人類第一個治療用的重組蛋白質是 1982 年上市的胰島素；第一個重組疫苗是 1986 年上市的 B 型肝炎疫苗；第一個抗體藥物是 1986 年上市用來抑制腎臟移植排斥的單株抗體；第一個而且也是目前唯一的寡核苷酸(oligonucleotide)藥物在 1998 年上市，用於治療 AIDS 病患受到 CMV 病毒(cytomegalovirus)感染而導致的視網膜炎(retinitis)。此外，從生物來源所分離純化出的非基因工程的其他蛋白質或分離物也包括在生物製劑的範圍內。一般而言，生物製劑通常以皮下、靜脈或是肌肉注射的方式(subcutaneous, intravenous, or intramuscular injection)來使用。

生物製劑的研發主要針對無法合成，或是無法由生物來源中直接分離出足夠量的大分子藥物，因此需要借助於基因工程的技術來量化生產。利用這些大分子的生物物質來研究疾病的致病機轉，或是尋求調控這些生物物質功能的新藥物。此外也可尋找出和這些生物物質(大部分是蛋白質)，所結合作用的接受器(receptor)，然後再利用這些接受器來篩選出可作為治療用途的小分子藥物。同時也可利用基因剔除(gene knock-out)或是基因轉殖動物的技術(transgenic animal technology)來研究這些重要蛋白質的生物功能，尤其是它們對疾病的影響。一旦這些條件具備，通常就會利用這些現有的研究結果來篩選出可供治療用的小分子藥物。當然，如果這些蛋白質本身就已具備治療用途的話，如上所述，蛋白質的大量生產又是一項非常重大的課題。

人類第一個現代化生物製劑是利用基因工程所製造出來的「人類重組胰島素」(human recombinant insulin, rHI；商業名稱為 Humulin)，由 Genentech 公司所研發出來的，並且由藥廠 “Eli Lilly” 獲得授權在 1982 年開始量產銷售。和過去比較，生物製劑全世界的銷售額在 1998 年增加了七倍之多，銷售金額達到了 150 億美金，其中美國市場就佔了 46%。在 1999 年末，共有 369 個生技製劑在不同階段的臨床試驗當中，針對 438 種不同的治療方式，其中有 25%的藥物已經進入臨床試驗第三期。到了 2000 年中，更有 84 個生物製劑被 FDA 核准上市，其中有將近一半的藥物是在這之前三年才開始研發的，因此可想見以生物科技來研發藥物遠比傳統的方式來的更有效率，而且成功率也大為提升。雖然生物製劑在 1990 年代僅佔全球藥品市場的 5%，由於此類藥物的核准時程加快、市場接受度高與療效顯著，但副作用更小等特性，其市佔率在 2006 年已大幅攀升至 15%以上，而且每年均在增加。2022 年生物製劑的全球銷售額約 3,820 億美金，預期將以年增率約 9%的速度上升，至 2027 年將達到六千億美金的年銷售額，其在全球藥品市場的市佔率可望達到 30%。

不同於傳統的小分子類藥物(small molecule drugs)，生物製劑如上述所提的基因重組蛋白質、疫苗或核酸等，均屬於結構較複雜的大分子(complex macromolecules)。美國小分子藥物（新成分新藥，NCE）及生物製劑的年核准數量對照表請見圖 8-15a 及 8-15b。

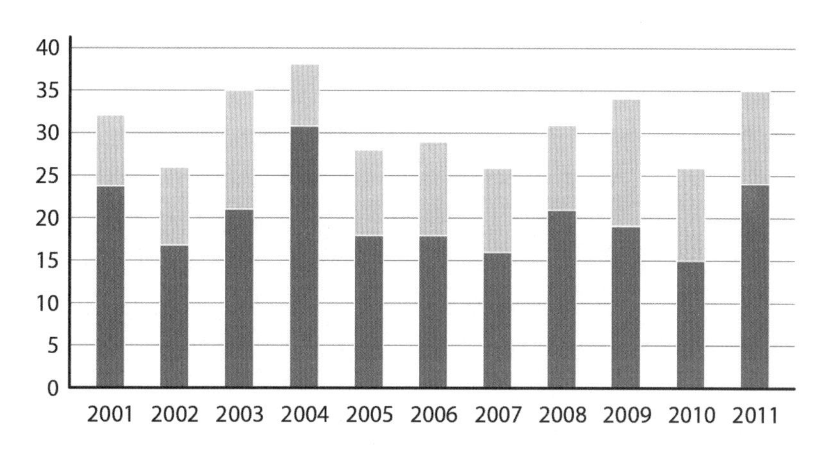

圖 8-15a 美國 FDA 2001~2011 年核准的生物製劑或新成分新藥的數量

資料來源：「The Pharmaceutical Industry and Global Health: Facts and Figures 2014」, International Federation of Pharmaceutical Manufacturers & Associations

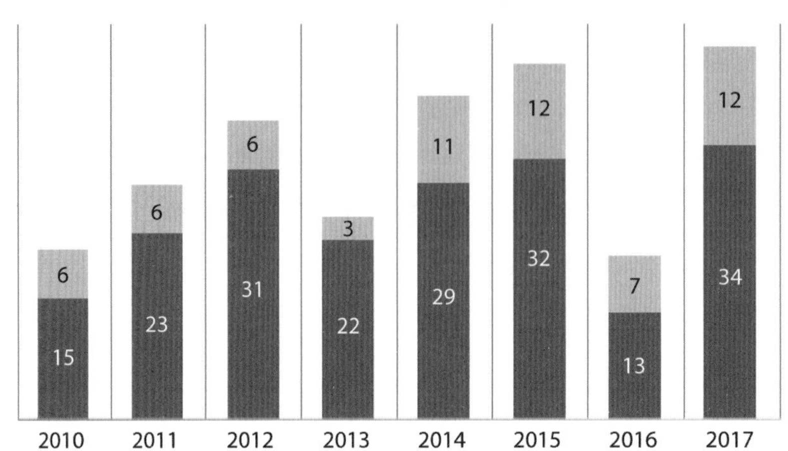

圖 8-15b 美國 FDA 2010~2017 年核准的生物製劑或小分子新藥（新成分新藥，NCE）的數量

資料來源： Biologics vs. small molecules: Drug costs and patient access. Favour Danladi Makurvet. Medicine in Drug Discovery..Volume 9, March 2021, 100075.

表 8-1 生技產業發展初期（西元 1982~1995 年間）美國 FDA 核准上市的生物製劑

商業名稱 (Brand Name)	藥品學名 (Generic Name)	上市公司	治療疾病	核准日期
Acctimmune	gamma interferon	Genentech, Inc.	chronic granulomatous disease	December, 1990
Activase	recombinant alteplase	Genentech, Inc.	1. myocardial infarction 2. acute pulmonary embolism	1. November, 1987 2. June, 1990
Adagen	adenosine deaminase	Enzon, Inc.	infants and children with severe immunodeficiency	March, 1990
Alferon N		Interferon Sciences, Inc.	genital warts	October, 1989
Betaseron	recombinant interferon beta 1-B	Berlex Laboratories/Chiron Corp.	relapsing, remitting multiple sclerosis	August, 1993

表 8-1 生技產業發展初期（西元 1982~1995 年間）美國 FDA 核准上市的生物製劑（續）

商業名稱 (Brand Name)	藥品學名 (Generic Name)	上市公司	治療疾病	核准日期
Ceredase	alglucerase	Genzyme Corp.	Type 1 Gaucher's disease	April, 1991
Cerezyme	imiglucerase	Genzyme Corp.	Type 1 Gaucher's disease	June, 1994
Engerix-B		SmithKline Beecham	hepatitis B vaccine	September, 1989
EPOGEN	epoetin alfa	Amgen Ltd.	anemia associated with chronic renal failure and anemia in Retrovir-treated, HIV-infected patients	June, 1989
Humatrope	somatropin	Eli Lilly & Co.	human growth hormone deficiency in children	March, 1987
Humulin	recombinant human insulin	Eli Lilly & Co.	diabetes	October, 1982
Intron A	alpha-interferon	Schering-Plough Corp.	hairy cell leukemia genital warts AIDS-related Kaposi's sarcoma non-A, non-B hepatitis hepatitis B	June, 1986 June, 1988 November, 1988 February, 1991 July, 1992
KoGENate	antihemophiliac factor	Miles, Inc.	hemophilia A	February, 1993
Leukine	yeast-derived GM-CSF	Immunex Corp.	autologous bone marrow transplantation	March, 1991

表 8-1　生技產業發展初期（西元 1982~1995 年間）美國 FDA 核准上市的生物製劑（續）

商業名稱 (Brand Name)	藥品學名 (Generic Name)	上市公司	治療疾病	核准日期
Neupogen		Amgen Ltd.	1. cheomtherapy-induced neutropenia 2. bone marrow transplant-associated neutropenia	1. February, 1991 2. June, 1994
Oncaspar	pegaspargase	Enzone/Rhone-Poulenc Rorer	acute lymphoblastic leukemia	February, 1994
Orthoclone OKT 3		Ortho Biotech	reversal of acute kidney transplant rejection	June, 1986
Procrit	epoetin alfa	Ortho Biotech	1. anemia associated with chronic renal failure 2. anemia in Retrovir-treated, HIV-infected patients and chemotherapy-associated anemia	1. December, 1990 2. April, 1993
Proleukin	IL-2	Chiron Corp.	kidney (renal) carcinoma	May, 1992
Protropin	somatrem	Genentech, Inc.	human growth hormone deficiency in children	May, 1985
Pulmozyme	DNase	Genentech, Inc.	cystic fibrosis	December, 1993

表 8-1　生技產業發展初期（西元 1982~1995 年間）美國 FDA 核准上市的生物製劑（續）

商業名稱 (Brand Name)	藥品學名 (Generic Name)	上市公司	治療疾病	核准日期
Recombinate rAHF	recombinant antihemophiliac factor (the recombinant version of blood clotting factor VIII)	Baxter Healthcare	hemophilia A	December, 1992
Recombivax HB		Merck & Co.	hepatitis B prevention vaccine	July, 1986
Roferon-A	recombinant alfa-interferon	Hoffman-La Roche	1. hairy cell leukemia 2. AIDS-related Kaposi's sarcoma	1. June, 1986 2. November, 1988

表 8-2　2001~2006 年間專利權過期的生物製劑

商業名稱 (Brand Name)	藥品學名 (Generic Name)	上市公司	專利權到期年份
Humulin	Human Insulin	Eli Lilly	2001
Intron A	Interferon alpha 2b	Schering-Plough	2002
Avonex	Interferon beta 1a	Biogen	2003
Humatrope	Growth Hormone	Eli Lilly	2003
Nutropin	Growth Hormone	Genentech	2003
Epogen/Procrit	EPO-alpha	Amgen, Johnson&Johnson, Sankyo	2004
Activase	t-PA	Genentech, Boehringer Ingelheim, Mitsubishi, Kyowa Hakko Kogyo	2005
Protropin	Growth Hormone	Genentech	2005
Novolin	Human Insulin	Novo Nordisk	2005
Neupogen	G-CSF	Amgen, Roche	2006

8-5 藥物研發與專利權

因為生物科技的快速發展，新創的生技公司(start-up biotechnology companies)往往以人類治療用的生物製劑為研發的方向，這類非小分子類的藥物(non-small molecule drugs)也被稱為“high-tech pharmaceutical products”（高科技的藥物產品）。這類的生物製劑在剛開始研發的過程當中，生技公司通常會為這些候選藥物申請專利權，以便將來能獲得此項藥物在生產銷售上獨享的權利(exclusive manufacturing rights)。

因為生物科技的大幅進步，與其在藥物研發上扮演的重要角色，申請生物科技專利的案件也越來越多。因為美國是世界上最大的藥品消費市場，美國在生物科技上對於專利權的規範也是世界上最進步的國家。早期歐洲大部分的國家，並不將專利權授予人類或其他動物的治療藥物或診斷試劑的發明，甚至還盡量避免基因改造生物的專利申請；後來則是開始追隨美國在這方面的專利發展趨勢。例如，1980 年美國最高法院在《Diamond v. Chakrabarty》的案件中做了一項歷史性的裁決，允許 Exxon 石油公司將一種可以清除石油的微生物當作申請專利的標的物。阿南達・莫漢・查克拉巴蒂(Ananda Mohan Chakrabarty, 1938~2020)是一位遺傳學家，當他在 General Electric 公司工作時，研發出一種可以分解原油的細菌，準備使用於石油的污染處理中，因此向美國專利商標局(USPTO)提出這種微生物的專利申請，但是被專利審查員所拒絕。因為根據當時的專利法，活的生物體(living things)是不可以當作專利申請的標的物。但是在 1980 年的 6 月 16 日，美國最高法院(The Supreme Court)作出了不同於美國專利商標局的判決，認為這種人造的微生物是可以被專利的。判決書中有以下的說明：

“A live, human-made micro-organism is patentable subject matter under [Title 35 U.S.C.] 101. Respondent's micro-organism constitutes a "manufacture" or "composition of matter" within that statute.”

《Diamond v. Chakrabarty》案件中的 Diamond 指的是當時美國專利商標局行政長官的名字西德尼・戴蒙德(Sidney A. Diamond, 1914~1983)，當時是他向最高法院請求仲裁。《Diamond v. Chakrabarty》[447 U.S. 303 (1980)]案例的重要性，在於首次允許基因改造的微生物(genetically modified microorganisms)，可以成為申請專利的標的物。對於後來眾多的基因改造生物的專利申請，有著指標性的歷史意義。此外，這項專利訴訟的判決，也深深影響到後來生技產業的發展，使得以基因改造生物為發展基礎的生技公司，更容易獲得外界的投資。

西元 1981 年美國國會議員 Al Gore 舉辦了一系列生物醫學的學術和產業相關性的聽證會，並把焦點放在大學基礎研究可能帶來的龐大商業利益，尤其是著重在智慧財產權與專利權(intellectual property and patent rights)可能帶來的利益。MIT 的教授 Jonathan King 在會中，對於生物科技產業(the biotech industry)有如下的陳述：“*...the most important long-term goal of biomedical research is to discover the causes of disease in order to prevent disease.*”。這個陳述也真實的反應出現代生技產業以人類疾病研究為主的發展趨勢，以及取得專利權的重要性。

西元 1988 年哈佛大學的分子生物學家所創造出來的基因轉殖鼠“Harvard oncomouse”，獲得美國轉殖基因動物首次的專利權，隨後該鼠也獲得日本和歐洲專利權的核可，但是卻遲遲未能在加拿大取得專利權。雖然加拿大負責專利申請的機構“The Canadian Intellectual Property (CIPO)”允許細菌、酵母菌、黴菌、綠藻、細胞株和病毒等簡單生物的專利申請，但是對於哺乳動物的專利申請卻採取非常保守的態度。“Harvard oncomouse”案件對世界各國在生物性專利的申請上，有著相當程度的影響。

從 1970 年代開始，有關生物科技的專利申請件數就逐漸增加。因為生物科技方面的專利申請案件與日俱增，因此在西元 1988 年的 3 月，美國專利商標局便在內部成立了專責小組來加速生技專利申請案件的審核速度，平均一個案件的審核速度約少於 25 個月。剛開始在 1978 年的申請件數只有 30 件，但是在 1988 年開始急遽成長，申請案件達到 5,634 件，在 1989 年則更劇增為 8,619 件，到了 1995 年，則大幅攀升至 15,600 件，到了 2001 年更有 34,527 件的專利申請。這些申請案件最後獲得專利權核准的件數也逐年攀升（圖 8-16a），從 1989 年的 2,160 件，逐年增加至 2002 年的 7,763 件，這種增加的趨勢至今未變（圖 8-16b）。

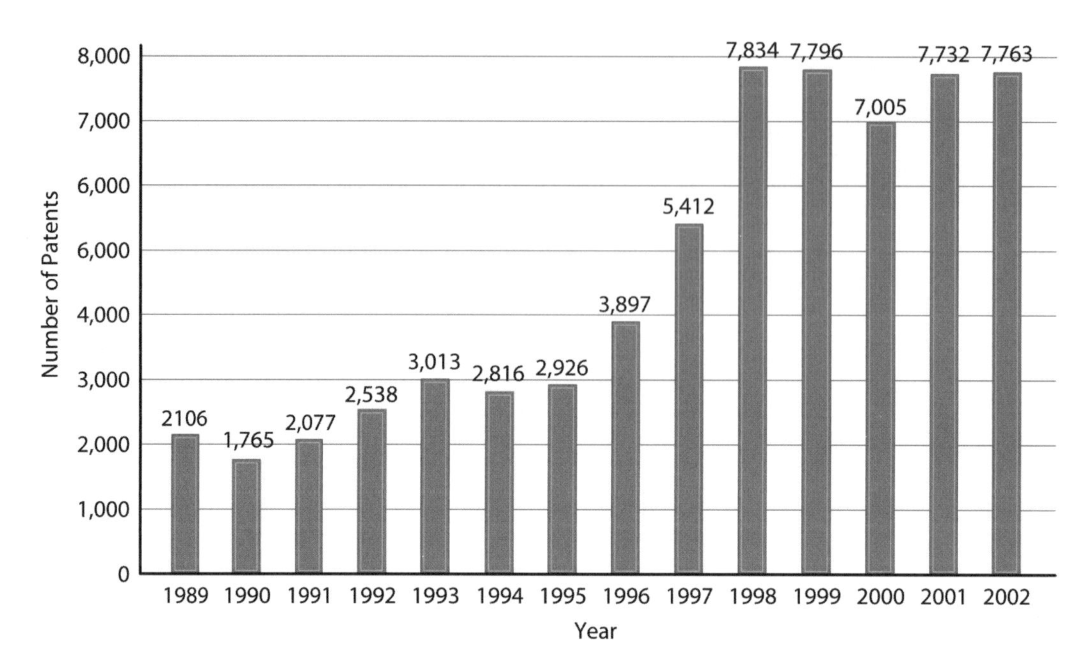

Source: U.S. Patent and Trademark Office. The report captures biotech patent examination activity by U.S. Patent Examing Technology Center Groups 1630-1660 (formerly Patent Examing Group 1800).

圖 8-16a　美國在 1989~2002 年間生物科技專利權核可的案件數目

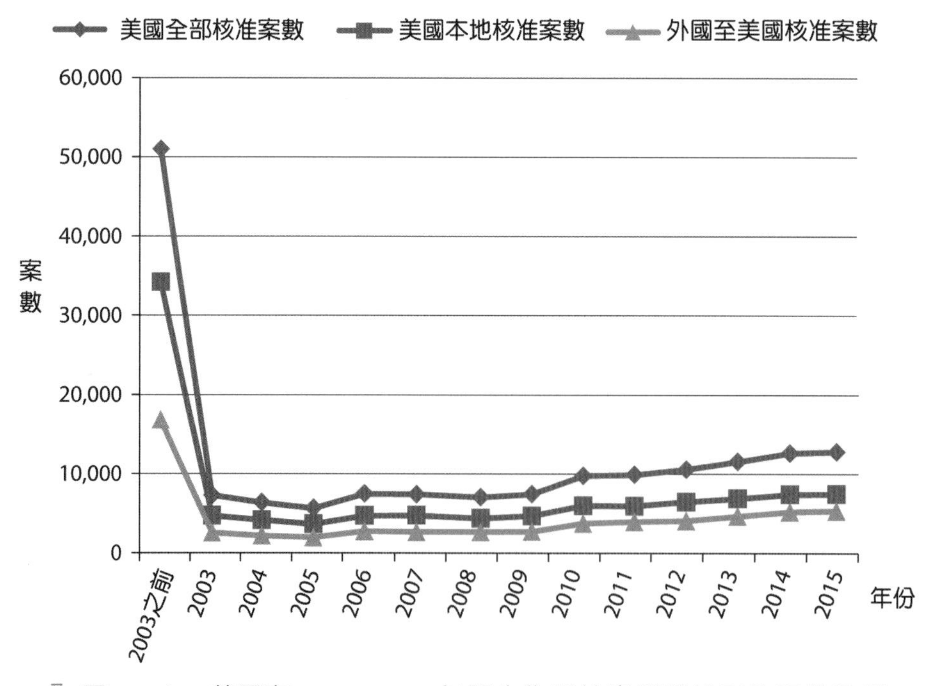

圖 8-16b　美國在 2003~2015 年間生物科技專利權核可的案件數目

資料來源：USPTO

為了避免重複相關的專利申請或是從事同樣的專利研發，美國專利商標管理局(USPTO)從 2000 年 11 月 29 日起，開始採取早期公開的制度，也就是專利申請案件在申請提出日 18 個月之後，申請內容就可以開放給社會大眾上網查閱。

8-6 生物相似藥(Biosimilars)

自 1980 年代開始，利用現代生物科技研發，包括單株抗體在內的蛋白質藥物持續增加上市；但經過了專利的專賣期限之後，也開始有很多的此類藥物專利權過期。由於如單株抗體類的蛋白質藥物，普遍具有高療效且專一的標靶藥物特性，許多藥廠或是生技公司早已覬覦這塊市場的大餅。有別於專利權過期的小分子藥物稱為學名藥(Generic drugs)，專利權過期的生物製劑／生物製藥則稱為生物相似藥(Biosimilars)。由於這類藥物的結構複雜，在不同種類的細胞內培養時，可能因糖化作用(Glycosylation)或蛋白質結構摺疊略有差異，而導致蛋白質終產物有些微相異的功能。不像化學合成的學名藥易於取得上市許可，用複雜生物系統生產的生物相似藥有較為嚴苛的規範。目前美國的 FDA (Food and Drug Administration)、歐盟的 EMA (European Medicines Agency)、加拿大的 FPBB (Health Products and Food Branch)、臺灣的 TFDA (Taiwan Food and Drug Administration)等國家對於生物相似藥均訂定相關指引。臺灣 TFDA 對於生物相似藥有如下的定義：「生物相似性藥品為與我國核准之原開發廠商之生物藥品（或參考藥品）高度相似之生物製劑，於品質、安全、療效與參考藥品無臨床上有意義的差異(no clinically meaningful differences)」(取材自衛生福利部食品藥物管理署生物相似性藥品專區)。上述定義中所提的「原開發廠商之生物藥品」就是原來的品牌藥(brand name drugs)，用來當作生物相似藥品質、安全、療效的參考標準。另外，世界衛生組織(WHO)也於 2009 年發表此類藥品的指引：〈Guidelines for the evaluation of similar biotherapeutic products (SBPs)〉。

歐盟自 2006 年以來，已經核准超過 50 個以上的生物相似藥，第一個核准的生物相似藥是 Somatropin（Growth hormone，生長激素）（2006 年核准），第一個核准的治療用單株抗體藥物是 infliximab（原品牌名：Remicade）（2013 年核准）；美國於 2015 年核准的第一個生物相似藥是 filgrastim-sndz（商品名 Zarxio；品牌名 Neupogen；用於治療嗜中性白血球低下症）；臺灣 TFDA 核准的第一個生物相似藥為 Somatropin（2010 年核准）。

議題討論與家庭作業

1. 請討論藥廠(Pharmaceutical company)和現代生技公司(Biotechnology company)之間的異同點。
2. 何謂處方藥與非處方藥(prescription and non-prescription drugs)？
3. 請探討基因體學(genomics)、組合化學(combinatorial chemistry)、高通量篩選系統(high-throughput screening)、蛋白質體學(proteomics)和生物資訊學(bioinformatics)等當代先進生物技術對於人類藥物研發的影響。
4. 請探討生物相似藥對台灣健保支出的影響？
5. 何謂藥物的"ADME/Toxicity"試驗？
6. 請討論美國最高法院在《Diamond v. Chakrabarty》專利案件中的裁決對於生技產業發展的影響。

學習評量

1. 早期藥物研發方式和現代以生物技術為主的藥物研發方式有何不同？
2. 美國食品藥物管理局(FDA)主要負責的業務包括有哪些？
3. FDA 內直接與人類藥物規範有關的部門主要是哪兩個藥檢研究中心？其所主掌的業務各有何不同？
4. 何謂 Over-the-counter (OTC) drug？有何特性？
5. 何謂 Generic drug（學名藥）？有何特性？
6. 根據 FDA 的定義，甚麼是 Biological products？
7. 請問臺灣的藥品如何分級？
8. 何謂生物製劑(drugs derived from biotechnology)？

9. 何謂 Biologics License Application (BLA)？這項執照的申請需包括有哪些資料？

10. 整個藥物的研發過程，大致可以分為哪幾個階段？

11. 何謂臨床前試驗？

12. 請說明人體臨床試驗包括有哪四個階段。

13. 在 FDA 內設立 Institutional Review Boards (IRB)的最主要目的為何？

14. 何謂 Investigational New Drug Applications (IND)？

15. 何謂 New Drug Application (NDA)？

16. 第一個利用基因工程所製造出來的生物製劑為何？

Chapter 09

第一個現代生物科技研發的藥物—胰島素的故事

The First Biotech Drug-The Story of Insulin

9-1 胰島素的故事

胰島素(insulin)的拉丁字為insula，意即island（島）的意思，因為它是由胰臟中的蘭氏小島細胞(islets of Langerhans)所分泌出來的一種蛋白質類的荷爾蒙(圖 9-1)。其化學式為$C_{257}H_{383}N_{65}O_{77}S_{6}$，具有 5,808 Dalton 的分子量。含 110 個胺基酸的前胰島素原(pre-pro-insulin)最先在細胞內被製造，其中 N 端的 23 個胺基酸屬於信號胜肽(signal peptide)，會導引整個蛋白質進入細胞的粗內質網(rough endoplasmic reticulum, rER)內，過程中信號分子會被信號胜肽酶(Signal peptidase)分解而形成前胰島素(proinsulin)。在粗內質網中，前胰島素在伴護蛋白(chaperone protein)的協助下，進行功能性摺疊並形成三個雙硫鍵(disulfide bonds)。緊接著摺疊完成的前胰島素從粗內質網被運送至高爾基氏體(Golgi apparatus)中，進一步被分解成 C 鏈(C chain)和具活性的胰島素，並儲存於顆粒(granules)中等待釋放到細胞外。其中胰島素由 21 個胺基酸的 A 鏈(A chain)與 30 個胺基酸的 B 鏈(B chain)以雙硫鍵組合而成（圖 9-2）。

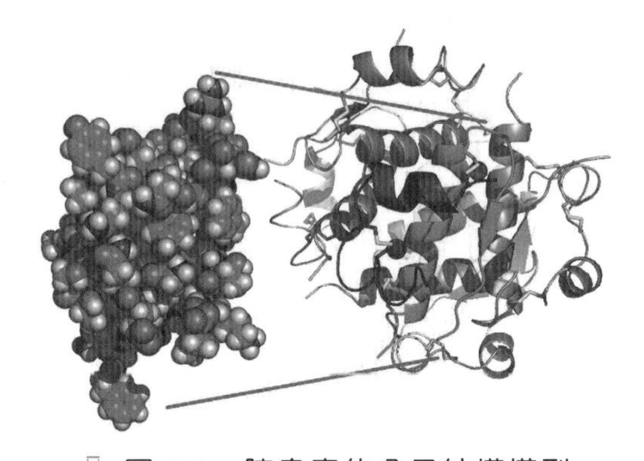

圖 9-1 胰島素的分子結構模型
（圖片來源：Wikipedia，作者 Isaac Yonemoto）

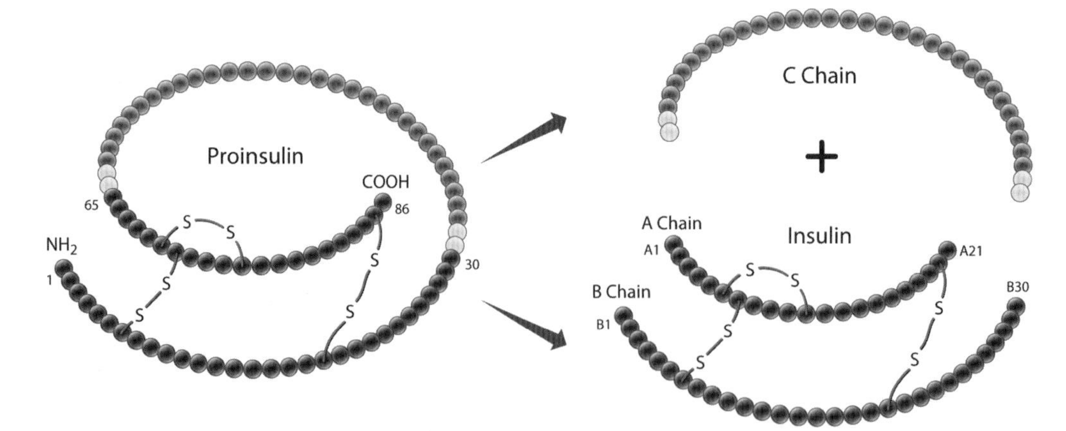

圖 9-2 胰島素的生合成。由胰臟蘭氏小島中的 β 細胞產生的前胰島素(proinsulin)，會進一步分解成具活性的胰島素（insulin，含 A 與 B chain，以雙硫鍵結合），及不具活性的 C chain。

胰島素主要作用在肝臟、脂肪以及肌肉等組織上，以負責生物體內碳水化合物的恆定，並且控制脂質的代謝。胰島素是用來治療糖尿病(diabetes mellitus)的一種蛋白質藥物；糖尿病可以分為缺乏胰島素的第一型糖尿病(type 1 diabetes mellitus)，對胰島素有抵抗性的第二型糖尿病(type 2 diabetes mellitus)，及妊娠性糖尿病(gestational diabetes mellitus)等三種。而胰島素主要是用來治療第一型糖尿病的病患，但是約有 40%的第二型糖尿病病患，在其他的醫療方式無效時，最終也可能需要施打胰島素。

Info 9-1 糖尿病

1. 第一型糖尿病(type 1 DM)：在胰臟中的β細胞受到自體免疫系統的攻擊而完全喪失了製造胰島素的功能，又稱為幼年型糖尿病或胰島素依賴性糖尿病(insulin-dependent diabetes mellitus, IDDM)。部分導因於遺傳因素，部分則來自於如 Coxsackie B4 virus 等微生物的感染
2. 第二型糖尿病(type 2 DM)：肥胖、年紀、環境因子與遺傳等因素的聯合影響下，造成細胞對胰島素的抵抗性，而使得細胞無法使用葡萄糖。其中最大的影響因素是遺傳，又稱為成年型糖尿病或胰島素非依賴性糖尿病(non-insulin-dependent diabetes mellitus, NIDDM)。
3. 妊娠性糖尿病：發生在之前未被診斷有糖尿病的懷孕婦女中，通常可能繼續發展成第二型糖尿病。

典型的糖尿病患者，通常會有體重減輕、多尿(polyuria)、煩渴(polydipsia)和多食(polyphagia)等症狀。病人如果長期處於高血糖的狀態下，可能導致視力惡化、心血管疾病、神經病變、腎臟病變、性功能障礙、認知退化等。臨床上，以飯後 2 小時血糖、空腹血糖(fasting glucose)、葡萄糖耐受性試驗(glucose tolerance test)、糖化血色素（glycated hemoglobin，通常測 HbA_{1c} 比例）等來診斷是否罹患糖尿病。

表 9-1　糖尿病診斷標準(diabetes diagnostic criteria)

	飯後 2 小時血糖 mmol/L (mg/dL)	空腹血糖 mmol/L (mg/dL)	HbA_{1c} %
正常	< 7.8 (< 140)	< 6.1 (< 110)	< 6.0
糖尿病	≥ 11.1 (≥ 200)	≥ 7.0 (≥ 126)	≥ 6.5

當病人持續高血糖(hyperglycemia)且有下列其中一種情況，則可診斷為糖尿病：

- 空腹血糖(fasting plasma glucose level) ≥ 7.0 mmol/L (126 mg/dL)。
- 葡萄糖耐受性試驗(oral glucose tolerance test, OGTT)中，當服下 75 克葡萄糖的兩小時之後，血糖濃度(plasma glucose)≥ 11.1 mmol/L (200 mg/dL)。
- 任意血糖濃度維持在≥ 11.1 mmol/L (200 mg/dL)，且糖化血色素(HbA_{1c}) ≥ 6.5%。

西元 1869 年，德國柏林一位名叫保羅．蘭格爾翰斯(Paul Langerhans, 1847~1888)的醫學院學生，在顯微鏡下觀察胰臟的組織切片時，發現過去從沒有被報告過的一種特異的細胞團(little heaps of cells)，這就是後來被稱為「islets of Langerhans」的組織。雖然當時不曉得這種胰臟組織的功能，但另一位科學家 Edouard Laguesse 建議此類組織可能會分泌一些與消化有關的物質。在 1889 年，波蘭裔的德國醫生奧斯卡．閔可夫斯基(Oscar Minkowski, 1858~1931)和約瑟夫．馮．梅林(Joseph von Mehring, 1849~1908)合作把狗的胰臟切除，然後觀察此種切除對狗的影響。幾天後，他們發現有糖類累積在狗的尿液中，這是第一次發現胰臟的功能與糖尿病有關。緊接著在 1901 年，尤金．林賽．奧皮(Eugene Lindsay Opie, 1873~1971)更進一步證明糖尿病和蘭氏小島細胞有直接的關聯性，他發現蘭氏小島細胞全部或是部分被破壞會造成糖尿病。之後的二十年中，有很多的科學家嘗試找出蘭氏小島細胞在治療方面的用途。例如 1906 年的喬治．路德維希．祖澤(George Ludwig Zuelzer, 1870~1949)，1911~1912 年芝加哥大學(University of Chicago)的歐內斯特．萊曼．斯科特(Ernest Lyman Scott, 1877~1966)，1919 年洛克菲勒大學(Rockefeller University)的以色列西蒙．克萊納(Israel Kleiner/Simon Kleiner, 1885~1966)，以及 1921 年羅馬尼亞醫學院(Romanian School of Medicine)的生理學教授尼古拉．康斯坦丁．保雷斯庫(Nicolae Constantin Paulescu, 1869~1931)，他甚至還將此項治療技術在羅馬尼亞(Romania)申請專利，雖然他的技術並沒有臨床上的用途，但是後來卻造成此項專利的一些爭議。

1920 年 10 月，弗雷德里克．班廷(Frederick Banting, 1891~1941)在讀過了 Minkowski 的論文後，他認為可以成功將 Islets 分泌的物質萃取出來，因此，他便前往加拿大多倫多大學約翰．麥克勞德(John James Rickard Macleod, 1876~1935)的實驗室。雖然 Macleod 對 Banting 的想法並不看好，他還是提供 Banting 一位醫學生查爾斯．赫伯特．貝斯特(Charles Best, 1899~1978)當作助理以及十隻狗，讓 Banting 可以在 1921 年的暑假留在他的實驗室研究。經過幾個禮拜之後，Banting 和 Best 終於從 Islets 中分離出一種稱為"isletin"的物質，並且利用這種物質讓胰臟切除的狗，可以存活整個暑假，isletin 就是後來所說的"insulin"。在 Banting 結束研究後，Macleod 看到了這項研究潛在的治療價值，因此他又成功重複實驗，並在 1921 年的 11 月將他們的結果發表。在 1921 年的 12 月，Macleod 邀請了另一位生化學家詹姆斯．科利普(James Collip, 1892~1965)，幫他從胎牛的胰臟中萃取出較大量的胰島素，並在一個月內就完成此項工作。在 1922 年 1 月 11 日，一個名為 Leonard Thompson 的 14 歲糖尿病患，接受了此種胰島素的治療。由於此萃取的胰島素含太多的雜質，因此造成病人嚴重的過敏反應。為了克服這項問題，Collip 日以繼夜的又準備另一批純度更高的胰島素，並在同年的 1 月 23 日實施第二次的臨床試驗，結果非常的成功，病人糖尿的現象完全解除。之後，Best 在 Eli Lilly 藥廠的協助下，於 1922 年的 11 月開始製備大量純化的胰島素，並且很快就上市。

圖 9-3　弗雷德里克．班廷（右）與查爾斯．赫伯特．貝斯特（左）

因此，在 1923 年諾貝爾獎的委員會決定將生理學或醫學領域的諾貝爾獎頒給加拿大多倫多大學的 Frederick Banting 和 J.J.R. Macleod 兩位科學家，他們隨後將這一份榮耀與 Best 和 Collip 分享，並將 insulin 的專利權，以一塊美金象徵性的代價授權給加拿大多倫多大學。此後也有多位科學家因為胰島素的研究，而得到諾貝爾獎的殊榮：1958 年將化學領域的諾貝爾獎頒給發現胰島素初級結構(即胺基酸的序列)的 Frederick Sanger，胰島素是第一個胺基酸完全被定序出來的蛋白質；1967 年將化學領域的諾貝爾獎頒給利用 X 光繞射來決定胰島素三度空間結構的桃樂絲・霍奇金(Dorothy Crowfoot Hodgkin, 1910~1994)；1977 年將生理學或醫學領域的諾貝爾獎頒給發展出胰島素放射免疫測定法(radioimmunoassay)的羅莎琳・薩斯曼・雅洛(Rosalyn Sussman Yalow, 1921~2011)。

臨床上使用的胰島素，起初是由牛、馬、豬或是魚的胰臟所取得，因為這些動物的胰島素幾乎跟人類的胰島素一樣。但是由於純度的問題，這些從其他動物取得的胰島素，常會造成病人的過敏反應(allergic reaction)。目前市面上大部分治療用的胰島素是由基因工程的方式所製造出來。Genentech 公司利用重組 DNA 技術將人類的胰島素基因轉殖入大腸桿菌中，以生產出人類的胰島素蛋白質（圖 9-6），並由 Eli Lilly 藥廠在 1982 年將此種稱為“Humulin”的重組人類胰島素上市。此外，“Novo Nordisk”公司同樣也利用基因工程的方式，獨立發展出人類的胰島素。這些利用生物科技研發的人類胰島素，可以有效的避免因純度不足而造成的過敏反應，更不用犧牲大量動物以取得胰島素。

圖 9-4　胰島素的結晶

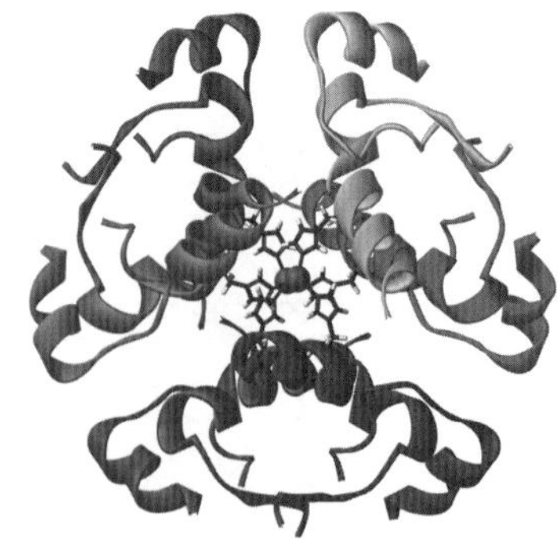

圖 9-5　電腦分析的胰島素六聚體(insulin hexamers)的結構圖，胰島素六聚體以鋅離子來聯結。

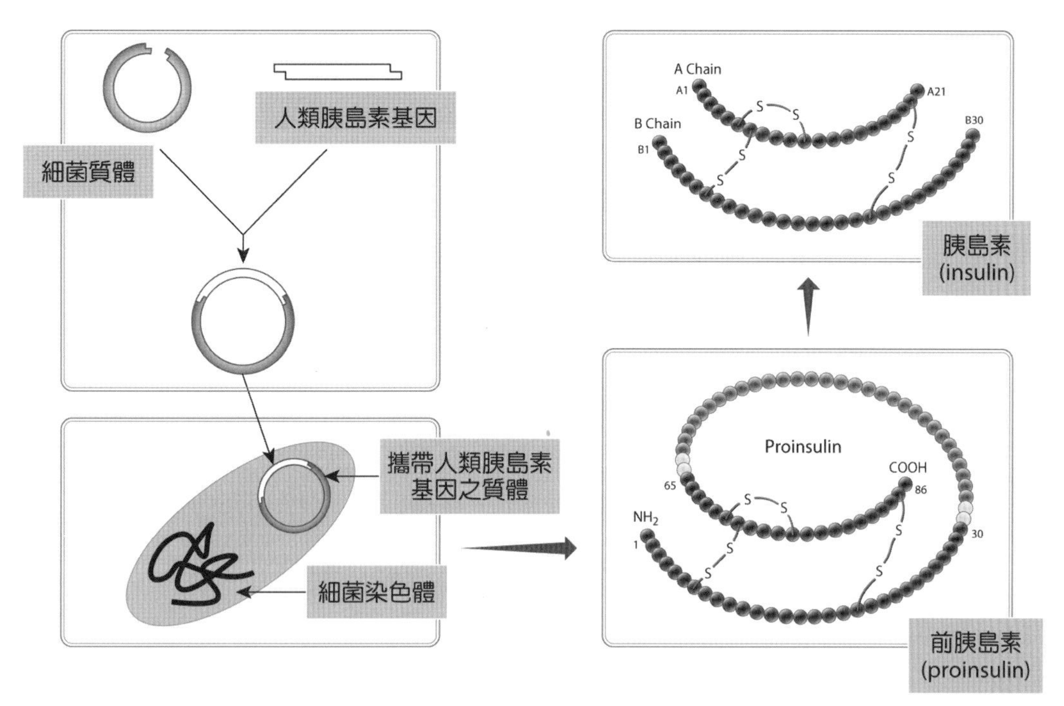

圖 9-6　重組人類胰島素的創造過程

9-2 胰島素的發展年表

- 1922 年，Banting、Best 和 Collip 三人將萃取自牛的胰島素(bovine insulin)使用於人類的治療中。
- 1923 年，藥廠 Eli Lilly 公司商業量產純度更高的牛胰島素。
- 1923 年，Hans Christian Hagedorn (1888~1971)和 August Krogh (1874~1949)從 Banting 和 Best 獲得 insulin 的專利授權後，便在丹麥成立“Nordisk Insulinlaboratorium”—“Novo Nordisk”公司的前身。
- 1926 年，Nordisk 公司開始生產非營利性的胰島素。
- 1936 年，加拿大科學家 D.M. Scott 和 A.M. Fisher 兩人將胰島素和鋅的混合物劑型化，並將此項技術授權給 Novo Nordisk 公司。

- 1936 年，Hagedorn 和 B. Norman Jensen 發現添加 protamine（魚精蛋白）可以延長胰島素的作用時間。
- 1946 年，Nordisk 公司成功的研發出所謂的“Isophane porcine insulin”，這種豬的胰島素也稱為“Neutral Protamine Hagedorn”或是“NPH insulin”。
- 1946 年，Nordisk 公司將 protamine 和 insulin 的混合物結晶。
- 1950 年，Nordisk 公司上市“NPH insulin”。
- 1953 年，Novo 公司將鋅添加於豬和牛的胰島素中，形成所謂的“Lente porcine and bovine insulins”新劑型，以延長胰島素的作用時間。
- 1955 年，Frederick Sanger 定序出胰島素的胺基酸序列。
- 1969 年，Dorothy Crowfoot Hodgkin 利用 X-ray crystallography 的方法，分析出胰島素的結晶結構。
- 1973 年，提出純化 monocomponent (MC) insulin 的技術。
- 1977 年，Bill Rutter 和 Howard Goodman 兩位科學家分離出大鼠的胰島素基因。
- 1978 年，Genentech 公司利用重組 DNA 技術(recombinant DNA techniques)，將人類的胰島素基因表達於大腸桿菌(*Escherichia coli*)中，以生產人類的胰島素，並將此項專利授權給藥廠 Eli Lilly。
- 1981 年，Novo Nordisk 公司利用化學與酵素的方式，將牛的胰島素轉變為人類的胰島素。
- 1981 年，美國史丹佛大學的科學家 Mary E. Harper 和她的兩位同事，以原位雜交(*in situ* hybridization)的方式，定位出染色體上胰島素基因所在的位置。
- 1982 年，Genentech 公司所研發的人類胰島素，獲得美國 FDA 的核准上市。
- 1983 年，Eli Lilly 開始生產名為“Humulin”的重組人類胰島素(recombinant human insulin)。

- 1985 年，德國的癌症研究學家 Axel Ullrich 在《自然》期刊上發表人類胰島素接受器的序列。美國加州大學舊金山分校(UCSF) William J. Rutter 的研究團隊也在二個月後，於《Cell》期刊發表相同的結果。
- 1988 年，Novo Nordisk 公司開始生產重組人類胰島素。
- 1996 年，Lilly 藥廠研發的人類胰島素的類似物(insulin analogue)—“Lispro”（商品名 Humalog）被核准。
- 2000 年，Novo Nordisk 公司研發的人類胰島素的類似物—“Aspart”（商品名 NovoLog/NovoRapid）被核准。
- 2004 年，Aventis 藥廠研發的的人類胰島素的類似物—“Glargine”（商品名 Lantus；中文名稱：蘭德仕）被核准使用於臨床。
- 2006 年，Novo Nordisk 公司研發的“Detemir”（商品名 Levemir），被美國 FDA 核准使用於臨床治療。
- Glulisine（商品名 Apidra，中文名稱：愛胰達）：由 Sanofi-Aventis 公司研發，屬於速效型胰島素。
- Degludec（商品名 Tresiba）：由 Novo Nordisk 研發，屬於超長效型(ultralong-acting)胰島素，作用時間高達 40 小時，因此一個星期只要注射三次即可。

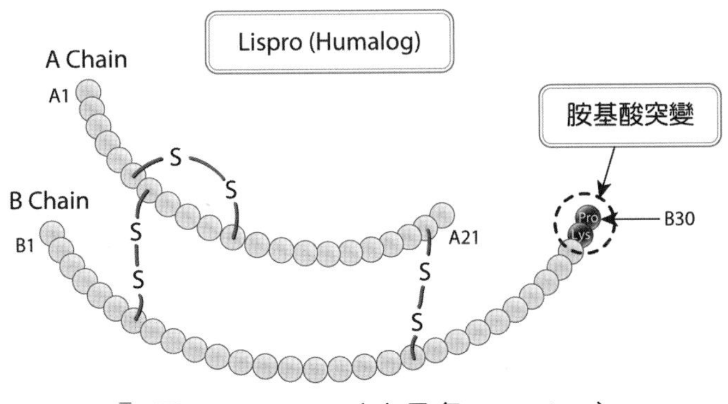

圖 9-7　Lispro（商品名 Humalog）

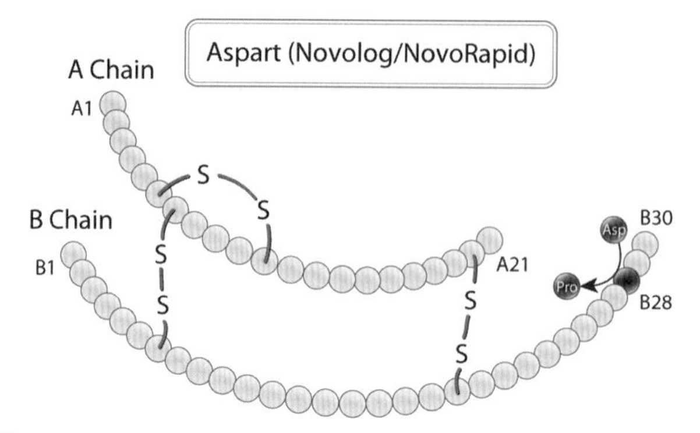

圖 9-8　Aspart（商品名 NovoLog/NovoRapid）

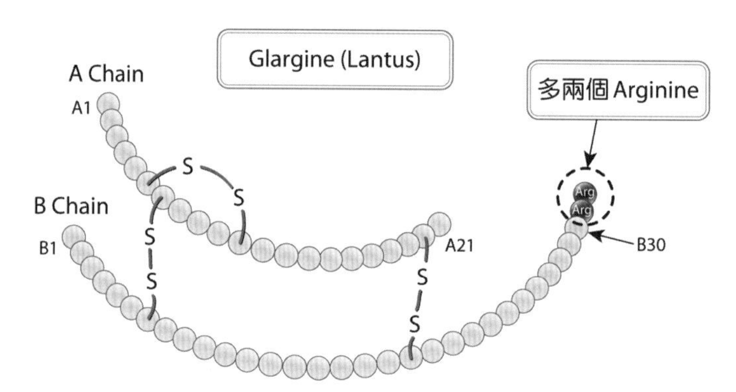

圖 9-9　Glargine（商品名 Lantus；中文名稱：蘭德仕）

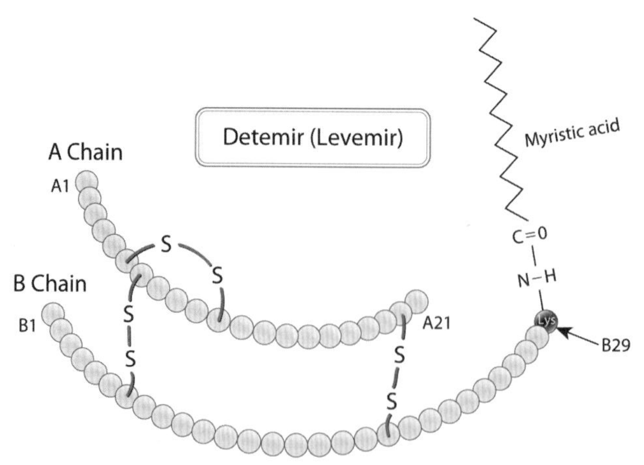

圖 9-10　Detemir（商品名 Levemir）

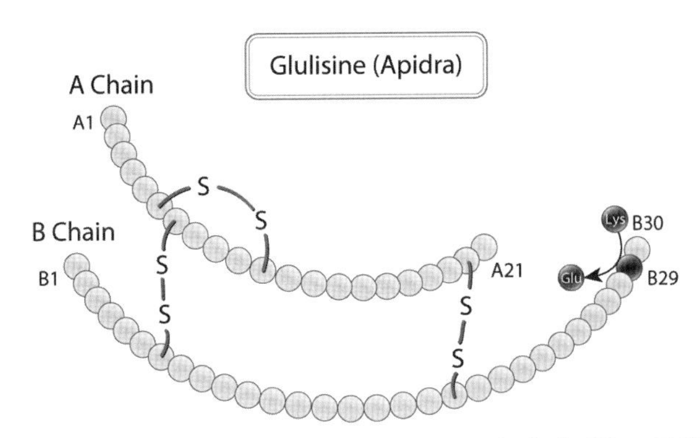

圖 9-11　Glulisine（商品名 Apidra；中文名稱：愛胰達）

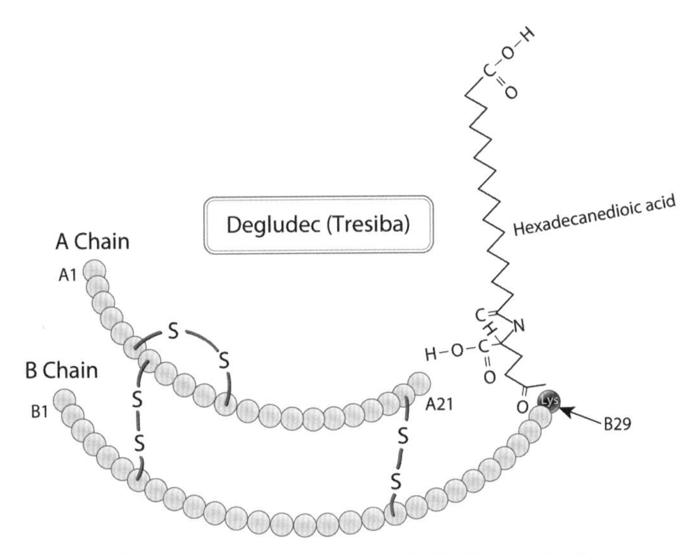

圖 9-12　Degludec（商品名 Tresiba）

9-3 胰島素的臨床使用

目前於臨床上普遍使用的胰島素藥物有：

- *Lispro*、*Aspart* 和 *Glulisine*：屬於胰島素的類似物，藥物使用後 5~15 分鐘內開始作用，可以持續 3~4 個小時。屬於速效型(rapid-acting)的胰島素。
- *Regular* insulin：傳統的胰島素，一般在 30 分鐘內開始作用，並可持續 5~8 個小時。屬於短效型(short-acting)胰島素。

- "*NPH*"（低精蛋白鋅胰島素，又稱為 Humulin N、Novolin N、Novolin NPH、NPH Iletin II 和 isophane insulin）或是"*lente insulin*"：中效型(intermediate-acting)胰島素，在 1~3 小時內開始作用，並可持續 16~24 個小時。

- *Ultralente* insulin：長效型(long-acting)胰島素，在 4~6 小時內開始作用，並可持續 24~28 個小時。

- "*Glargine*"和"*Detemir*"：均屬於胰島素的類似物，在藥物使用 1~3 小時內開始作用，可以持續 24 個小時。

- "*NPH*"和傳統胰島素的混合劑型 regular insulin：在藥物使用 30 分鐘內開始作用，可以持續 16~24 個小時。不同的混合劑型會有不同的作用時間。

議題討論與家庭作業

1. 請探討胰島素的生物功能(biological functions)與其相關的信息傳導途徑(signal transduction pathway)。
2. 為何從其他動物取得的胰島素，常會造成病人的過敏反應(allergic reaction)？
3. 何謂糖尿病？並請探討不同型糖尿病的致病機轉。

學習評量

1. 第一個應用現代生物技術而發展出來的藥物為何？
2. 製造胰島素的「蘭氏小島細胞」(islets of Langerhans)是由哪位科學家所發現的？
3. 1923 年諾貝爾獎的委員會將生理學或醫學領域的諾貝爾獎頒給加拿大多倫多大學哪兩位純化出胰島素的科學家？
4. 剛開始胰島素臨床上的來源，是由哪些動物的胰臟所取得的？
5. 哪家生技公司首先利用基因工程的方式將人類的胰島素基因轉殖於大腸桿菌中，以生產出人類重組的胰島素蛋白質？並由哪家藥廠在 1982 年將此種稱為「Humulin」的人類胰島素上市？
6. 除了 Eli Lilly 公司之外，還有哪家公司也在同時間從事胰島素的研發？
7. 何謂 NPH insulin？是由哪家公司所發展出來的？
8. 何謂 Ultralente insulin、Insulin glargine 和 Insulin detemir？

MEMO

Chapter 10

人類基因體計畫

Human Genome Project (HGP)

10-1 緒言

人類基因體計畫最早由美國能源部(Department of Energy, DOE)環境研究計畫的主任—查爾斯· 德利斯(Charles Peter DeLisi, 1941~)所提出的。當時這個計畫的目標與策略書寫在只有兩頁的備忘錄上，於 1986 年 4 月送到助理國務卿的手中，用來尋求來自於能源部、國家管理暨預算辦公室(United States Office of Management and Budget, OMB)、國會，尤其是參議員 Pete Domenici 等的支持。在經過了與資深聯邦官員密集的溝通與一連串的科學諮詢會議，終於在 1987 年以總統預算條例的方式送進了國會審查。

這個計畫的起始是經過了美國能源部多年支持所累積的成果，尤其是在 1986 年所舉辦的計畫可行性探討的研討會，以及一份詳細描述如何起始這個計畫的報告提出之後，終於得到了美國能源部執行這個計畫最後的正式核可。這份 1987 年的報告，很果斷的提出兩個重點：第一，這個計畫的終極目標就是要了解人類全部基因；第二，從這個計畫所獲得有關於人類基因的知識，對於醫學以及其他有關健康的科學的持續進步是有其必要性。James D. Watson 從 1988 年起便是當時執行此項計畫的美國「國家衛生院」(National Institute of Health, NIH)的「人類基因研究中心」(National Center for Human Genome Research)的主任，由於他和他的上司—Bernadine Healy，對於基因的專利問題有很多不同的爭論，因此被迫在 1992 年辭職，之後在 1993 年 4 月由 Francis Collins 接任，這個中心後來在 1997 年改名為「國家人類基因體研究中心」(National Human Genome research Institute, NHGRI)。

這項三十億美金的計畫終於在 1990 年正式獲得能源部與國家衛生院的經費，並且預計利用 15 年的時間來完成。除了美國外，執行這個計畫的國際機構還包括了來自中國、法國、德國、臺灣、日本與英國的遺傳學家，其中臺灣（榮陽團隊）負責第 4 對染色體的定序。

這個計畫所得到的人類基因圖譜的草圖在 2000 年完成，並且由當時的美國總統比爾· 柯林頓(Bill Clinton)與英國首相東尼· 布萊爾(Tony Blair)在同年的 6 月 26 日共同公諸於世。而更完整的人類基因圖譜，則在 2003 年的 4 月公布，這比預期的完成期限還早了 5 年。之後，在 2006 年最後一個染色體的 DNA 序列也被發表於《自然》期刊。這個計畫總共定序了約三十億個人類染色體上的核苷酸(nucleotide)，並且也確認了包含在其中的所有基因。

10-2 Celera Genomics 公司扮演的角色

在 1998 年，一個由美國科學家克萊格．凡特(J. Craig Venter, 1946~)以民間集資的方式，創立宗旨完全和人類基因體計畫一樣的私人公司－Celera Genomics，但是其經費卻只有人類基因體計畫的十分之一，也就是三億美元，卻希望以更快的方式來完成人類基因體計畫。它結合曾經用來定序細菌基因體但是風險較大的「全基因體隨機定序」方式(Whole genome shotgun sequencing)。Celera 最初宣稱僅將尋求二、三百個基因的專利權(patent)，但最後卻對 6,500 個完整或是部分的基因申請專利。除此之外，依據“Bermuda Statement”（百幕達協定)，Celera 還承諾每季公布新的定序結果，但是卻不允許這些資料被轉移或是應用到商業界。

在 2000 年 3 月，當時的美國總統 Bill Clinton 宣布基因體計畫的結果將完全免費提供給所有的研究者使用，而且此計畫所發現的基因也不可以被申請專利。這個宣布不僅重創了 Celera 的股價，同時也在兩天之內，將那斯達克生技股的股價市值縮水約五百億美金。

雖然人類基因圖譜的草圖於 2000 年 6 月公布，但是更完整的基因序列資料直到 2001 年 2 月才由 Celera 和 HGP 的科學家公布，並且將此計畫用來進行初步基因序列與分析的方法發表於《自然》與《科學》期刊中。這個基因圖譜預期涵蓋人類整個基因體 90%的架構(scaffold)，而其中 10%的空隙會在未來補上。

Celera 起初同意將自己所定序的資料放入公共的 GenBank 資料庫中，但是最後卻反悔；由於之前 Celera 已經將政府部門所定序的結果納入自己公司的私人資料庫中，但卻禁止公眾的使用。在 2003 年 4 月，由政府部門與 Celera 公司一同發表聯合新聞稿，宣布 99%的人類基因序列已被完成，並且其準確性高達 99.99%。每一個基因序列均至少重複被檢查了四、五次以上，而 47%的結果是由高品質的基因定序而來，因此最後基因圖譜的錯誤率低於萬分之一。

人類基因體計畫是幾個國際性基因體計畫其中的一個，其他針對不同生物體的同性質計畫，還包括有：老鼠(mice)、果蠅(fruit flies)、班馬魚(*Zebra Danio*)、酵母菌(yeast)、線蟲(nematodes)、以及許多的微生物與寄生蟲等等，這些生物的基因體計畫已經陸續完成。

最早期人們估計人類約有二百萬個基因，後來這個數目降到三到四萬個基因；但在人類基因體計畫完成之後，在 2004 年 10 月，"International Human Genome Sequencing consortium" (IHGSH)的科學家們則估計人類只有二萬到二萬五千個基因，比原先預期的 3 萬到 4 萬個基因，少了很多，令許多科學家驚訝。

Info 10-1 百慕達協定

百慕達協定（"Bermuda Statement" 又稱為 "Bermuda Principles" 或 "Bermuda Accords"）是在 1996 年由參與人類基因體計畫的科學家們在北大西洋英屬的殖民地 "Bermudas" 召開的會議中所簽署的協定。這項協定的主要目標是讓科學家們在第一時間內就能免費共享正式公布前的基因序列資料，其中包括了三項大原則：

- 自動發布超過 1kb 且已組合完成的 DNA 序列（最好在 24 小時內發布）。
- 立即發布已完成解譯的基因序列。
- 人類基因體計畫的終極目標在使整個人類基因序列能儲存於公共資料庫中，並且免費作為研究與發展用途，以期對社會有最大的利益。

10-3 人類基因體計畫的目標

原先人類基因體計畫的目標希望以最少的錯誤率來定序 29 億 1 千萬個位於人類染色體上的核苷酸序列，並且來確認其所包含的所有基因。另外一個目標，則是希望能發展更有效率定序 DNA 與其分析的方法，以便將來能將這些技術轉移至產業界。所有定序出來的 DNA 序列，存於美國的“U.S. National Center for Biotechnology Information (NCBI)”（國家生技資訊中心）以及其在歐洲以及日本的聯盟機構的「基因庫」(GenBank)中。此外，其他的機構像是“University of California, Santa Cruz”和“ENSEM BL”還存有其他的基因資因和分析及解譯基因的軟體工具。這個利用軟體來確認與分析初步定序出來的 DNA 序列中基因所存在的位置的過程，稱之為「基因體解譯」(genome annotation)，而這門學問就稱之為「生物資訊學」(Bioinformatics)。除此之外，HGP 也希望能利用所得的基因體資料來研究基因在倫理、法律與社會所顯示的含意與關聯性，並且在這些基因資料對人類社會可能造成大問題或是有任何政治上的憂慮時，可以事先找到解答來避免問題的發生與擴大。

目前所發表的資料，只用來代表人類普遍而共通的基因序列，無法用來闡釋人類個體之間基因差異性；所以後來科學家採用「單核苷酸多型性」(single nucleotide polymorphism, SNP)來研究人類個體之間基因的差異性，這有助於未來個人化藥物(personalized medicine)的開發、疾病的研究等等。因此，人類基因體計畫的延伸，將以尋找人類個體間的基因差異(genetic variant)為主，希望能找到與癌症、失智症、糖尿病等重大疾病的基因關聯性。美國國家衛生院(National Institutes of Health, NIH)於是在 2002 年開始一個名為“International HapMap Project”的 1 億 3 千 8 百萬美金的大型計畫，就是希望研究不同人種間 SNP 的差異，以便未來能將歐洲、東亞及非洲人種共同的基因差異性歸類。HapMap 計畫的 DNA 樣本來自於不同地區的 270 個人，這些地區包括：東京的日本人、北京的漢人、奈及利亞伊巴丹的約魯巴人(Yoruba)以及法國 Centre d’Etude du Polymorphisms Humain (CEPH)的基因型資料庫。

Info 10-2 單核苷酸多型性（SNP）

SNP (single nucleotide polymorphism)是指兩同種個體間，在染色體上相同位置的 DNA 片段上所出現的單核苷酸的差異（圖 10-1），這些 SNP 可以在基因或是非基因的位置上出現。目前藥廠和生技公司正在積極尋找藥物的藥效與 SNP 之間的關聯性。例如，Genentech 公司早期研發的抗病毒生技藥物干擾素α，可用來治療 B 型或是 C 型肝炎病毒的感染，但是此項藥物卻只對約 30%的病人有效，對另外 70%的病人無效，因此科學家們便想瞭解干擾素α在治療肝炎病毒感染上的差異是否與病人個體間的 SNP 差異有關。如果能確認出與藥物藥效相關的 SNP，則病人在用藥前就可以事先接受篩選，以避免醫療資源的浪費。這樣的概念，也就是所謂的 “Personalized Medicine”（或稱為 “Individualized Medicine”，個人化醫療）。

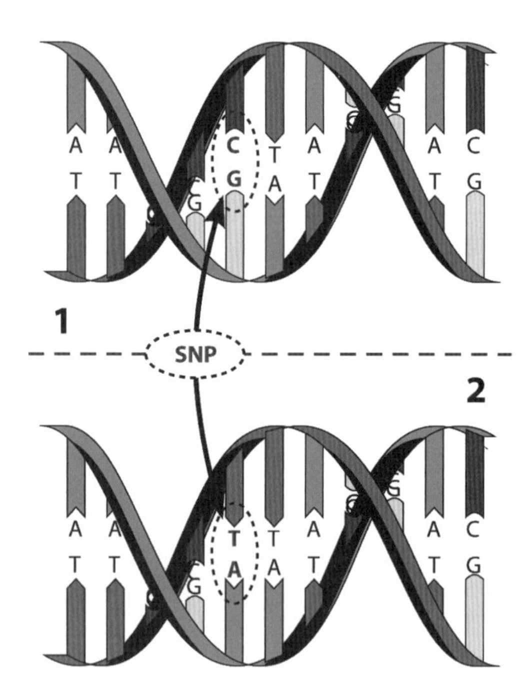

圖 10-1　SNP 的圖示。上圖與下圖分別代表兩個同種個體，在相同的染色體位置上出現的單一核苷酸的差異。

圖片來源：Wikimedia Commons；圖片作者：David Hall (Gringer)

10-4 人類基因體的定序方法

人類基因體計畫所廣泛採用的定序方式乃結合「細菌人造染色體末端定序法」(Bacteria Artificial Chromosome end sequencing)和「Whole genome shotgun sequencing」（全基因體隨機定序法）兩種方法。這些定序方式是將人類的染色體先切割成長度約 150,000 base pairs (150 kb)的 DNA 片段，然後接入人造的細菌環狀染色體（Bacteria Artificial Chromosome (BAC)，細菌人造染色體）。之後，再將此種人造染色體經細菌的複製增殖後，分解成更小的 DNA 片段，再接入質體(plasmid)中，最後經自動化定序完成。所得到的小片段 DNA 序列，經過比較對齊(align)之後，就得到人類基因體的完整序列（圖 10-2）。

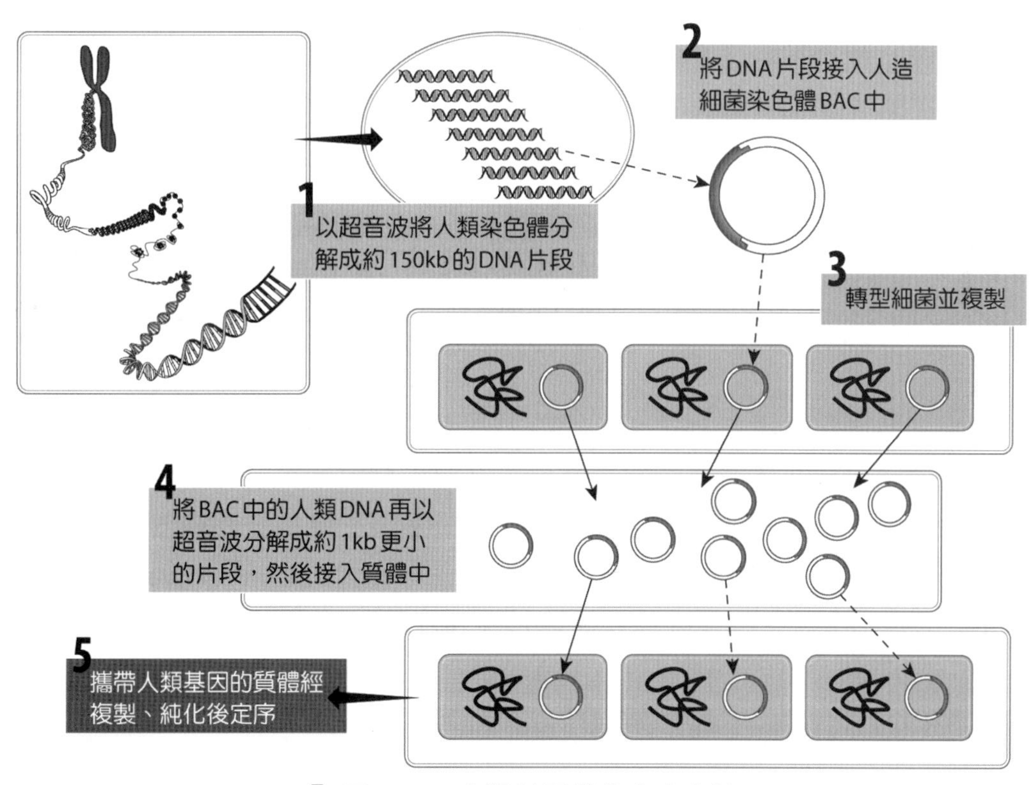

圖 10-2 人類基因體的定序方法

10-5 人類基因體所產生的效益

雖然人類基因體計畫整個 DNA 的定序已經完成，但是基因功能的研究則是人類此後最重要的醫學研究方向之一，同時也期待從人類基因體計畫所得到的知識，能在可見的未來提供對醫學和生物科技一個新的展望與進步。事實上，在計畫尚未完成之前，已經有生技公司開始將這些知識應用於醫學檢驗上：例如 Myriad Genetics 公司早就開始以較以往更為簡單的方法，將基因圖譜的結果應用於乳癌、凝血異常(disorders of hemostasis)、囊狀纖維化(cystic fibrosis)、肝病以及其他許多疾病的篩選上。而且，也可能在未來應用於癌症、阿茲海默症等重大疾病的病因研究與疾病的治療。除此之外，對於生物醫學家也有很多的好處，例如，研究癌症的科學家可以將研究範圍縮小到某些可能相關的基因上，或是可以得到某些基因的三度空間結構、可能的生物功能，甚至是在基因演化上與其他物種如老鼠、果蠅、酵母菌等的相關性。更進一步的來看，以基因的角度來研究疾病的發生，有助於新治療方式的出現。

10-6 人類基因體計畫衍生的倫理、法律與社會問題

在人類基因體計畫執行之初，伴隨著基因知識的增加，人類基因體計畫衍生的倫理、法律與社會問題也開始浮現。例如一般民眾可能會害怕他們的雇主或是保險公司，會因為他們攜帶有健康疑慮的基因，而拒絕聘雇或給予投保。因此，美國在 1996 年便通過“Health Insurance Portability and Accountability Act (HIPAA)”，禁止在非授權及非授意的情況下，洩露個人健康情形的資料。另外，在 1990 年人類基因體計畫為因應可能發生的問題，也開始進行“Ethical, Legal, and Social Implications (ELSI) program”（倫理、法律和社會問題研究計畫），並成為人類基因體計畫的一部分。其目標是希望促進在個人、家庭和社區與遺傳和基因相關的倫理、法律和社會問題的基礎和應用研究。該 ELSI 研究計劃資助並管理相關的研究計畫案，支持研討會與相關的政策會議的舉辦。不過，ELSI 研究計畫因太局限於個人的權益，忽視群眾的利益，也招致批評。

事實上，臺灣過去也曾經發生學者因採集原住民唾液進行研究，引發部落族人抗議。事件發生後，國科會也召開學術倫理審議委員會，裁定該學者違反「醫學研究倫理」，發函糾正。這些事件顯示民眾已經開始強烈意識到保護個人基因資料的重要性。另外，臺灣國科會曾有意以 68 億元經費來建置「臺灣人體生物資料庫」，當時計畫在 12 年內採集 30 萬名民眾血液，以研究臺灣人遺傳疾病並開發相關的新藥與治療方法。但是因醫學倫理研究學者極度憂慮相關的基因個資外洩，該計畫差點胎死腹中。「臺灣人體生物資料庫」自 2003 年 8 月進行可行性的評估，直到 2012 年才獲當時的衛生署核准設置。該計畫將以 12 年時間，蒐集 20 萬名健康參與者及 10 萬名疾病患者的生物資訊，提供研究使用。至 2022 年 10 月底為止，已經蒐集超過 18 萬人的資料。（資料來源：「臺灣人體生物資料庫」官方網站）

議題討論與家庭作業

1. 請探討「單核苷酸多型性」(single nucleotide polymorphism, SNP)與「個人化藥物」(personalized medicine)之間的關係。
2. 何謂「HapMap」？並請討論該計畫的最新進展。

學習評量

1. 人類基因體計畫(HGP)最早是由美國政府的哪個部門所提出的？後來是由哪個部門所負責執行的？
2. 在 1988 年至 1992 年間，負責執行人類基因體計畫的美國國家衛生院(NIH)人類基因研究中心(National Center for Human Genome Research)的主任是誰？
3. 美國科學家 Craig Venter 以何種基因定序的策略來加速基因體計畫的完成？他並且利用民間集資的方式，創立了哪家目的與人類基因體計畫宗旨相似的生技公司？
4. 何謂百幕達協定（Bermuda Statement，又稱為 Bermuda Principles 或 Bermuda Accords）？

Chapter 11

Flavr Savr 番茄與基因改造食品

Flavr Savr Tomato and Genetically Modified Foods

- 11-1 Flavr Savr 番茄
- 11-2 Flavr Savr 番茄誕生大事紀
- 11-3 基因改造作物的發展歷程
- 11-4 基因改造作物的發展趨勢
- 11-5 基改作物與其衍生食品的裨益與爭議

11-1 Flavr Savr 番茄

在 1994 年 5 月 18 日，美國的“Food and Drug Administration (FDA)”（食品與藥物管理局）核准了一種名為“Flavr Savr”的生物科技食品。它是一種經過基因改造的番茄，與一般傳統方式培養的番茄具有相同的安全性，但是卻比較不容易腐敗。一般傳統栽培的番茄必須在尚未成熟之前採收，也就是顏色未由綠轉紅前必須由產地運送至市場，然後再經由乙烯(ethylene)催熟。這樣就可以避免番茄在運送的過程中，因過熟而腐敗。基因改造番茄 Flavr Savr，有較長的成熟期，可以等到番茄在樹上成熟並具有較香的味道與較韌的果皮後，才開始採收，而不會在運送過程中腐敗或是外觀受損。Flavr Savr 是利用反股 RNA 技術(Antisense RNA Technology)，將引起番茄成熟的聚半乳糖醛酶基因(polygalacturonase, PG)破壞掉，以延緩番茄成熟的時程（圖 11-2）。

圖 11-1　番茄

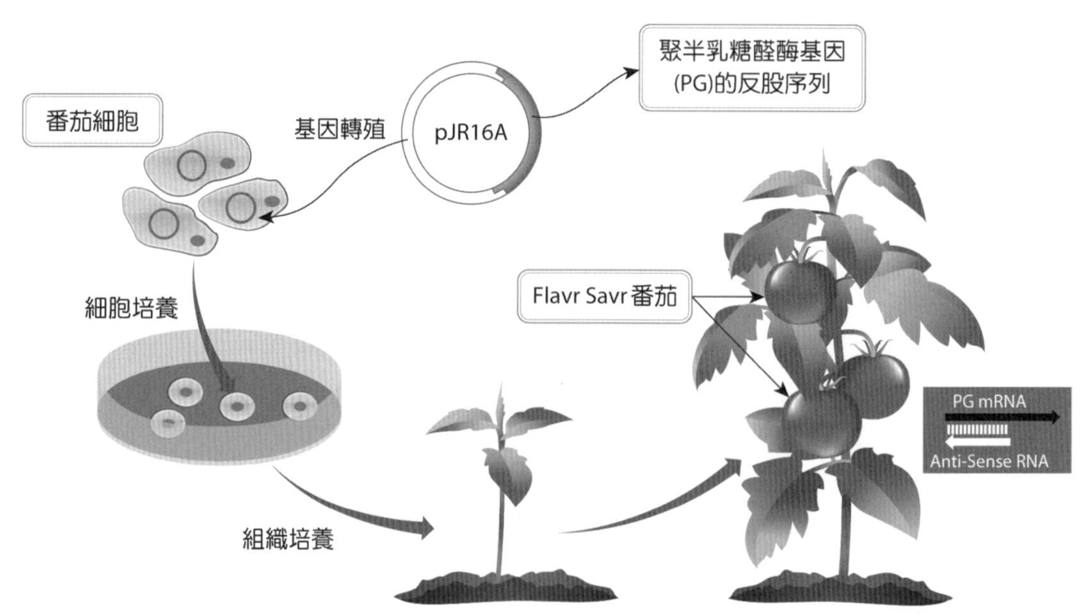

圖 11-2　Flavr Savr 番茄的創造過程

Flavr Savr 番茄由美國加州的生技公司“Calgene”(Calgene, Inc.)所發展出來。Calgene 在 1987 年獲得番茄 polygalacturonase 基因序列的專利權，並結合反股 RNA 技術(Antisense RNA Technology)，以延長番茄的成熟期。在 1990 年，這家公司就要求 FDA 審核「鏈黴素抗藥性基因」(kanamycin resistance gene, kan-r gene)於番茄、棉花和油菜上的使用。鏈黴素抗藥性基因可以用來確認基因改造的植物是否表現出某些經改造過後的性狀，而這項技術應用在這些基改植物，就是要篩選出具有“anti-PG RNA”的番茄。這項申請隨後在隔年就被 FDA 核准。緊接著在 1992 年，美國的農業部也允許 Calgene 將鏈黴素抗藥性基因應用於番茄的大規模生產。Flavr Savr 番茄終於在 1994 年中獲得美國 FDA 的核准上市，但是來自於傳統的長儲存型(long-shelf-life, LSL)番茄的雜交變異種的競爭，以及 Flavr Savr 番茄本身的生產問題，這種基改番茄的上市並未替公司帶來利潤，導致 Calgene 公司在 1995 年為孟山都公司(Monsanto company)所收購。

在 1996 年的夏天，另一家生技公司 Zeneca 也利用類似 Flavr Savr 番茄的技術，將基改番茄製造成番茄醬(tomato paste)銷售到歐洲。當時這種由基改番茄製成的番茄醬，無論在食品標示或是價格上，都可以被歐洲的消費者所接受。但是在狂牛症(Mad cow disease)爆發之後，歐洲消費者的態度有了 180 度的轉變，他們開始對政府在食品安全方面的把關失去信心，這也殃及了基改食品，因此強烈反對孟山都公司將基因改造的黃豆（稱為 Roundup-Ready soybeans）進口到歐洲。

雖然 Flavr Savr 番茄在 1994 年中獲得美國 FDA 的核准上市，而且也是第一個被核准的基因改造食品(genetically modified food)，但是卻也引來大眾對於這類食物的疑慮。很多人開始提出疑問：Flavr Savr 番茄是如何被創造出來的？它對人體健康有沒有影響？會不會引起人體的過敏？它會不會危害環境或生態？它所含的外來基因會不會轉移到其他物種的生物上？Calgene 公司是不是創造出了類似科學怪人(Frankenstein)的「科學怪番茄」(Franken food)呢？種種的疑慮在北美引起了很多的辯論與討論，也引起了其他國家對於這類基改食品的注意。由於抵擋不住社會大眾的疑慮，再加上專利侵權(patent infringement)的官司，Calgene 公司在 1997 年決定讓這種番茄從市場上撤出，世界上第一個商業化的基因改造食品至此壽終正寢。

11-2 Flavr Savr 番茄誕生大事紀

- Calgene 公司在 1990 年 11 月開始向 FDA 申請“nptII selectable marker”在食物上的使用核准，當時該公司並不希望 FDA 將該申請案件當作機密來處理，反而積極的希望能將該案件相關的資料與議題公諸於世。
- FDA 在 1991 年 5 月公布了它們對於此項篩選基因的瞭解，並且希望能得到大眾對於這種使用於食品的篩選基因的意見(comments)。結果只收到 43 個意見。
- 1991 年 8 月，Calgene 公司更進一步的向 FDA 第二次提出了整個番茄上市許可的申請案。
- 1992 年 5 月，FDA 發布了對於基改食品的政策，並且認為這項技術使用於食品中，和原來的食品在人體健康上並沒有相異。然而，當時這項消息並不是直接由 FDA 發布，反而是借由不太受人重視的“Dan Quayle's Council on Competitiveness”媒體所發布出來的。
- 1993 年 1 月，諮詢委員會將此類基改食品的申請轉變成食品添加物的訴願申請(food additive petition)，此舉使基改食物的申請案需要更嚴格的審查，並且需要 FDA 更高階層且更正式的核可。
- 1993 年 3 月，Calgene 公司向 FDA 遞交了最終的資料，其中包括了重要的毒性試驗，FDA 並回覆該公司已經完成所有的申請手續。
- 1993 年 3 月，Calgene 公司重新向 FDA 繳交環境評估報告(environmental assessment)。20 天之後，FDA 公布了它的評估意見，並且徵求外界的看法，但是並沒有獲得外界任何的看法。
- 1993 年 11 月，FDA 核准了牛生長素(BST, bovine somatotropin)的使用，BST 在畜牧業上的使用可以促進牛乳產量的增加，但是酪農卻不喜愛使用 BST。所以 BST 搶在 Calgene 公司之前核准，似乎意味著 FDA 傾向基改食品的核准，這可能會造成某些爭議。

- 1994 年 2 月，食物諮詢委員會舉辦了此項基改番茄的公聽會，但是這項公聽會後來被取消並且重新再安排日期。因為這項公聽會的延遲，使得 Calgene 公司不得不解聘了一些員工，以維持開銷。
- 不久之後，持續三天的公聽會終於召開，食品安全中心(Center for Food Safety)發表了他們對於此項基改番茄的意見，認為此種食品的安全無虞。
- 1994 年 5 月 18 日，此項基改番茄的核可終於傳真給 Calgene 公司。這是美國也是全世界首次核准完全利用生物技術的方法所製造出來的食品，而且這種方法似乎比傳統的植物雜交來的更有效率、安全，並且也更為精確。這項核准更確立了 FDA 在 1992 年 5 月所頒布的相關政策。(資料來源：NBIAP News Report. U.S. Department of Agriculture (July 1994))

基因改造生物（genetically modified organism, GMO；基改生物）是指遺傳物質以基因工程技術(genetic engineering techniques)所改造的生物體；這些改造包括生物的基因體(genome)被突變、刪除或增加的過程。這些被改造過的 DNA 就稱為「重組 DNA」(recombinant DNA)，而這些生物就稱為基因轉殖生物(transgenic organism)。目前最普遍的作法是將來自於他種生物的基因轉殖入被改造的生物基因體中，並可在子代中延續並表現出相對應的蛋白質及其性狀。這種外來基因轉殖入生物體的方式又稱為「Transgenesis」，而這也是造成消費者疑慮最多的地方。

基因改造生物主要是用於生物醫學研究、藥物生產、基因治療與農業方面；不過農業方面的應用，似乎爭議越來越大，尤其基因改造的食品，讓越來越多的民眾望而卻步。所謂基因改造食品（簡稱基改食品）是指食品的部分或是全部來自於基因改造生物。這些 GMO 涵蓋了植物、動物與微生物等等。目前最主要的基改食品是來自於基改作物(GM crop)，其中最常見的有：黃豆(soybean)、玉米(maize)、芥菜(canola)和棉花(cotton)等。利用植物雜交(plant breeding)的方式來改良品種以促進農產量的增加，在人類社會舊有的生活中，有著非常好的成效並且也扮演非常重要的角色。在 1990 年代之後，生物科技突飛猛進，使得人類開始有能力利用新一代的基因工程，來取代繁瑣且費時的雜交程序，而能精確的將某種預期的性狀導入生物體中。

除了基改食品的爭議外，基因改造生物在其他應用方面顯得更有益處。例如位於美國馬薩諸塞州的生技公司 rEVO Biologics（舊稱：GTC Biotherapeutics）應用基因轉殖技術，從山羊的乳汁中分泌人類重組抗凝血酶(human recombinant antithrombin)，在西元 2009 年 2 月被美國 FDA 核准，用來治療先天性凝血酶缺乏病人(hereditary deficient patients)在手術或生產前後所引起的栓塞併發症(thromboembolism)。這種商業名稱為 ATryn®的抗凝血酶，是世界上首例獲得 FDA 核准由轉殖基因動物(transgenic animals)所生產純化的蛋白質藥物。其他利用玉米生產如單株抗體的蛋白質藥物的研究，也一直都在持續著。

11-3 基因改造作物的發展歷程

過去傳統的生物科技著重於動植物的雜交育種，以培育出具優良品種的農作物或是圈養動物等。尤其孟德爾在豌豆遺傳性狀的研究成果重新被重視之後，農作物的雜交技術，已成為增加農產量與增進農產品質的重要基礎。過去幾十年來，傳統植物雜交育種技術的高度發展與應用下，成功改善發展中國家貧窮農民的生計。1992~1998 年間，中國在植物雜交的農業研究上的投資，不僅提高了農作物的產量，同時也間接降低了都市購買食物的成本，因此增加了農產品的銷售，進而大幅度的改善了農村的經濟。這種因植物雜交所造成的農村生活改善，也同樣發生在印度、菲律賓和孟加拉等開發中國家。隨著工業社會快速的進展，傳統的植物雜交育種方式似乎已趕不上時代的腳步，因此現代的基因工程技術便開始取代原有的植物雜交方式。從 1970 年代開始，重組 DNA 技術的快速發展，使得人類有能力更精確且更有效率的來改良生物品種。這種基因工程進步的具體象徵就是轉殖生物技術的成熟；也就是說，人類有能力將外來的基因轉殖入生物體內，以達到類似雜交育種的目的。在植物方面，主要是利用轉殖基因技術將可以抗病蟲害的外來基因殖入農作物中，以降低病蟲害可能造成的農業損失，同時也可以減少農藥的使用量，不僅可以促進經濟的繁榮，對環境保護方面，也有積極而正面的意義。西元 1982 年首次成功將基因轉殖技術應用在植物細胞—petunia 上，並且證明可以將轉殖基因的性狀傳至下一子代。尤其在西元 1983 年發明 T1 質體(T1 plasmids)讓植物細胞的基因轉殖更為方便。

早在西元 1928 年歐洲便開始小規模的利用劑型化的 *Bacillus thuringiensis*（Bt，蘇力菌）來控制玉米鑽孔蟲(corn borer)的危害。法國則在 1938 年開始商業量產此種生物性的殺蟲劑。*Bacillus thuringiensis* 是一種生長在土裡的革蘭氏陽性菌，會形成具殺蟲作用的結晶狀物質 δ-endotoxin (cry toxins)，造成蛾類和蝴蝶幼蟲的疾病；因此，科學家將 cry 基因轉殖入農作物以達到抗蟲害的目的。1980 年代，科學家們將細菌的 cry 基因轉殖入棉花中，使得這類的基因轉殖棉花(GM cotton)具有抵抗病蟲害的特性，就如同用傳統的雜交育種方式來篩選出具此種性狀的優良品種一般，可以有效的減低農藥的使用量，進而降低農作物的種植成本且增加單位面積的收獲量。西元 1989 年首次核准基因改造以抗病蟲害的(Bt)棉花的田間試驗。1986 年，基因轉殖菸草的田間種植也試驗成功，並由美國環境保護局(The Environmental Protection Agency, EPA)核准使用。第一個將基改菸草商品化的公司為“Plant Genetic Systems”（位於比利時，由 Marc Van Montagu 和 Jeff Schell 兩人創立），在 1987 年發表，也是屬於 Bt 改造的植物。1987 年首次進行抗病毒感染的基改番茄的田間試驗。同年，第一個由 Advanced Genetic Sciences, Inc.研發出來的基因改造的抗霜細菌—Frostban，被核准使用於加州 Contra Costa 郡戶外種植的草莓與馬鈴薯上，以抵抗霜害。1990 年創造出第一株可以抵抗病蟲害的玉米品種—Bt corn，而且 Calgene Inc.公司開始試驗種植一種經基因改造可以抵抗除草劑—Bromoxynil 的棉花品種，並於 1994 年核准在歐洲販售。1991 年美國農業部(US Department of Agriculture, USDA)首次核准 DNA Plant Technology 公司，進行一種稱為“Fish tomato”（魚番茄）的基改作物的田間試驗(field test)。不過因消費者的疑慮，這種基改作物始終未被商業化。1995 年 Bt 番茄被美國環境保護局(EPA)核准上市，同年陸續有 Calgene 公司的芥菜(canola)和抗除草劑 bromoxynil 的棉花、Monsanto 公司的 Bt 棉花和抗除草劑 glyphosate（嘉磷塞）的大豆、Ciba-Geigy 公司的 Bt 玉米、Asgrow 公司的抗病毒南瓜(squash)…等被核准上市。1997 年可以抵抗雜草與蟲害的生技農作物“Roundup Ready® soybeans”和“Bollgard® insect-protected cotton”的商業化，而且商業化量產的生技農作物(Biotech crops)，在阿根廷、澳洲、加拿大、中國、墨西哥與美國等國，此時已有約五百萬英畝的種植面積。2000 年抗病毒感染的基因改造的馬鈴薯，第一次在肯亞(Kenya)獲准試種。2001 年科學家將 *Arabidopsis* 中的一個基因轉殖到番茄中，而創造出第一株可以在高鹽的水及土壤中生長的基改作物。2003 年英國核准第一個抗雜草的生技農作物—玉米的生產，以提供足夠的飼料來餵食牛群。同年美國環境保護局(EPA)核准抗蟲害的玉米的種植，估計每年可以幫農民省下十億美金的農產損失與殺蟲劑的使用費用。中國是第一個允許商業化基改作物種植的國家，於 1992 年種植病毒抵抗性的菸草，不過在 1997 年停止。2010 年 Monsanto 公司試圖透過他們的子公司 Mahyco，將 Bt 茄子(brinjal)引進印度，但是因公民團體的疑慮，所以沒有成功。不過同年，經過 20 年的努力，基因改造的 Amflora 番茄以產業用途名義核准進入歐盟販售。

從 2002 年至今，Bt 基因轉殖棉花的種植為印度的棉花工業帶來了非常可觀的經濟收益。Bt 基因的轉殖作物，是目前在經濟農作物抗蟲害上最為廣泛的應用，和可抵抗除草劑 glyphosate 的基改作物，是轉殖作物中最顯著的成就。

這些基改作物(genetically modified crops, GM crops)或稱為轉殖基因作物(transgenic crops)的進步在 1990 年代開花結果，大量基改食品出現在市場上，其中最常見的有：黃豆(soybean)、玉米（英國稱為 maize，美國與澳洲則稱為 corn）、芥菜(canola)和棉花(cotton)等。第一個完全應用生物科技所創造的基因改造食品“Flavr Savr”番茄在 1994 年核准上市之後，緊接著在 1996 年便有可抵抗蟲害的基改棉花與抵抗除草劑的黃豆被引進美國與澳洲。除了歐盟(European Union)以外，這些基改作物在美國以及其他像是阿根廷(Argentina)、巴西(Brazil)、南非(South Africa)、印度(India)和中國(China)等開發中國家大量栽種，因為在這些開發中的國家，農業收入佔了國家經濟來源的大部分。

由於全世界的人口總數持續的增加，但是耕地面積的成長卻非常有限，甚至還因工業的過度發展，以及極端氣候的影響，反而可能縮減耕地的總面積，如此導致全球糧食的供應變的極為吃緊。因此增加單位耕地面積的農作物產量，有其迫切的需要性。而目前此迫切問題的解決方案之一，就是擴大基改作物的栽種面積。從 1990 年代中期開始，基改作物的種植面積持續的增加。到了 2000 年，在全世界六大洲超過四十個種植基改作物的國家裡，共有約一億零九百二十萬英畝(acres)（約合 442,000 km^2）的種植面積；這些種植的基改作物除了上述所提的可抵抗蟲害／除草劑的黃豆、玉米、芥菜和棉花以外，還包括了抵抗病毒感染的甘藷(sweet potato)、富含鐵質與維生素的基因轉殖米（又稱為黃金米“golden rice”）、富含胺基酸 lysine（離胺酸）的玉米（主要當作動物的飼料）以及可以在極端環境下生長的各種農作物等。尤其研發可以抗旱、抗鹽、耐酸、耐熱或氮源需求少的基改作物，是目前生技產業在農業經濟方面的重要發展趨勢。2000 年宣布開始實施「黃金米」計畫(golden rice)，允許開發中國家(developing countries)使用相關的生物技術，以改善這些國家人民營養不良的情形，並且預防可能導致的眼盲問題。

從 1996~2005 年間，基改作物的種植面積，增加了 50 倍，從原先 1996 年的 420 萬英畝（約合 17,000 km^2），2002 年的 1 億 4 千 5 百萬英畝（約合 587,000 km^2），2003 年的 1 億 6 千 7 百萬英畝（約合 676,000 km^2），2004 年的 2 億英畝（約合 809,000 km^2），增加至 2005 年的 2 億 2 千 2 百萬英畝（約合 900,000 km^2），至 2016 年，全球基改作物的種植面積更遠高達 4 億 5 千 7 百萬英畝。其中美國擁有約 43%的種植面積（2013 年統計數字）。雖然如此，近年來，美國以外的國家，基改作物的種植面積也開始大幅度的增加。例如在巴西，種植基改黃豆(GM soybean)的面積從 2004 年的 50,000 km^2，增加至 2005 年的 94,000 km^2。這種擴增情況也同樣發生在以種植基改棉花(GM cotton)為主的印度，棉花是印度食用植物油與動物飼料的主要來源。在種植基改棉花的這段期間內，印度全國的棉花生產量增加了約 50%。

在 2005 年，全世界的農作物是由 21 個國家共 850 萬的農民所種植的，其中 90%是屬於開發中國家的貧窮農民所種植的，這些農作物中有 60%的黃豆、28%的棉花、18%的芥菜和 14%的玉米均屬於基改作物，這樣的比重預期還會持續的增加，由此可見基改作物在全球農業發展的重要性。據 2006 年的統計，在美國有 89%的黃豆、83%的棉花和 61% 的玉米都屬於基改作物。事實上，這些數據都是逐年增加（表 11-1）。

有別於將非植物的外來基因，或是來自於非可交配的異種植物的基因，轉殖入其他植物的 Transgenesis 方法，經「Cisgenesis」改造的作物，民眾的接受度似乎比較高。Cisgenesis 指將外來植物的基因，轉殖入交配相容的(sexually

表 11-1　2010 & 2013 年主要基改作物種植國家之種植面積與作物種類

國家	基改作物種植面積（百萬英畝）		2009 年全部農作物種植面積（百萬英畝）	2010 年基改作物種植面積比例	基改作物種類
	2013 年	2010 年			
美國	70.1	66.8	403	16.56%	Soybean, Maize, Cotton, Canola, Squash, Papaya, Alfalfa, Sugarbeet
巴西	40.3	25.4	265	9.60%	Soybean, Maize, Cotton
阿根廷	24.4	22.9	141	16.30%	Soybean, Maize, Cotton
印度	11.0	9.4	180	5.22%	Cotton
加拿大	10.8	8.8	68	13.02%	Maize, Soybean, Canola, Sugarbeet

compatible)異種植物中，因為這些轉殖基因攜帶有基因本身原有的啟動子(promoter)、結束子(terminator)及內子(intron)等相關的整組 DNA 序列及其調控機制，一般認為這種將自然產生的基因轉殖入植物的方式，似乎與傳統的雜交育種方式類似，對人體健康應該無害，對環境也相對友善。此外，科學家也嘗試利用交配相容植物間的基因，結合這些植物內其他基因的調控片段(regulatory sequences)，來進行基因改造植物的研發，這種轉殖方式稱為 Intragenesis。

因為基改作物的商業化全球尚未達到一致的共識，各國對於由基改生物而來的基改食品的規範，有著截然不同的作法。美國政府對於基改食品採取了非常積極而正面的開放態度，這最主要是因為美國在基改生物的研發上居於領先的地位，並且這類食品的產值也逐年增加。此外，嚴謹的學術研究，發現基改食物在安全性也和一般傳統的食物並無顯著的不同，但是基改食物卻有更多的好處。因此，美國政府一再的宣稱基改食物的安全性無疑。然而，歐盟和日本則持較保守的態度。這些國家對於基改食品要求進一步的產品標示(labelling)與確認產品的可回溯性(tracebility)，但是在美國上市的基改食品卻不需要這些繁瑣的法令規範，甚至還認為因安全性的疑慮而禁止銷售基改食品或設下重重的貿易障礙，是嚴重違反自由貿易協定(free trade agreements)的行為。基改食品的貿易與販售，相信在不同的國家間，還會持續爭議一段時間，直到更有力而公正的科學證據能證明基改食物的安全性確實無虞為止，當然消費者也必需以冷靜而客觀的態度來看待基改食品。

11-4 基因改造作物的發展趨勢

生物製劑也就是所謂的治療用蛋白質是當今生技產業主流發展的領域。從1970 年代以大腸桿菌(*E. coli*)當作生產蛋白質的系統開始，科學家們陸續開發了以其他真核細胞，像是酵母菌(yeast)、昆蟲細胞(insect cells)和哺乳動物細胞(mammalian cells)等的蛋白質表達系統，其中單株抗體藥物幾乎都是由哺乳動物細胞（如 NS0、CHO 細胞）所生產。商業用的蛋白質需要使用極為龐大的生物反應器(bioreactor)來生產，生物反應器體積通常需要 12,000~15,000 公升才敷商業使用，並且也需要繁複的細胞培養程序以及高度訓練的人員來操作，加上冗長的製程研發(process, development and production)，因此蛋白質的生產成本相當的昂貴，這也是蛋白質藥物售價居高不下的另一個主因。由於生物製劑在人類疾病治療方面的用途後勢看好，尋求成本更低、規模更大的蛋白質生產方法，是生技產業界所積極開發的。1990 年代基改作物的成功，讓科學家們開始思考是否可以應用基改作物生產人類治療用的蛋白質或疫苗。例如科學家們就著手嘗試利用基因改造的香蕉來生產 B 型肝炎疫苗，或是利用基因改造的玉米來生產治療用的單株抗體藥物。例如，美國加州地區的生技公司也發展出基因改造的稻米，用以治療幼兒的腹瀉(diarrhea)。在非洲、部分的拉丁美洲與亞洲，腹瀉一年會造成這些區域 200 萬個五歲以下兒童的死亡，致死率高居孩童傳染性疾病的第二位。

因此，從基改作物分離出治療用的蛋白質，或是直接食用這些基改作物以達到治療或預防疾病的目的，已經是農業生物科技發展的重要課題。

11-5 基改作物與其衍生食品的裨益與爭議

目前市面上大部分販售的基改食品，在農業經濟上都有莫大的利益，最主要的原因就是生產這些基改食品的基改作物普遍對除草劑(herbicide)與蟲害具有抵抗性。相較於基改作物對於已開發國家的經濟效益，其對開發中國家經濟發展的重要性更為顯著，因為開發中國家的經濟來源，有很大的部分是來自於農業的生產，這和已開發國家著重於工業的發展，是截然不同的。除此之外，基改作物的大量栽種，減少了石化燃料的使用量，因此大幅的降低二氧化碳的排放量。2004 年的調查資料顯示，因為基改作物的栽植，總共減少了相當於 100 億公斤的二氧化碳排放量，並且在美國、澳洲和印度也大量減少化學殺蟲劑的使用量。因此，基改作物的種植不僅改善貧窮農民的生活、提供消費者多一種的選擇，同時也穩定食物的來源和保護環境等等。

相對於基改作物與食品的好處，過去使用基改作物與食品的經驗，也開始引發了一連串的爭議，這些爭議圍繞在幾個與人類健康、環境安全、基改食品的標示與消費者的權益、基改食品的智慧財產權、社會的倫理道德觀感、基改食品的安全性、貧窮的改善與環境的保護等相關的問題上。

2004 年美國國家食品與農業組織(The United Nations Food and Agriculture Organization, FAO)對基因改造農作物的安全性背書，表示這些基改作物可以幫助發展中國家的窮苦農民。另外，美國國家科學院醫學組(The National Academy of Sciences, Institute of Medicine, IOM)的科學家也宣稱基因轉殖的農作物，和傳統方式栽種的農作物相比之下，對人體健康並沒有特別的危險性，同年 FDA 也發布基因改造小麥對人體健康的安全性無虞的研究報告。在 2006 年之前，共有超過 100 篇以上，以基因改造作物當作人類食品或是動物飼料，以及其對環境影響的研究報告發表。這些科學研究應用了先進的生物技術，例如蛋白質體學(protomics)和生物代謝學(metabolomics)，來研究這些基因改造食品經人類或動物食用後，其所含的轉殖基因和所表達的蛋白質對人體的影響與在人體內代謝的途徑。目前的結果顯示，基改作物在營養成分上均與其相對的非基改作物無異，而且也沒有任何科學證據顯示基改作物的重組 DNA 或是蛋白質會殘留在其所飼養動物體內的任何器官之中。這些科學研究也顯示，基改馬鈴薯(GM potatoes)和傳統種植的馬鈴薯的化學指紋(chemical fingerprinting)分析上，是無法區別的。

此外，基改作物因具有防蟲害的優點，研究結果也發現，基改玉米(GM maize)可以有效的降低 mycotoxin 的含量。Mycotoxin（真菌毒素、黴菌毒素）是由黴菌所製造出來的一種對人體健康有害的化學物質，許多不同種類的 mycotoxin 是由與倚靠植物生長的 *Aspergillus* 和 *Fusarium* 等品種的黴菌所產生。過去的研究報告顯示，這類隱藏在發霉玉米中的 mycotoxin 如果被懷孕婦女誤食時，常會造成嚴重的新生兒缺陷；相同的，如果成人飲用由發霉玉米所釀製的酒精性飲料，也有可能造成癌症。黴菌的傳播主要來自於濕度、天候以及昆蟲的媒介，尤其昆蟲是黴菌散布的主要因素。而基改作物的防蟲害特性，也正好可以降低黴菌在植物上生長的機率，因而降低了植物被 mycotoxin 污染的機率。過去由 mycotoxin 污染所造成的損失，全世界一年達到了數億美元之譜，這些國家主要是美國、中國與阿根廷。但是在開始改種轉植有抗蟲害的 Bt 玉米之後，美國一年就可減少數千萬美元這類的農業損失。

雖然過去三十幾年中，並沒有任何的案例顯然基改食品對人體的健康有所影響，但是如“Organic Consumers Association”（有機消費者協會)和“Greenpeace”（綠色和平組織）等消費者權益團體強調雖然短期內無法證實基改食品對人體健康及環境的影響，但是長期可能就會顯現，況且先前對基改食品安全性的調查與科學研究，可能也不盡完善。

英國的營養研究專家 Arpad Pusztai 博士在 1998 年 8 月所發表一篇關於基改食品安全性的研究報告後，造成了包括英國在內的幾個國家的恐慌。Pusztai 博士發現用基改番茄餵食的大鼠，其免疫系統受到損傷，並且出現生長遲鈍的現象。由於 Pusztai 在論文發表之前，就接受了電視媒體的訪問，因此受到了政界人士以及這方面研究專家的批評。這篇論文雖然最後發表在期刊《The Lancet》，但是該文章中的證據並沒有充分的證明大鼠免疫系統受損和生長遲鈍的現象是直接來自於餵食基改番茄的結果。節錄自該論文的部分摘要如下：

"Diets containing genetically modified (GM) potatoes expressing the lectin Galanthus nivalis agglutinin (GNA) had variable effects on different parts of the rat gastrointestinal tract. Some effects, such as the proliferation of the gastric mucosa, were mainly due to the expression of the GNA transgene. However, other parts of the construct or the genetic transformation (or both) could also have contributed to the overall biological effects of the GNA-GM potatoes, particularly on the small intestine and caecum."

為了釐清 Pusztai 博士的研究是否正確，英國皇家協會(The British Royal Society)將 Pustztai 的研究數據分送給六個不同領域的專家審核，這些包括有；統計學、臨床試驗、生理學、營養學、計量基因學、生長發育和免疫學等領域的專家學者。最後這些專家學者認為 Pustztai 的研究數據並不足以支持他所下的結論，主要的原因是實驗設計不完善，尤其是缺乏重要的對照組實驗。雖然如此，科學界對他的研究結果仍舊持續正反兩極的看法，例如"European Commission Scientific Committee on Animal Nutrition"的副主席同時也是英國"Rowett Institute"的前首席科學家 Andrew Chesson 博士更是強烈的支持 Pustztai 研究的結論。由此可知，科學界對於基改食品安全性的爭論，還會持續一段很長的時間。

過去有關基因改造食品負面的消息常被放大，例如餵食基改食品的老鼠會產生腫瘤等，讓民眾對基改食品的標示問題，也越發重視。目前臺灣衛生福利部規定：「非基因改造食品原料非有意攙入基因改造食品原料超過 3%，即視為基因改造食品原料，須標示『基因改造』等字樣」(2015 年 7 月 1 日實施)，較原先 5%的規定嚴格，但與歐盟已公告基改作物佔產品總重 0.9%以上須標示的規定，還相去甚遠。遠從 2013 年底開始，臺灣民間團體就希望立法院能修改《食品衛生管理法》，比照歐洲聯盟標準，凡基因改造作物佔產品總重 0.9%以上就須標示，可見民眾對基改食品的疑慮一直沒有減少。另外，值得一提的是基因編輯技術(gene editing technology)如 CRISPR/Cas9 (Clustered Regularly Interspaced Short Palindromic Repeat/Cas9)的導入，似乎讓基因改造生物有新的發展方式。不同於傳統基因改造作物利用植入如細菌 Bt 等異種生物基因的作法，目前科學家正利用基因編輯技術，將植物原有的基因進行改造，以創造出具符合商業需求性狀的品種。因為這種經基因編輯改造的生物，並不像傳統基因改造作物含有外來的基因，一般民眾似乎比較不會有疑慮。2018 年 3 月，美國農業首長桑尼· 珀杜(Sonny Perdue, U.S. Agriculture Secretary)曾發表了以下的看法：

"*USDA does not regulate or have any plans to regulate plants that could otherwise have been developed through traditional breeding techniques as long as they are not plant pests or developed using plant pests. This includes a set of new techniques that are increasingly being used by plant breeders to produce new plant varieties that are indistinguishable from those developed through traditional breeding methods.*"（美國農業部對於使用傳統雜交育種方式，或是非植物害蟲，及非來自於使用這些害蟲的研發所衍生創造出的植物，目前不會進行管制。這包括越來越多植物育種者使用創造新植物品種的新技術，而這些新技術改造的新品種與通過傳統育種方法開發的品種沒有區別。）

美國官方的看法似乎將經基因編輯後的植物視同傳統雜交育種產生的植物一樣，主要因基因編輯植物無法與改造前的物種相區別。不過，歐盟卻有相反的看法，認為基因編輯生物等同基因改造生物(GMO)。

議題討論與家庭作業

1. 大眾對於基改食品的疑慮有那些？
2. 目前世界主要國家對於基改食品的政策為何？
3. 何謂 nptII selectable marker？
4. 請討論臺灣的環保團體對基改作物與基改食品有哪些憂慮？並討論這些憂慮是否合理。

學習評量

1. 何謂「基因改造食品」？
2. “Flavr Savr” 番茄是如何被製造出來的？具有何種生產上的優勢？
3. “Flavr Savr” 番茄在 1994 年獲准上市，但是為何在 1997 年就從市場上撤出？
4. 目前農民所種植的基改作物中，以哪四種作物為主？
5. 何謂 cisgenic plant？
6. 目前社會上對基改作物與食品的主要爭議有哪些？
7. 何謂 mycotoxin？其對植物有何傷害？

Chapter 12

桃莉羊與複製動物

Dolly The Sheep and Animal Cloning

12-1 桃莉羊 (Dolly the Sheep)

母羊桃莉(Dolly the sheep, July 5, 1996~February 14, 2003)，是世界上第一隻從「成體細胞」(adult cell)所複製成功的哺乳動物。她是由蘇格蘭的研究機構 Roslin Institute 複製出來，並且在 1997 年的 2 月 22 日由這個機構公諸於世。桃莉羊總共在這個研究機構活了 6 年（圖 12-1）。

圖 12-1　桃莉羊和她所生的子羊—Bonnie（照片取自 Roslin Institute）

這隻複製羊原先以編號“6LL3”取名，後來促成她出生的證券商為了紀念歌星 Dolly Parton，因此將此複製羊取名為“Dolly”。桃莉羊是由伊恩．威爾穆特(Ian Wilmut, 1944~)博士所領導的研究團隊所複製出來。這個計畫最初的目標是希望利用基因改造的哺乳動物(genetically modified mammal)來生產一些治療用蛋白質於他們的乳汁中，以便將來可以從大量生產的羊乳中，純化出成本較低的治療用蛋白質藥物(therapeutic protein)。桃莉羊之所以有名是因為這是人類首次成功把成年羊的「體細胞」取出後，與去核的卵子融合而發育成胚胎，並且在其他母羊的子宮內發育成小羊。這項「體細胞核轉移技術」稱為“somatic cell nuclear transfer (SCNT)”（圖 12-3），其可貴的地方在於使用已分化的體細胞來複製出另一隻基因完全相同的動物；意味著只需要任一個細胞，科學家們就有機會複製出與具有這個細胞一模一樣的動物，這是過去無法成功的。這些有關於核轉移技術與桃莉羊成功複製的成就先後發表於 1996 年與 1997 年的《自然》期刊中。

雖然 Ian Wilmut 是論文的第一作者，但是他在整個複製桃莉羊的研究過程中，角色的重要性仍具爭議。在否認他的同事 Prim Singh 對他的種族騷擾的指控後，Ian Wilmut 於 2006 年首度在法庭中承認自己並非是「桃莉羊之父」或是所謂的創造者(creator)，而且更明白的指出基思．坎貝爾(Keith Campbell,

1954~2012)博士才是整個合作計畫中最重要的人物，應該佔有 66%的功勞，因為他提供了整個複製技術中最關鍵的想法與建議。一般認為 Campbell 博士有可能因桃莉羊的成就獲得諾貝爾獎，不過，他已在 2012 年因病過世。

雖然整個複製羊的計畫是成功的，但是也開始發現桃莉羊在健康上存在著一些預料外的問題。在 1999 年發表於《自然》期刊的研究報告指出，桃莉羊開始出現早衰的現象，而這個現象有可能是來自於細胞核中過短的染色體端粒（telomere，為真核生物染色體的末端構造）的關係。桃莉羊複製所用的體細胞是從 6 歲大的母羊所取得，由於 telomere 會隨著每一次細胞分裂而縮短一些，也就是會隨著年紀增長而縮短。因此桃莉羊一出生其細胞核內的染色體就有可能已達到 6 歲大的老化程度，這就是最初科學家們所猜測桃莉羊急遽衰老的主要原因。在 2002 年 1 月的時候，當時才 5 歲大的桃莉羊已經得到老羊才會出現的關節炎，並且在 2003 年 2 月 14 日桃莉羊被宣布死於漸進性的肺炎(progressive lung disease)，組織切片(necropsy)也顯示桃莉羊得到了一種在一般羊所常見的綿羊肺腺癌(Ovine Pulmonary Adenocarcinoma; Jaagsiekte)。這種病常見於被關在室內的羊，就如同桃莉羊一般，被關在研究中心且缺乏運動，很容易就得到此種經由反轉錄病毒(retrovirus)感染的疾病。

由於複製羊成功的鼓舞，很多大型動物的複製也如火如荼的在世界各國的研究機構進行中，尤其是針對一些瀕臨絕種的動物。雖然沒有直接證據證明桃莉羊的早衰是來自於細胞核的老化，但是卻為未來的複製動物，甚至是在很多國家還不合法的複製人，提出了可能而嚴重的警訊；並且也引起了很多不管是

圖 12-2　在蘇格蘭皇家博物館所展示的桃莉羊標本

在科學、社會倫理或是道德法律上很多的爭論與探討，也同時強化了複製人反對者的立論基礎。這些爭論還沒結束，它應該會持續一段非常長的時間，而且對未來人類社會的各個層面，會有相當程度的影響與衝擊。

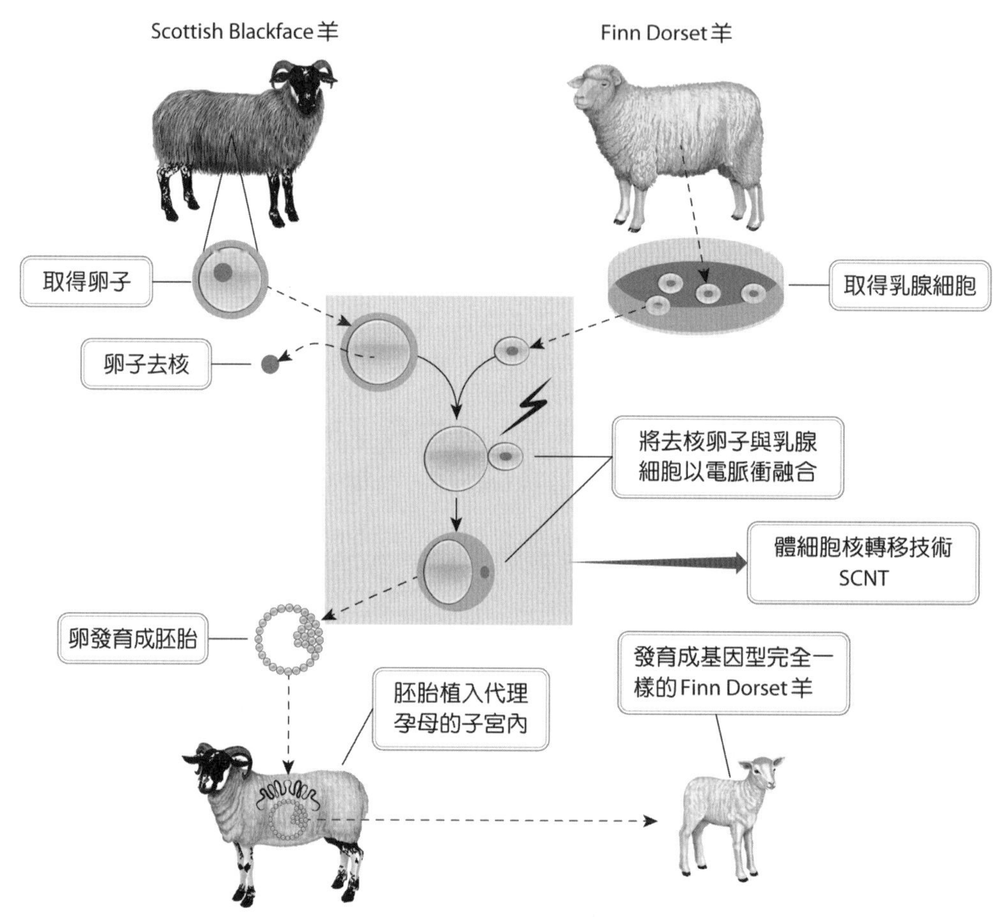

圖 12-3　桃莉羊的複製。桃莉羊的複製是從 Finn Dorset 品種的成年母羊取得乳腺細胞(mammary gland cell)後，將之與 Scottish Blackface 母羊的去核卵子以電脈衝(electrical pulse)方式融合，然後再將此種卵子植入另一隻當作代理孕母(surrogate mother)的 Scottish Blackface 母羊的子宮內。歷經了 275 次的失敗，終於在第 276 次成功的將此種卵子發育成桃莉羊，因此桃莉羊在基因組成上，和提供乳腺細胞的那隻 Finn Dorset 母羊是完全一樣的。

表 12-1　桃莉羊小檔案

別名	6LL3 (code name)
品種	Domestic Sheep, Finn-Dorset
性別	雌性 Female
生日	5 July 1996（於 Roslin Institute 出生）
忌日	14 February 2003（6 歲）
安息地	National Museum of Scotland
國籍	英國 United Kingdom (Great Britain)
重要性	史上第一隻從成體細胞複製成功的動物
子代	共生下六隻小羊(Bonnie; twins Sally and Rosie; triplets Lucy, Darcy and Cotton)
命名	以歌星 Dolly Parton 之名命名

12-2 複製人與其爭議

由於複製羊的成功，代表人類已經有能力利用成年動物的體細胞來複製出基因與親代完全一樣的動物個體，當然這也包括人類本身。人類複製(human cloning)是指利用個體現存的組織細胞，創造出另一個基因組成完全相同(genetically identical)的複製品，人們尤其希望能複製出另一個愛因斯坦、貝多芬、麥可喬丹…等名人。其實這種複製人類在生物意義上和在自然狀態下產生的同卵雙胞胎(identical twins)是類似的，同卵雙胞胎間的基因組成也是完全無異。然而，過去由同卵雙胞胎的研究中發現，雖然他們擁有完全相同的基因序列，但也各自擁有獨特的個性與特質，這主要是人類內在和外在的整體表現，尤其是在認知上(recognition)，除了受到先天基因影響外，後天成長環境也深深影響一個人的行為與特質的塑造。因此，為求創造出另一個傑出的個人，複製人可能不是最佳的理由或是作法。

桃莉羊的成功也讓生技產業又找到另一項醫療上的商機。一家位於美國麻薩諸塞州的生技公司“Advanced Cell Technologies (ACT)”的科學家們在 2001 年 11 月宣稱為了醫療上的用途，已經成功複製了人類的胚胎。他們把從人類皮膚細胞取得的細胞核植入人類去核的卵子中(enucleated egg)，然後利用一種稱為“ionomycin”的化學物質來刺激卵子的分裂，形成了一個具六個細胞的人類胚胎(human embryo)。

人類複製(human cloning)是一項非常嚴肅且爭論不斷的議題。在一般大眾的觀念裡，複製人類的目的是為了要拯救另一個人類的生命，因此複製人必須先要被安樂死(euthanization)，然後才能取得所需的器官來治療另一個人類。對於講求道德的人類而言，這種「生殖複製」(reproductive cloning)的治療方式是極不人道的作法，當然是不可能被大眾所接受的。所以目前科學家所積極研究的課題，是希望將來採用「治療複製」(therapeutic cloning)的方式，來治療一些相關的疾病。

Info 12-1 ● Advanced Cell Technologies (ACT) 生技公司小檔案

ACT 是一家創始於 1994 年的股票上市(IPO)公司，總部設於加州的 Alameda 市。該公司利用人類胚胎幹細胞技術從事再生醫學(regenerative medicine)領域的研究。這家公司在 2006 年 8 月 23 日，發表了一項不必破壞人類胚胎而能取得胚胎幹細胞的創新技術。公司當時的研究方向集中在三個計畫中：“Retinal pigment epithelium (RPE) program”、“Hemangioblast (HG) cell program”和“Dermal program”等。公司在 2007 年的下半年向 FDA 提出有關 RPE 計畫的新藥申請(Investigational New Drug, IND)，並且在 2008 年提出另外兩個申請，其中的 RPE 計畫於 2010 年獲得 FDA 核准進行臨床試驗。這家公司擁有超過三百個以上的專利權或是申請中的專利。2014 年 11 月，ACT 改名為 Ocata Therapeutics；之後，於 2016 年 2 月，被 Astellas 公司以 3 億 7 仟 9 百萬美金收購，改名為 Astellas Institute for Regenerative Medicine。

Info 12-2 治療複製與生殖複製

- **治療複製**(therapeutic cloning)：又稱為"research cloning"或是"embryo cloning"。是指複製身體某部分的組織或器官，作為醫療上的用途。雖然目前為止還沒有可供臨床上使用的組織或器官被複製出來，但是這個領域一直是非常熱門的科學研究。目前臨床上廣泛使用的器官移植方式，都是取自於死亡者或是活人的器官捐贈，但是以這種方式接受器官移植的病人，為了避免手術後所導致的免疫排斥現象，往往需要終身服用免疫抑制藥物(immunosuppresant drugs)，常會造成病人的不便，甚至也有可能產生某些預料外的副作用(side effects)。因此，使用自體細胞來複製出基因型完全一樣的器官，可能是最理想的治療方式，而且也可以解決器官不易取得的困境。目前幹細胞(stem cell)的研究，主要也是朝著這個方向在進行。
- **生殖複製**(reproductive cloning)：主要是利用某既有動物的細胞核來產生一個基因完全一樣的複製動物，桃莉羊就是一個最好的例子。利用"somatic cell nuclear transfer (SCNT)"技術，使得動物的複製成為可能，成功機率也大為增加。但是桃莉羊的早衰，也讓這項技術的應用變的極為謹慎，尤其是人類複製的問題，更不能小覷。另外一點值得注意的是，人類細胞的粒線體(mitochondria)擁有獨立的 DNA，SCNT 的技術是將細胞核內的染色體轉移至去核的卵中，並未將粒線體 DNA (mitochondrial DNA)也一併轉移，這對於將來的複製動物是否會造成影響，還有待科學上進一步的研究。

12-3 各國對於人類複製的法律禁令

在桃莉羊之後，人類複製儼然成為科學界以及不同國家之間，一個非常熱門也非常棘手的問題。為解決未來人類複製可能衍生出來一些道德與法律方面的問題，世界各國莫不開始制定人類複製的相關法律。例如：

- 在 1998、2001、2004、 2007 和 2009 年，美國眾議院數度要求表決是否禁止關於人類的「治療複製」與「生殖複製」（此項法案稱為"Stem Cell

Research Enhancement Act”）。但是對於禁止何種形式的人類複製無法達到共識，而被參議院底下的部門所阻攔，至今尚未有最後的決議。在 2010 年 3 月 10 日另一項禁止聯邦經費用於補助人類複製的法案(HR 4808)提出，不過最後並沒有通過。目前美國國內也沒有任何聯邦法律完全禁止人類複製研究的進行；因此，在眾議院作最後的表決之前，人類複製適法性的問題在美國還是會有爭議存在。目前美國共有 15 個州禁止「生殖複製」，並有 3 個州禁止使用公家經費進行此種複製。另有 10 個州有“clone and kill”立法，禁止複製胚胎植入體中，但允許這些胚胎被銷毀。

- 英國政府在 1990 年通過了[Human Fertilisation & Embryology Act 1990]（人類受精與胚胎法案）之後，又順勢在 2001 年 1 月 14 日推出了「治療複製」合法的修正案[The Human Fertilisation and Embryology (Research Purposes) Regulations 2001]，希望引起大眾對這方面立法的辯論。同年英國政府也通過了[Human Reproductive Cloning Act 2001]（人類生殖複製法案 2001）的立法，明文禁止人類的「生殖複製」，但是對於人類的「治療複製」則還沒有作最後的定論。目前「治療複製」相關的研究申請，是由“Human Fertilisation and Embryology Authority”（人類受精與胚胎管理局）來核發執行許可，第一張許可證在 2004 年 8 月 11 日核發給新堡大學(the University of Newcastle)，利用「治療複製」從事糖尿病(diabetes)、帕金森氏症(Parkinson’s disease)與阿茲海默症(Alzheimer’s disease)等疾病的相關研究。此外，英國 2008 年推出的法案[The Human Fertilisation and Embryology Act 2008]同樣也允許人獸混合胚胎(hybrid human-animal embryos)的研究。

- 1998 年，美國芝加哥的醫生 Richard Seed 宣稱計畫在日本設立一個人類複製診所（或是參與日本的人類複製計畫）的消息曝光後，人類複製的話題開始在日本燃燒。經過了內閣辦公室「科技評議會」(Science and Technology Council)底下的「政府諮詢小組」(government advisory panel)多次的建議後，日本內閣(The Japanese Cabinet)終於在 2001 年通過了禁止人類複製的法案。該法案嚴格禁止將人類的複製胚胎植入另一個人或是其他動物的子宮內，違反該法律者，將被處以最高十年的有期徒刑。這項法律制定之前，「政府諮詢小組」在經過幾年的討論後，認為人類複製沒有正面的用途，同時此項研究對人類也不尊重，甚至可能會造成安全上的種種問題。不過，這個諮詢小組同時也建議允許基礎研究所需的人類胚胎的複製，並且應制定相關的指導規範。

- 在日本宣布禁止人類複製的法律後，世界各國的領袖或官員也紛紛表態反對人類的複製。這些國家包括有：羅馬尼亞、法國、中國、英國、義大利、澳洲、加拿大、德國、肯亞…等等。由此可見，禁止「人類複製」或是所謂的「人類的生殖複製」，是目前世界上的主流意見。
- 澳洲在 2006 年 12 月，由眾議院(House of Representatives)通過了一項允許治療複製(therapeutic cloning)與人類胚胎應用於幹細胞研究的法案，但是禁止人類的複製。
- "The European Convention on Human Rights and Biomedicine"（歐洲人權與生物醫學大會）在附屬的條約草案中(additional protocols)，禁止人類的複製，但是這個條約草案最初只獲得希臘、西班牙與葡萄牙等三個國家的批准。另一方面，在歐盟的基本權利憲章中(The Charter of Fundamental Rights of the European Union)則明白的禁止人類的生殖複製(reproductive human cloning)。雖然目前這個憲章並無法律上的約束，但是一旦草擬中的歐洲憲法(European Constitution)通過，將使得這個憲章具有法律上的效力。
- 臺灣行政院在西元 2008 年 7 月 24 日通過「人類胚胎及胚胎幹細胞研究條例」草案，也明文禁止複製人的研究與製造，違反者將可處以一年以上七年以下的有期徒刑，以及二百萬元以下的罰鍰。

除了複製人以外，另外一個值得注意的議題是「人類生殖細胞改造」(Human germline engineering)。類似於基改生物，此種改造將人類的精子、卵子或受精卵，以基因工程的方式，永久改變其未來的遺傳性狀。基於法律、倫理、安全及社會因素，對於科學界及社會大眾而言，目前生殖細胞的基因改造還是一條不可逾越的紅線。

12-4 動物複製

相較於人類複製的爭議性，其他動物的複製問題就相對的簡單與可行。動物複製，事實上在桃莉羊複製成功之前，就有類似的研究結果。例如，在 1952 年科學家成功的複製出蝌蚪(tadpole)，這是全世界首例的動物複製；另外，中國胚胎學家童第周(Tong Dizhou, 1902~1979)宣稱成功複製出鯉魚(carp)，並將結果發表在中文的科學期刊中。桃莉羊的複製成功，代表著動物複製技術的相對穩定與普遍化，因此利用這項核轉移技術，科學家們陸陸續續複製出許多大大小小不同種類的動物。這些動物的種類包括有：綿羊、山羊、母牛、老鼠、豬、貓、兔子和亞洲野牛等等。依年代的先後，以下列舉出過去這些具有代表性的動物複製：

- "Cumulian"（1997 年 12 月 3 日～2000 年 5 月 5 日）是複製動物活到成年的首例。Cumulian（學名 *Mus musculus*；類似常見的家鼠）是夏威夷大學的 Ryuzo Yanagimachi 研究團隊，利用其所研發的"Honolulu cloning technique"所複製出來的母鼠。這隻複製母鼠曾經兩次成功的產下健康的後代。Cumulian 這個名稱取自於位於卵巢濾泡周邊的 cumulus 細胞，這些細胞用來複製出 Cumulian 這隻母鼠。
- 在 1997 年英國的科學家宣布桃莉羊的複製成功後，日本科學家也在 1998 年的 7 月 5 日於 Ishikawa 宣布牛的複製成功，這天正好是桃莉羊出生兩週年的日子。日本複製牛是全世界第二個利用動物的成體體細胞成功複製的例子。他們希望利用這項新技術，來培育出高品質的牛肉或是提高牛奶的產量。

圖 12-4 複製牛（照片取自 AP/Kyodo）

- 1999 年 6 月 1 日，夏威夷大學的科學家 Ryuzo Yanagimachi 和 Teruhiko Wakayama 兩位博士，宣布複製出世界上第一隻的雄性複製動物“Fibro”，在這之前，以 SCNT 或是類似技術所複製的動物均是雌性。“Fibro”同時也是首隻以非生殖系統所取得的「成體細胞」所複製出來的老鼠。他們利用雄性老鼠尾巴所取得的皮膚細胞，在 274 個經過核轉移的胚胎中，只有三個成功發育成雄鼠。
- 世界上首隻靈長類複製動物“Tetra”，是一隻雌性的恆河猴(Rhesus Monkey)，誕生於 2000 年的 1 月。有別於桃莉羊複製所使用的 SCNT 技術，Tetra 是利用所謂的“embryo splitting”（胚胎分割）技術所複製的（圖 12-6）。利用這項技術所複製出來的靈長類動物，將用於糖尿病(diabetes)和帕金森氏症(Parkinson’s disease)等人類疾病的研究。

圖 12-5　靈長類複製動物 Tetra（照片取自 BBC）

- “ANDi”（取名自“inserted DNA”等字的反拼），是世界上第一隻基因改造的恆河猴。它是由美國「奧力岡區域靈長類研究中心」(Oregon Regional Primate Research Center)的科學家，將水母的螢光基因轉殖至恆河猴的受精卵中發育而成，並且在 2001 年 1 月 11 日公布。這項成功，代表著科學家們可以將與人類疾病相關的任何基因轉殖入與人類較為類似的靈長類動物中，以研究基因與疾病之間的相關性，並可利用此項動物模型來加速治療用藥物的篩選。

Info 12-3 Embryo Splitting（胚胎分割）技術

將動物的精子與卵子受精後，然後讓此受精卵發育成具 8 個細胞的胚胎，最後再將此一胚胎分為 4 個，也就是每個新胚胎均具有兩個細胞，而這 4 個胚胎將來都可以發育成基因型完全一樣的複製動物。

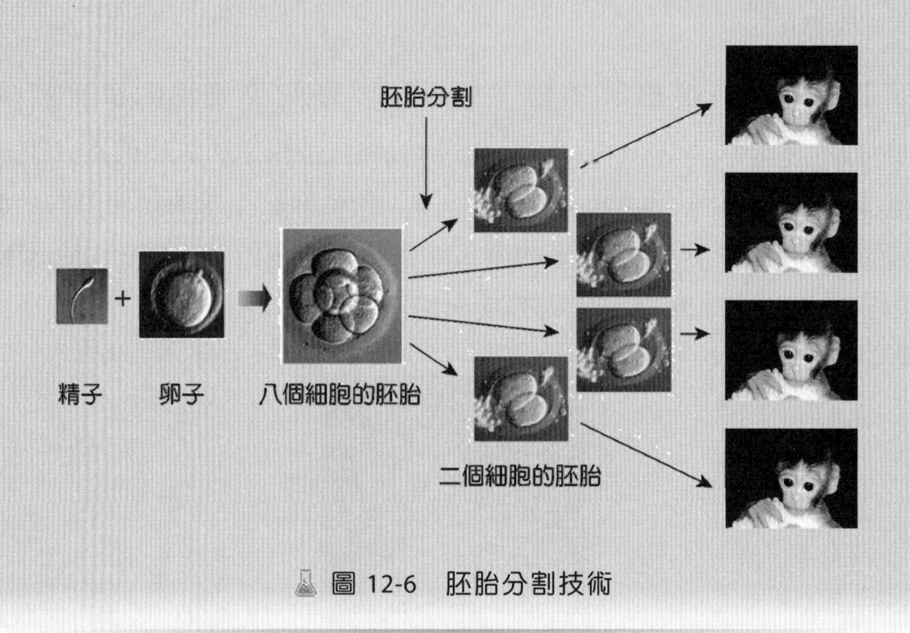

圖 12-6　胚胎分割技術

圖 12-7　世界上第一隻基因改造恆河猴 ANDi

（照片取自 AP/Oregon regional primate research center)

- 美國 Advanced Cell Technology (ACT)生技公司的科學家在 2001 年 1 月 12 日宣布世界首隻瀕臨絕種動物(endangered animal)的複製。這隻稱為“Noah”的小公牛屬於印度野牛(gaur)的一種，它的棲息地在亞洲。由於人類的濫捕以及棲息地的減少，導致這類品種的野牛已經瀕臨絕種，當時野生數目已經不到 36,000 頭，因此某些科學家們認為可以利用桃莉羊這種動物複製的方式，來拯救這些稀有的動物。Noah 的複製是先取得已死亡八年的 gaur 其皮膚細胞的細胞核，然後植入一般母牛的去核卵子中，在經過了 692 次的嘗試中，只有 Noah 複製成功。如果這個複製牛可以長久生存下來的話，意味著有些剛絕種的動物，也可以利用這些技術，讓它們重新復活。不過很遺憾的，Noah 在出生後的 48 小時內，即因一般常見的感染而死亡。

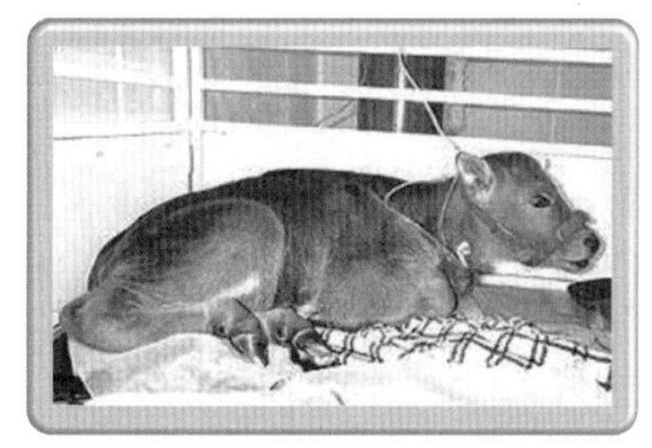

圖 12-8　複製野牛 Noah（照片取自 Advanced Cell Technology）

- 2001 年 10 月 29 日，義大利 Teramo 大學的研究團隊宣布成功的複製出歐洲一種瀕臨絕種的野生綿羊“mouflon”。這種小型野生的山綿羊主要生存於薩丁尼亞島(Islands of Sardinia)、科西嘉島(Corsica)和賽普勒斯(Cyprus)等地。這是瀕臨絕種的動物經複製後，能活過嬰兒期的首例。

圖 12-9　複製野生綿羊 mouflon（照片取自 BBC）

➲ 世界上第一隻複製寵物，是由企業家約翰· 斯珀林(John Sperling)所創立的 Genetic Savings and Clone 公司所複製出來的貓。這隻命名為“Cc”（Copy Cat，也稱為“CC”(Carbon Copy)）的複製貓，誕生於 2001 年的 12 月 22 日，它的複製計畫“Operation Copy Cat”是一個稱為“Missyplicity”大計畫的一部分。這個大計畫主要是希望複製一隻名為“Missy”的狗。CC 在 2006 年生下了一窩三隻的小貓，這是首次複製寵物的生育。

圖 12-10 **複製寵物貓**（照片取自 BBC）

➲ 在 2002 年 1 月 3 日，歐洲一家名為“PPL Therapeutics Ltd.”的生技製藥公司宣布世界首例的複製豬誕生在 2001 年的 12 月 25 日。這五隻分別命名為 Noel、Angel、Star、Joy 和 Mary 的複製豬，經過了基因的改造，使它們缺乏了一個會在人體引起免疫反應的基因“GATA1”，因此希望將來能利用這些基因轉殖豬的器官來進行人類器官移植的相關治療。PPL Therapeutics 曾經協助過桃莉羊的複製，這家公司在 1991 年利用轉殖基因羊的乳汁，來生產「重組 α-1 抗胰蛋白酶」(recombinant Alpha-1 Antitrypsin, AAT)，預期利用這種方式來取代傳統昂貴的細胞培養方法，以生產治療用的蛋白質藥物。不過這項計畫在 2003 年 Bayer 藥廠宣布終止雙方的合作關係後，相關的研究工作已經停擺，因為頓失資金的挹注，公司把員工遣散，步上關門的命運。

圖 12-11　五隻分別命名為 Noel、Angel、Star、Joy 及 Mary 的複製豬（照片取自 BBC）

- 法國的國家農業研究院(INRA)的科學家，也在 2002 年的 3 月 29 日宣布兔子複製成功的世界首例。他們將利用這種複製兔來研究人類的疾病。

圖 12-12　複製兔（照片取自 BBC）

- 複製騾 "Idaho Gem" 誕生於 2003 年 5 月 4 日，它是由美國 Idaho 大學 " Northwest Equine Reproduction " 實驗室的 Gordon Woods 和 Dirk Vanderwall 兩位博士，以及 Utah 州立大學的 Ken White 博士所一起合作創造出來的複製動物。除了 "Idaho Gem" 之外，還有另外兩隻複製騾 "Utah Pioneer" 和 "Idaho Star" ，分別於同年的 6 月 9 日與 7 月 27 日誕生。

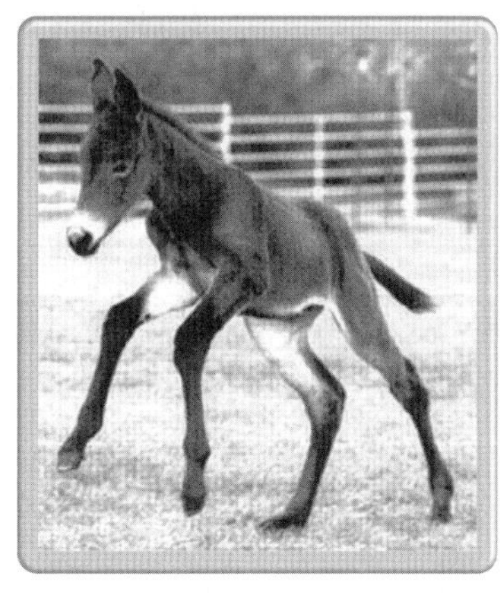

圖 12-13　複製騾 "Idaho Gem"（照片取自 Gerry Thomas, Getty Images）

- 雖然“Noah”在出生後不到 48 小時隨即死亡，但是亞洲另一種瀕臨絕種的野牛“Banteng”（學名 *Bos javanicus*），則在 2003 年 4 月 9 日被宣布複製成功，這是世界上首次複製出健康的瀕臨絕種動物。Javan banteng 是一種棲息於印尼(Indonesia)、馬來西亞(Malaysia)、孟買(Burma)和其他亞洲國家竹林中的一種野牛；同樣的，由於人類的濫捕以及棲息地的減少，當時野外存活的數目已經降到 3,000~5,000 頭而已。Banteng 的複製是利用在 1980 年之前所取得野生種的皮膚細胞，這些細胞當時保存在美國聖地牙哥的動物園中，然後將其細胞核植入一般母牛的去核卵子中而成功複製出此種動物。此項成果，更加肯定瀕臨絕種或是已絕種的動物，只要保留含核的完整細胞，即有機會讓稀有動物的數目增加，或是讓已滅絕的動物復活。

圖 12-14　複製野牛 Banteng（照片取自 AFP）

- 除了複製騾外，第一隻複製馬“Prometea”在 2003 年 5 月 28 日誕生於義大利 Cremona 市的生殖技術實驗室(Laboratory of Reproductive Technology)，並在同年的 8 月 6 日正式向大眾公布。
- 第一個基因改造魚“GloFish”於 2003 年上市。“GloFish”是轉殖螢光基因的斑馬魚的註冊商標。這種螢光魚是在 1999 年首先由國立新加坡大學(National University of Singapore)的 Zhiyuan Gong 博士將原由水母(jellyfish)所分離出來的綠色螢光基因 GFP (green fluorescent protein)，轉殖入斑馬魚（zebrafish，學名 *Danio rerio*）的體內，打算用來偵測環境中的污染源。之後，臺灣大學的蔡懷禎教授利用同樣的概念將綠色螢光基因轉殖入一種在日本很受歡迎的水族館養殖魚“medaka” (rice fish)，命名為“TK-1”（郜港一號），並且在美國德州的 Yorktown Technologies, L.P.公司與臺灣的郜港生技股份有限公司的合作下，於 2003 年底將此種命名為“TK-1”的螢光魚引進美國，成為全世界第一種以現代生物科技所創造出來在美國銷售的商業化寵物魚。在引進美國之前，美國的食品藥物管理局(The U.S. Food and Drug Administration, FDA)已經針對這類轉殖基因的動物產品，進行長達兩年以上的危險性評估，對這種魚有非常詳細的科學及技術層面的審核，包括對特定動物、人類及環境安全的安全性試驗，均發現此種轉殖基因的寵物魚非常安全且對環境沒有危害。

➲ 第一隻商業化的複製寵物則是一隻複製貓，它是由美國德州一名婦女以五萬美金的代價，委託美國加州的“Genetic Savings and Clone”生技公司所複製出來的。這隻命名為“Little Nicky”的複製貓誕生於 2004 年之後，隨即受到動物福利團體等組織的譴責，認為街上流浪寵物已經夠多了，跟本沒有必要浪費金錢再來複製寵物。不過，社會道德的要求與商業利益的吸引，往往都是互相衝突的，因此寵物複製(Pet cloning)的商業化所引起的爭議，隨著動物複製技術的進步，應該會越來越多。

12-5 幹細胞 (Stem Cell)

幹細胞(stem cell)一詞最早是在 1908 年由蘇俄科學家亞歷山大· 馬克西莫夫(Alexander Maksimov, 1874~1928)，出席一項由血液學會所舉辦的會議中提出，當時他認為有血液幹細胞(haematopoietic stem cells)的存在。不過，最早的研究則起始於 1960 年代加拿大的科學家歐內斯特· 麥卡洛克(Ernest A. McCulloch, 1926~2011)和詹姆斯· 蒂爾(James E. Till, 1931~)兩人。目前人類的幹細胞大致可以分為兩大類：

1. 胚胎幹細胞(embryonic stem cells, ESC)：是由受精卵分化至囊胚(cystoblast)階段的胚胎中取得。這類的幹細胞可以分化成各種特化的胚胎組織。
2. 成體幹細胞(adult stem cells)：從成年生物體中的組織取得，主要有三個來源：骨髓(bone marrow)、脂肪細胞(adipose tissue)及血液(blood)。這種細胞主要是作為修護身體器官組織的之用。而從胎兒的臍帶(umbilical cord)中取得的臍帶血幹細胞(cord blood stem cells)，屬於成體幹細胞的一種，近年來有不少這方面的研究。

幹細胞必須具備兩項重要的生物特性：

1. 自我更新(self-renewal)：幹細胞可以經過多次的細胞分裂，而還能維持未分化(undifferentiation)的狀態。
2. 無限潛能(unlimited potency)：具有可以分化成任何種類細胞的能力。

雖然幹細胞的取得，尤其是胚胎幹細胞的取得有道德和法律上的問題，不過利用幹細胞來修補損壞的細胞，或是甚至於將幹細胞培養成特定的人體組織或器官，均是目前幹細胞研究的熱門領域。例如，在西元 2009 年 1 月 23 日，美國食品藥物管理局(FDA)核准全世界第一例的「胚胎幹細胞治療」(embryonic stem cell-based therapy)，允許位於美國加州的 Geron Corp.生技公司在脊髓壓傷的病人身上進行胚胎幹細胞的臨床試驗，嘗試利用胚胎幹細胞在病人損傷的脊髓內來形成新的神經組織，相信未來還會有更多家生技公司跟進，甚至於 Pfizer、GlaxoSmithKline PLC 等大藥廠也都躍躍欲試，積極的與相關的學術機構展開合作，準備投入這方面的研究及臨床試驗。

而誘導型萬能幹細胞（induced pluripotent stem cell，簡稱為 iPS Cells 或 iPSCs）是將某些基因轉殖入一般的成年體細胞(adult somatic cell)中，改造成萬能幹細胞(pluripotent stem cell)的技術（見圖 5-43）。這項技術最先是由日本 Kyoto 大學的山中伸彌(Shinya Yamanaka, 1962~)教授所組成的團隊在西元 2006 年所率先發展出來。這個團隊首先確認出在胚胎幹細胞(embryonic stem cell, ESC)中很活躍的四個基因：Oct-3/4、SOX2、c-Myc 和 Klf4。然後利用反轉錄病毒(retrovirus)，將這四個基因轉殖入老鼠的纖維母細胞(fibroblast)中，並以 Fbx15 基因當作篩選的標幟(selection marker)。在經過了三到四個星期的篩選後，開始有小部分型態和生化上類似於萬能幹細胞的細胞株產生。不過，和原始的胚胎幹細胞相較之下，這第一代的誘導型萬能幹細胞表現出 DNA 甲基化的錯誤(DNA mythylation error)，而且經注射到發育中的老鼠胚胎內，也無法產生存活的混種胚胎(chimera)。經過後續的努力，這個團隊終於在次年的六月，和其他從 Massachusetts Institute of Technology (MIT)、Harvard、University of California (Los Angeles)等大學所組成的研究團隊，分別發表了突破性的研究成果。這些團隊不僅將老鼠的纖維母細胞改造成萬能的幹細胞，而且更可以產生存活的混種胚胎。其中最重要的改變，就是利用 Nanog 基因來取代原來的 Fbx15 基因當作篩選的標幟，Nanog 是決定細胞是否具有萬能性的重要代表基因。在西元 2007 年的 11 月，Shinya Yamanaka 和另一個來自美國 University of Wisconsin-Madison 的 James Thomson 團隊，分別宣布可以將人類的纖維母細胞改造成萬能的幹細胞。Shinya Yamanakaw 團隊是以先前的方式，將 Oct3/4、Sox2、Klf4 與 c-Myc 等四種基因轉殖入人類的纖維母細胞；而 James Thomson 的團隊則是將 Oct4、Sox2、Nanog 與 Lin28 等基因，利用「Lentiviral 系統」轉殖入人類的纖維母細胞內。除了將皮膚纖維母細胞培養成誘導型萬能幹細胞外，西班牙的科學家更在西元 2008 年 10 月發表利用皮膚中的角質細胞，成功的培養出萬能幹細胞，而且縮短準備的時程，效率也大幅的提升。這些在幹細胞研究上的重要進展，代表科學家將來可能可以不必從胚胎中取得胚胎幹細胞，不僅擴大幹細胞的應用範圍，而且對於目前使用胚胎幹細胞的道德、倫理與法律上的爭議，也可能可以找到解決的方式。

由於幹細胞的研究不僅是學術研究中一個重要的領域，同時也獲得生技製藥業界的極大重視。因此臺灣的行政院在西元 2008 年 7 月 24 日通過「人類胚胎及胚胎幹細胞研究條例」草案，對於臺灣在胚胎幹細胞方面的研究及管理上，將會提供適當的法律依循，同時對生技產業的發展也會有更明確的目標。

幹細胞年表

- 1908 年，蘇俄科學家 Alexander Maksimov 提出幹細胞(stem cell)一詞。
- 1960 年代，Joseph Altman 和 Gopal Das 兩人提出成體腦部中有持續進行的神經生成(neurogenesis)現象以及幹細胞活動的跡象，但因牴觸 Cajal 的無新生腦細胞的理論而被忽視。
- 1963 年，加拿大科學家 Ernest A. McCulloch 和 James E. Till 兩人證明老鼠骨髓內存在有自我更新的細胞。
- 1968 年，成功在同卵雙胞胎中進行骨髓移植，以治療 SCID。
- 1978 年，在人類臍帶血中發現血液幹細胞(haematopoietic stem cells)。

- 1981 年，Martin Evans、Matthew Kaufman 及 Gail R. Martin 三人從老鼠胚胎的內細胞團塊(inner cell mass)分離出胚胎幹細胞(embryonic stem cell)，並由 Gail Martin 首次提出"Embryonic Stem Sell"一詞。
- 1992 年，神經幹細胞在體外培養成神經球(neurosphere)。
- 1995 年，Dr. B.G. Matapurkar 為成體幹細胞研究的先驅，並且在 2001 年獲得美國專利商標局(United States Patent and Trademark Office, USPTO)多項幹細胞相關的專利。
- 1997 年，Dr. B.G. Matapurkar 發表組織與器官再生的外科手術。
- 1997 年，白血病(Leukemia)被證實源自於血液幹細胞。
- 1998 年，美國 University of Wisconsin-Madison 的 James Thomson 團隊首次分離並建立人類胚胎幹細胞株。
- 1998 年，美國 Johns Hopkins University 的 John Gearhart 從胎兒的性腺組織(gonadal tissue)中分離出生殖細胞(germ cell)。
- 2001 年，Advanced Cell Technology 公司的科學家複製出 4~6 細胞階段的人類胚胎，以做為產生胚胎幹細胞之用。
- 2003 年，NIH 的科學家 Dr. Songtao Shi 從小孩的乳牙中分離出成體幹細胞。
- 2004~2005 年，韓國科學家黃禹錫(Hwang Woo-Suk)在幹細胞的研究中造假。
- 2005 年，英國 Kingston University 大學的科學家宣稱從臍帶血中發現類似於胚胎幹細胞的新型態細胞，稱為 cord-blood-derived embryonic-like stem cells (CBEs)。
- 2005 年，美國 UC Irvine 大學的科學家利用注射人類神經幹細胞至癱瘓的大鼠中，發現能部分恢復脊髓功能。
- 2006 年，美國 University of Illinois at Chicago 的科學家從臍帶血中，分離出具有胚胎幹細胞與造血功能的新類型幹細胞。
- 2006 年，日本科學家山中伸彌發表誘導型幹細胞技術。

- 2006 年，英國 Newcastle University 的科學家首次利用臍帶血幹細胞創造出人造肝細胞。
- 2007 年，Wake Forest University 由 Dr. Anthony Atala 領導的研究團隊與 Harvard University 在羊水(amniotic fluid)中發現新型態的幹細胞。
- 2007 年，科學家將老鼠正常的皮膚細胞轉變成胚胎幹細胞。
- 2007 年，人類誘導型幹細胞的發表。
- 2008 年，Advanced Cell Technology 和 UCSF 的科學家 Robert Lanza 和其團隊，在未破壞胚胎的情況下，創造出第一個人類胚胎幹細胞。
- 2008 年，利用 SCNT 技術(somatic cell nuclear transfer)複製出人類囊胚(blastocyst)。
- 2008 年，從人類頭髮中分離出類胚胎幹細胞(embryonic-like stem cell)。
- 2009 年，芝加哥伊利諾伊大學的 Yong Zhao 博士領導的團隊在動物實驗中，利用臍帶血來源的多能幹細胞(cord blood-derived multipotent stem cells, CB-SCs)治療自體免疫性的第一型糖尿病。
- 2009 年，人類第一例胚胎幹細胞的臨床試驗。2009 年 1 月 23 日，美國食品藥物管理局(FDA)核准全世界第一例的「胚胎幹細胞治療」(embryonic stem cell-based therapy)，允許位於美國加州的 Geron Corp.生技公司在脊髓損傷的病人身上進行胚胎幹細胞的臨床試驗，嘗試利用胚胎幹細胞在病人損傷的脊髓內來形成新的神經組織。
- 2012 年，人類第一例利用 CB-SCs (cord blood-derived multipotent stem cells)來治療第一型糖尿病的臨床試驗，結果顯示病人的 C-peptide (C chain)的濃度上升、糖化血色素下降，而且胰島素的使用量也減少。
- 2012 年，科學家 Katsuhiko Hayashi 利用老鼠的皮膚細胞誘導成幹細胞，然後又將創造出來的幹細胞轉變成老鼠的卵，最後卵受精還生出健康的下一代與下下一代。
- 2013 年，利用肌肉幹細胞製造出人造肉，並經烹調與品嚐。
- 2013 年，首次在老鼠體內將成體細胞轉變成幹細胞。

Info 12-4 有關幹細胞的一些名詞

- Totipotent stem cells（也稱為 omnipotent）：全能幹細胞，可以發育成完整的生物個體（如受精卵）。
- Pluripotent stem cells：萬能幹細胞，衍生自全能幹細胞，幾乎可以分化成任何胚層(germ layer)的細胞。
- Multipotent stem cells：多能幹細胞，只可分化成某些生理功能相近的細胞。
- Oligopotent stem cells：寡能幹細胞，只可分化成幾種細胞（如血球的幹細胞）。
- Unipotent stem ceslls：單能幹細胞，只可分化成單一類型的細胞（如肌肉的幹細胞）。

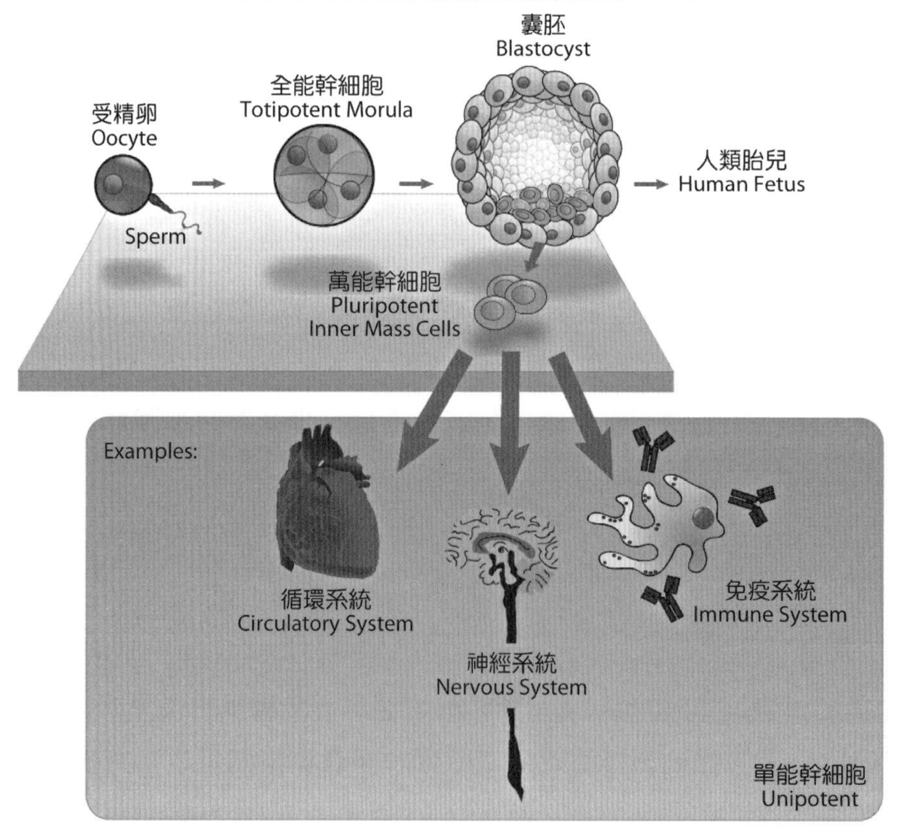

圖 12-15　全能幹細胞(totipotent stem cell)、萬能幹細胞(pluripotent stem cell)與單能幹細胞(unipotent stem cesll)的圖示說明。（圖片來源：Wikimedia Commons；圖片作者：Mike Jones）

議題討論與家庭作業

1. 請討論「複製人」可能帶給人類社會的各項衝擊與影響。
2. 請討論複製技術對於拯救瀕臨絕種或是已絕種動物的實質意義為何，以及對生態是否會造成影響。
3. 何謂“Bioethics”（生物倫理道德）？請討論「複製人」在 Bioethics 上的爭議點。

學習評量

1. 請描述"somatic cell nuclear transfer"技術的步驟。並請解釋這項技術的可貴之處。
2. 請解釋「生殖複製」(reproductive cloning)與「治療複製」(therapeutic cloning)。
3. 人類的幹細胞大致可以分為哪三大類？此外，幹細胞必須具備哪幾兩項生物特性？
4. 何謂"embryo splitting"（胚胎分割）技術？
5. 世界上第一隻的雄性複製動物為何？
6. 世界上首隻的靈長類複製動物為何？
7. 世界上第一隻基因改造的恆河猴的名字為何？
8. 世界上第一隻複製寵物的名字為何？是哪一種動物？是由哪家生技公司複製成功的？
9. 世界上首隻活到成年的複製動物為何？
10. 世界上首度複製的瀕臨絕種動物(endangered animal)為何？
11. 瀕臨絕種的動物經複製後，能活過嬰兒期的首例為何？
12. 曾經協助過桃莉羊複製的生技公司為何？
13. 世界上第一隻商業化的複製寵物的名字為何？是哪一種動物？是由哪家生技公司複製成功的？
14. "Banteng"被複製成功的意義為何？

Chapter 13

單株抗體藥物

Therapeutic Monoclonal Antibodies

13-1 抗體的種類與結構 (The Classification and Structure of Antibody)

抗體(antibody)又稱為免疫球蛋白(immunoglobulin, Ig）或γ球蛋白，是由人體內的免疫系統(immune system)所產生的蛋白質，用來辨認並消滅外來入侵的微生物或是體內產生的異常細胞。這些免疫球蛋白可分為 IgM、IgG、IgE、IgD 和 IgA 等五種（圖 13-1），各在不同的時間(temporal)與空間(spatial)來執行保護身體的任務。其中 IgG 的含量最多並且具有長達 21 天的半衰期(half-life)，是人體內最主要的免疫球蛋白。

抗體由兩條相同的輕鏈(light chain)與兩條相同的重鏈(heavy chain)所組合而成；其中輕鏈有 kappa (κ)與 lambda (λ)兩種，重鏈則有 μ、γ、α、δ、ε 等五種，而抗體的 IgM、IgG、IgA、IgD 和 IgE 等五種分類就是由其所含有的重鏈種

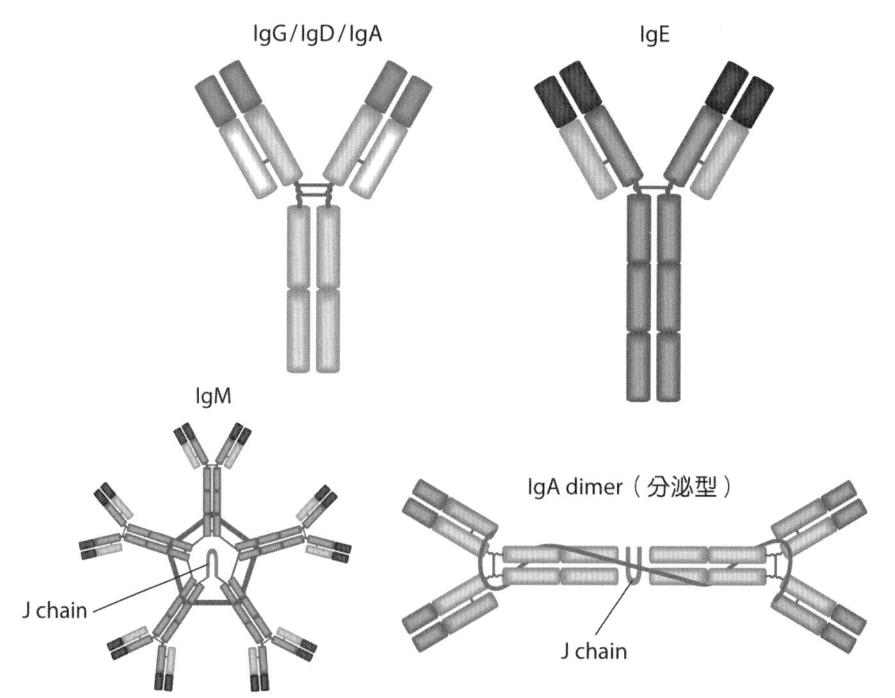

圖 13-1　IgM、IgG、IgA、IgD 和 IgE 等五種抗體的結構圖示。其中 IgM 為五個抗體單位所組合而成的五聚體，而分泌型的 IgA 則為雙聚體。（圖片由典匠資訊有限公司授權使用，作者 Designua)

類來決定。其中重鏈含有一個變異區(variable region, V_H)和 3~4 個恆定區(constant region, C_H)，而輕鏈則只含一個變異區(variable region, V_L)和一個恆定區(constant region, C_L)（圖 13-2）。如果依功能上的劃分，抗體則可以分成與抗原作用的 Fab 區域（**F**ragment-**a**ntigen **b**inding 的簡稱；含有 V_H、V_L、C_{H1}、C_L），以及行使生物功能(biological function)的 Fc 區域（**F**ragment **c**rystalline 的簡稱；含有 C_{H2}~C_{H3} 或是 C_{H2}~C_{H4}）（圖 13-2）。每個單一的抗體，不管是屬於那一個種類，其 Fab 所含的變異區均是獨一無二的，而且是用來和抗原結合的所在；換句話說，每個單一抗體分子均可辨識抗原上某些特定的部位，這種抗原上與抗體結合的部位稱為決定基（epitope 或 determinant），而不同的抗體當然所辨識的決定基也就不同，因此其所對抗的抗原也就可能有所不同。這種抗體專一性的辨認作用，就是人類身體的免疫系統為何可以對抗無數種外來入侵微生物的原因。

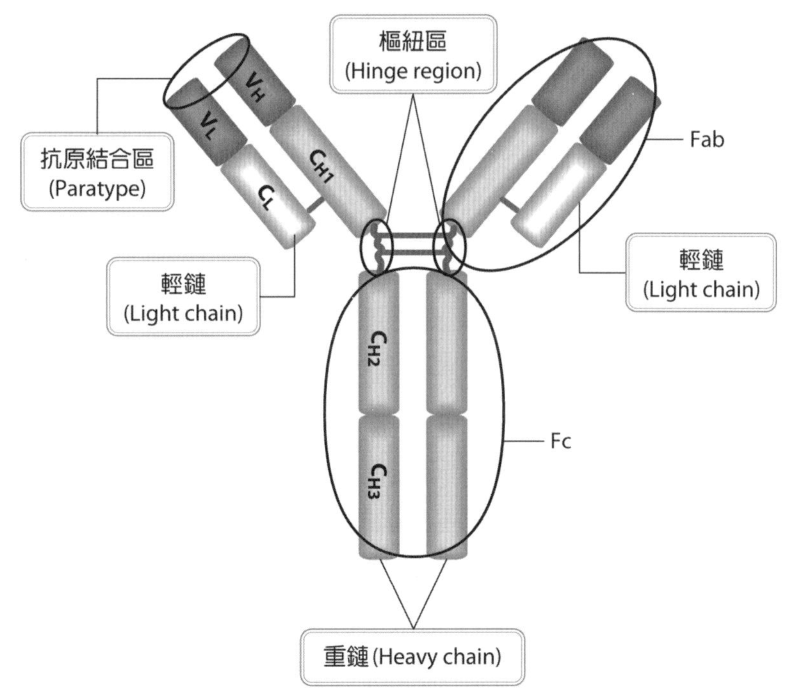

圖 13-2 抗體的基本結構。抗體是由兩條相同的重鏈與兩條相同的輕鏈以雙硫鍵組合而成。其中重鏈有 α、γ、μ、δ 和 ε 等五種；而輕鏈則只有 κ 和 λ 等兩種。抗體是以重鏈的種類來命名，如含 α 重鏈的抗體稱為 IgA，含 γ 重鏈的抗體稱為 IgG、含 μ 重鏈的抗體稱為 IgM、含 δ 重鏈的抗體稱為 IgD、含 ε 重鏈的抗體稱為 IgE。每一種不同種類的重鏈只可以和 κ 或是 λ 其中一種輕鏈組合。（圖片由典匠資訊有限公司授權使用，作者 Designua)

13-2 單株抗體 (Monoclonal Antibodies)

埃米爾．阿道夫．馮．貝林(Emil Adolf von Behring, 1854~1917)和北里柴三郎(Kitasato Shibasaburō, 1853~1931)兩位科學家在 1890 年發現可以中和白喉和破傷風毒素的物質，當時他們稱之為抗毒素(antitoxins)，之後 Behring 獲得 1901 年生理學或醫學領域的諾貝爾獎（圖 13-3）。

圖 13-3　抗體概念形成的貢獻者—埃米爾．阿道夫．馮．貝林（左）、北里柴三郎（中）及保羅．埃爾利希（右）

次年，德國科學家保羅．埃爾利希(Paul Ehrlich, 1854~1915)稱這種物質為"antibody"（抗體，德語為 Antikörper）。「神奇子彈」(magic bullet)的概念最早就是在二十世紀初由 Paul Ehrlich 所提出，其想法就是希望能將毒性物質，選擇性的運送到病灶處，以達到治療疾病的目的。這樣的想法直到「單株抗體」(monoclonal antibody, Mab)的出現，才得以實現。喬治斯．克勒(Georges Köhler, 1946~1995)和色薩．米爾斯坦(César Milstein, 1927~2002)在 1975 年發表了產生單株抗體的融合瘤技術，並在 1984 年共同得到生理學或醫學領域的諾貝爾獎。他們利用化學物質聚乙二醇（polyethylene glycol (PEG)；現代有電融合(electrofusion)的方法可以取代），將失去分泌抗體能力的骨髓瘤細胞株（myeloma，該細胞株缺乏 hypoxanthine-guanine phosphoribosyltransferase (HGPRT)基因），與經免疫後可分泌特定抗體的正常 B 細胞融合，之後利用 HAT

培養基（hypoxanthine-aminopterin-thymidine medium，可以殺死缺乏 HGPRT 的細胞）篩選沒有融合的細胞，最後只剩下可以持續培養並分泌特定抗體的融合細胞存活。這種染色體完全相同的融合細胞經分離與大量增殖後，所產生的抗體稱之為「單株抗體」。由單一融合細胞及所繁衍的細胞，所產生的抗體不論在胺基酸序列的組成與其對抗原的專一性與獨特性，均完全相同；因此這些抗體可以很精密而準確的應用於疾病治療與科學研究上，而且也可以很穩定而持續的被大量生產。尤其在醫療方面的應用更是突飛猛進，近年來已成為蛋白質藥物發展的主流。這項產生單株抗體的技術就稱之為“Hybridoma Technology”（融合瘤技術）。由於這項技術是利用老鼠細胞來產生老鼠來源的單株抗體，如果將此類抗體運用在人類疾病的治療上，往往會因異種抗原的關係，在人體產生所謂的“human anti-mouse antibodies (HAMA)”的過敏反應。因此，在 1988 年格雷格· 溫特(Gregory Winter)和他的研究團隊，就利用基因工程的技術將老鼠單株抗體非 CDR (non-complementarity determining region)的部分，以人類相對應的序列來取代，而創造出對人類較不易引起過敏反應的「人類化抗體」（humanized antibodies／擬人化抗體）。除此之外，近年來更利用攜帶有人類抗體基因的轉殖基因老鼠來生產完全屬於人類的單株抗體(human antibodies)；另外，這種全人類的單株抗體也可以利用 1985 年所發展出來的「噬菌體呈現系統」(phage display system)來篩選。

圖 13-4　融合瘤技術的發明者：（左）喬治斯．克勒；（右）色薩．米爾斯坦

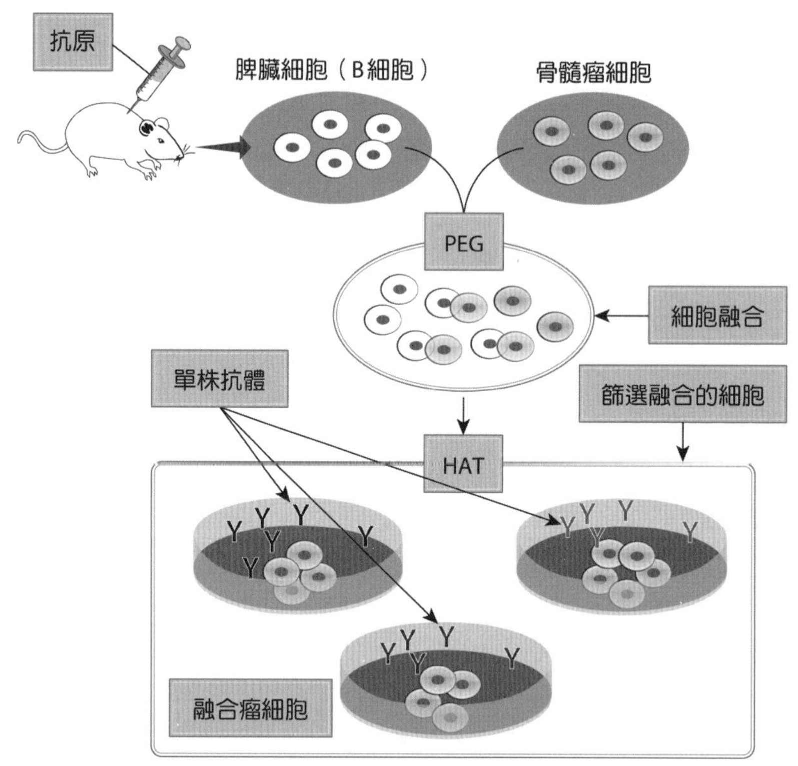

圖 13-5 融合瘤技術。老鼠經特定抗原免疫一段時候後，其脾臟細胞再與骨髓瘤細胞以 PEG 融合，最後以 HAT 培養基篩選融合的細胞。

13-3 治療用單株抗體的演進(The Evolution of Therapeutic Monoclonal Antibody)

融合瘤技術的發明，讓科學家能夠大量且持續的生產結構完全一樣，也就是抗原的專一性(specificity)完全相同的高親合力(affinity)單株抗體，但是如果將老鼠的抗體使用於人類的疾病治療，卻有過敏的問題存在。第一家應用融合瘤技術的抗體公司 Hybritech 在 1978 年成立，但是第一個真正治療用的單株抗體卻到 1990 年代中期才被核准上市，中間相隔了近二十年，其中最主要的問題之一就是由老鼠所製備的單株抗體無法在人體內長期使用。如果將由老鼠來源的單株抗體使用於人體，則會因人體內的免疫系統對老鼠的單株抗體產生排斥作用，導致抗體失效，嚴重者還可能引起人類的過敏反應(allergic reaction)。但是在分子生物學的大幅進步下，科學家已經可以利用重組 DNA 技術將老鼠的抗體改造成更類似於人類的抗體，甚至是製造出完全來自於人類的抗體。抗體改造的歷程，是從老鼠抗體開始，然後到老鼠／人類的「嵌合式抗體」(chimeric antibody)，接著是「人類化抗體」(humanized antibody；或稱「擬人化抗體」)，最後再到「全人類抗體」(fully human antibody)。所謂老鼠／人類嵌合式抗體是將老鼠抗體的 Fab 區域中負責與抗原結合作用的變異區(variable region, V)，取代人類抗體相對應的位置（圖 13-6a)，經改造後的抗體除了 Fab 的變異區（老鼠抗體的 V_H 和 V_L）來自於老鼠外，其餘的部分均來自於人類，如此可減少老鼠抗體在人體內產生過敏反應的機率；而人類化抗體則是更進一步只將老鼠抗體 Fab 變異區中實際與抗原接觸的 CDR (complementarity determining region)，來取代人類抗體中相對應的部分，如此可將抗體中老鼠來源的蛋白質比例降低，也代表對人類可能引起的過敏反應的機率降低（圖 13-6a)。隨著轉殖基因

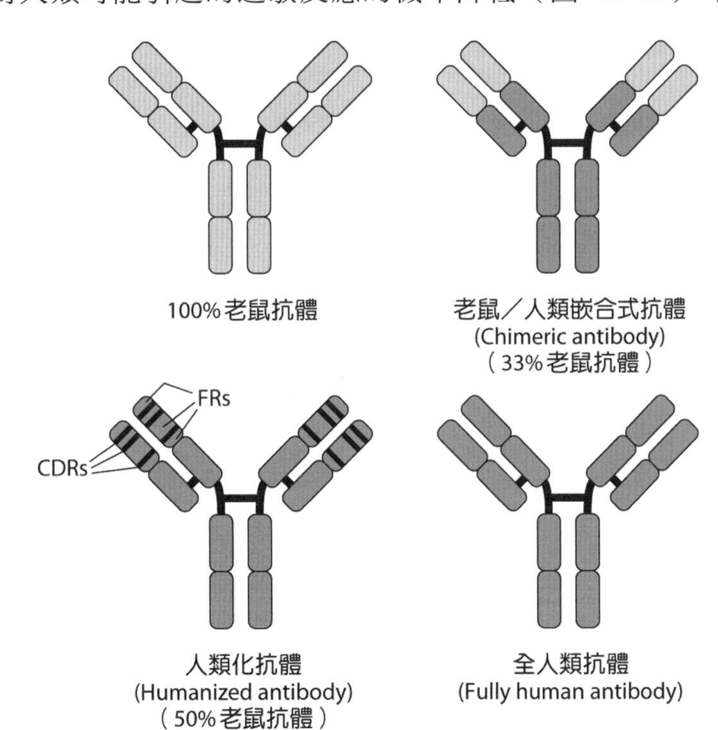

圖 13-6a　人類治療用抗體的演進。由融合瘤技術所獲得的老鼠抗體無法應用在人類疾病的治療上，因此將老鼠抗體上與抗原結合的 Fab 區段中的變異區移植到人類抗體相對應的位置，就形成含有 67%人類抗體的老鼠／人類的嵌合式抗體(chimeric antibody)；而更進一步把老鼠抗體 Fab 區段中實際與抗原結合的 CDR，移植到人類抗體上，以取代相對應的胺基酸序列，而形成含 90~95%人類抗體的人類化抗體(humanized antibody)。

技術的進步，科學家乾脆就將人類負責抗體形成的基因轉殖到老鼠體內，如此由此種轉殖基因老鼠所產生的抗體都是屬於人類來源的抗體，自然就不需要再經過上述基因工程(genetic engineering)的改造。此外，1985 年喬治· 史密斯(George P. Smith)所發表的"Phage Display System"（噬菌體呈現系統），在1990 年經由格雷格· 溫特(Gregory Winter)和約翰 · 麥卡弗蒂(John McCafferty)進一步發展成可將人類的抗體片段表現在噬菌體外面的技術，然後在體外(*in vitro*)利用抗原就可以來篩選出與此抗原結合的人類抗體（圖 13-6b）。George P. Smith 和 Gregory Winter 也因這項技術及其在治療用單株抗體的應用，獲得了 2018 年的諾貝爾化學獎。這些技術的日新月異也是促使抗體成為新藥寵兒的主要原因。隨著單株抗體技術的進步，被美國 FDA 核准上市的單株抗體藥物的數目，從西元 1994 年以來就快速攀升。目前單株抗體所治療的疾病主要有下列幾種：癌症(cancer)、心血管疾病(cardiovascular disease)、發炎性疾病(inflammatory disease)、眼球黃斑部病變(macular degeneration, MD)、器官移植排斥(transplant rejection)、如多發性硬化症(multiple sclerosis, MS)等的異體免疫性疾病、病毒感染(viral infection)等等。

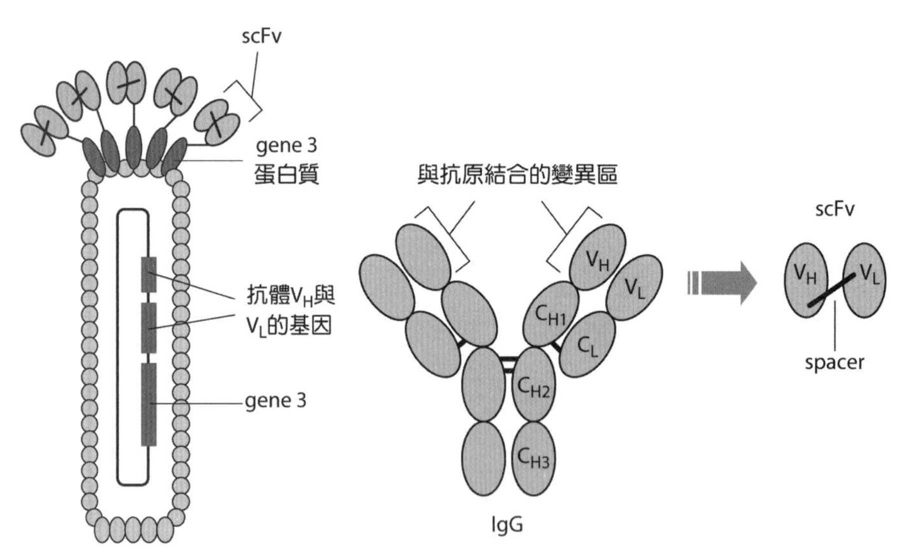

圖 13-6b　噬菌體呈現系統的圖示。左圖：利用基因工程技術，將人類抗體 scFv (single chain variable fragment)的基因與噬菌體 M13 的 pIII 基因(gene 3)連結，經過轉錄與轉譯的過程後，抗體 scFv 的蛋白質產物可以藉由 pIII 的蛋白質而呈現在噬菌體的外部。右圖：人類抗體的 scFv 利用一段 spacer（或稱為 linker）將抗體重鏈與輕鏈的變異區基因結合成可以產生單一胜肽鏈的基因片段。（取材自《生物科技產業實務》）

13-4 單株抗體藥物 (Therapeutic Monoclonal Antibodies)

從第一個單株抗體藥物 OKT3 在 1986 年被美國 FDA 核准以來，陸續有數十個種抗體藥物被核准，並且都有優越的療效、較低的副作用與龐大的市場銷售額。這些典型的單株抗體藥物依其治療範圍，簡述如下：

1. 器官移植排斥(transplant rejection)與免疫調節(immune modulation)
   - Muronomab-CD3（商業名稱 OKT3），1986 年被核准（第一個被核准的單株抗體藥物）。主要用來避免急性器官移植排斥。其改良型的 OKT3，如 TRX4、hOKT3γ1(Ala-Ala)、Visilizumab 等，在臨床試驗中發現可以用來治療某些自體免疫性疾病，如避免第一型糖尿病(type 1 diabetes mellitus)中 beta 細胞被自體免疫系統破壞的現象。
   - Daclizumab（商業名稱 Zenapax®），1997 年被核准。此抗體可以結合到部分的 IL-2 接受器(IL-2 receptor)，以避免急性腎臟移植排斥，而且也顯示可以用來對抗 T 細胞淋巴癌(T-cell lymphoma)。
   - Basiliximab, 1998 年被核准。
   - Omalizumab（商業名稱 Xolair®）（圖 13-7），2003 年被核准。此抗體可以中和 IgE，以避免 IgE 與肥大細胞(mast cell)作用後所引起的過敏性氣喘(allergic asthma)。

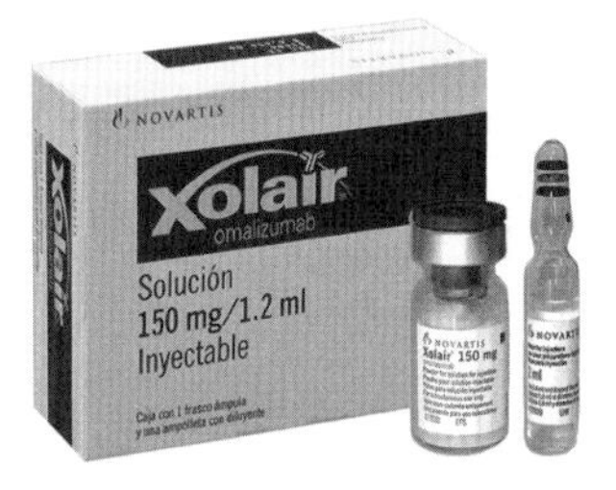

圖 13-7　Xolair®（照片取自 Genentech）

2. 心血管疾病(cardiovascular disease)
   - Abciximab（商業名稱 ReoPro®），1994 年被核准。與血小板上的接受器結合，以抑制由纖維蛋白元(fibrinogen)所導致的血小板凝集。這種抗體對於避免冠狀動脈病人血液的再凝固，有很好的療效。

3. 癌症(cancer)
   - Rituximab（商業名稱 Rituxan®；莫須瘤®），1997 年被核准。與 B 細胞上的 CD20 分子結合，用以治療不正常增生的 B 細胞淋巴癌(B-cell lymphoma)。

- Trastuzumab（商業名稱 Herceptin®；賀癌平®），1998 年被核准。與 HER2 分子結合，而這種分子常見於一些乳癌(breast cancer)與淋巴癌(lymphomas)的癌細胞膜上。
- Gemtuzumab ozogamicin（商業名稱 Mylotarg®），2000 年被核准。可與 CD33 分子結合且連接有毒性物質的抗體。CD33 分子常表達於急性骨髓性白血病(acute myelogenous leukemia)的癌細胞上。此為第一個在臨床上被證明對癌症治療有效的免疫毒素(immunotoxin)。
- Alemtuzumab（商業名稱 Campath®），2001 年被核准。可以與白血球上的 CD52 分子結合，用以治療慢性的淋巴細胞癌(chronic lymphocytic leukemia)。
- Ibritumomab tiuxetan（商業名稱 Zevalin®），2002 年被核准。此種抗體連接有放射性核種，同樣用來與 B 細胞上的 CD20 分子結合，可與 Rituxan 合併使用。
- Cetuximab（商業名稱 Erbitux®；爾必得舒®），2004 年被核准。可阻斷 HER1 分子的作用，以治療大腸直腸癌(colorectal cancer)。HER1 是表皮生長因子接受器(epidermal growth factor receptor)的一種，在大腸直腸癌的細胞膜上有大量的表現。
- Bevacizumab（商業名稱 Avastin®；癌思停®），2004 年被核准。可阻斷 VEGF 接受器(vascular endothelial growth factor receptor)的訊息傳導，用來治療大腸直腸癌(colorectal cancer)。
- Tositumomab（商業名稱 Bexxar®），2003 年被核准。標定放射性物質 iodine-131 並與 CD20 分子結合的抗體。
- Lym-1（商業名稱 Oncolym®）。約有 80%的 B 細胞淋巴瘤會在其細胞表面上大量表達 HLA-DR10 蛋白質，而 Lym-1 就是以對抗 HLA-DR10 所研發出來標定放射性物質 iodine-131 的單株抗體，用來治療患有 B 細胞非何傑金氏淋巴瘤(B-cell non-Hodgkin's lymphoma)的病人。該藥物由 Peregrine Pharmaceuticals 生技公司（原名為 Techniclone）所研發。
- Vitaxin (MEDI-523)可結合到供應癌細胞養分的血管上的 integrin (alpha-v/beta-3)蛋白質，而這種蛋白質在供應正常組織養分的血管上並沒有出現。

- Ipilimumab（商業名稱 Yervoy、益伏）用於治療無法切除或轉移性黑色素瘤(metastatic melanoma)、腎細胞癌、高度微衛星不穩定性(MSI-H)或錯配修復缺陷(dMMR)的轉移性大腸直腸癌。
- Nivolumab（商業名稱 OPDIVO、保疾伏）用於治療無法切除或轉移性黑色素瘤、腎細胞癌、泌尿道上皮癌、非小細胞肺癌、典型何杰金氏淋巴瘤、頭頸部鱗狀細胞癌、無法切除的晚期或復發性胃癌。
- Pembrolizumab（商業名稱 keytruda®、吉舒達）用於治療黑色素瘤、晚期非小細胞肺癌、典型何杰金氏淋巴瘤、頭頸部鱗狀細胞癌、泌尿道上皮癌。
- Atezolizumab（商業名稱 TECENTRIQ®、癌自禦®）用於治療局部晚期或轉移性非小細胞肺癌、局部晚期或轉移性泌尿道上皮癌、小細胞肺癌、三陰性乳癌。
- Durvalumab（商業名稱 Imfinzi、抑癌寧）用於治療擴散期的小細胞肺癌 extensive-stage small cell lung cancer (ES-SCLC)。
- Avelumab（商業名稱 Bavencio）用於治療皮膚癌、轉移性默克細胞癌(metastatic Merkel cell carcinoma, MCC)、泌尿系統的轉移性癌症。

4. 病毒感染(viral infection)
   - Palivizumab（商業名稱 Synagis®），1998 年被核准。這類抗體可以用來中和呼吸融合細胞病毒(respiratory syncytial virus, RSV)的感染，RSV 是一種好發於嬰兒及兒童的病毒。

5. 發炎性疾病(inflammatory disease)
   - Infliximab（商業名稱 Remicade®；類克®），1998 年被核准。可以中和腫瘤壞死因子 alpha (tumor necrosis factor-alpha, TNF-α)，以治療與此因子相關的發炎性疾病，如類風濕性關節炎(rheumatoid arthritis, RA)。
   - Eculizumab（商業名稱 Soliris®），2007 年 3 月 16 日被美國 FDA 核准使用於治療陣發性睡眠性血紅蛋白尿症(paroxysmal nocturnal hemoglobinuria, PNH)。由 Alexion Pharmaceuticals 生技公司所研發的孤兒藥(orphan drug)，主要是用來對抗補體 C5 (complement 5)媒介所導致的細胞破壞。

- Efalizumab（商業名稱 Raptiva®），1998 年被核准。它是一種人類化的單株抗體(humanized monoclonal antibody)，可以結合到 CD11a 分子上而當作一種免疫抑制劑(immunosuppressant)。臨床上用來治療乾癬（psoriasis；牛皮癬）皮膚病。
- Etanercept（商業名稱 Enbrel®；恩博®），由 Immunex 生技公司所發展出來另一類型可以中和 TNF-α 的拮抗劑藥物。這個藥物結合了 TNF-α 的接受器(receptor)與人類抗體 Fc 的部分，而形成一種新的蛋白質（圖 13-8）。目前這個藥物由生技公司 Amgen 與藥廠 Wyeth 來共同銷售。

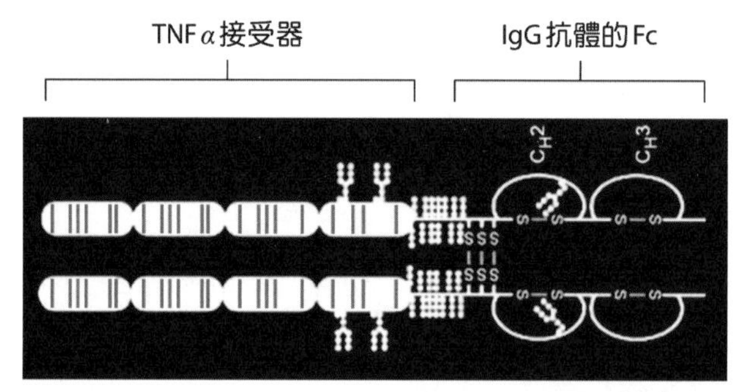

圖 13-8　Etanercept 的蛋白質結構圖示

- Adalimumab（商業名稱 Humira®；復邁®），用來抑制 TNF-α 所引起的發炎反應。Humira®是除了 Remicade®和 Enbrel®以外，第三個同類型的 TNF-α 拮抗劑(antagonist)。不過，Humira®是全人類抗體(fully human monoclonal antibody)，Remicade®是老鼠／人類嵌合式抗體(mouse-human chimeric antibody)，而 Enbrel®則是 TNF 接受器與 IgG 抗體 Fc 部分的連結性蛋白質(TNF receptor-IgG fusion protein)（表 13-1）。這些 TNF-α 的拮抗劑被美國 FDA 核准用來治療的相關疾病有：類風濕性關節炎(rheumatoid arthritis)、乾癬性關節炎(psoriatic arthritis)、僵直性脊椎炎(ankylosing spondylitis)和克隆氏症(Crohn's disease)等發炎性的疾病。

表 13-1　TNF-α 拮抗劑結構比較圖示

商業名稱	Remicade	Enbrel	Humira
學名	Infliximab	Etanercept	Adalimumab
圖示	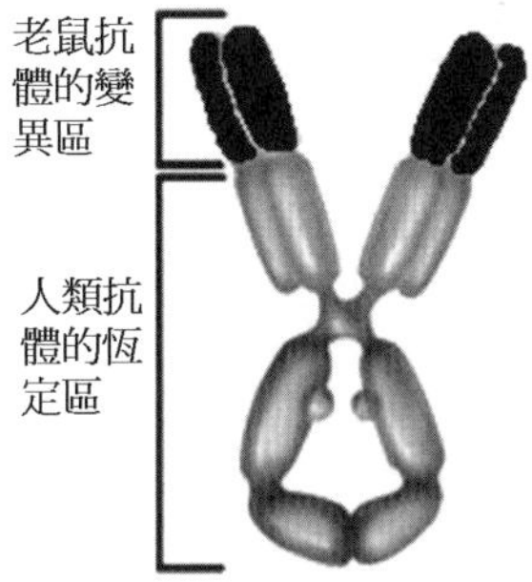 老鼠抗體的變異區 人類抗體的恆定區	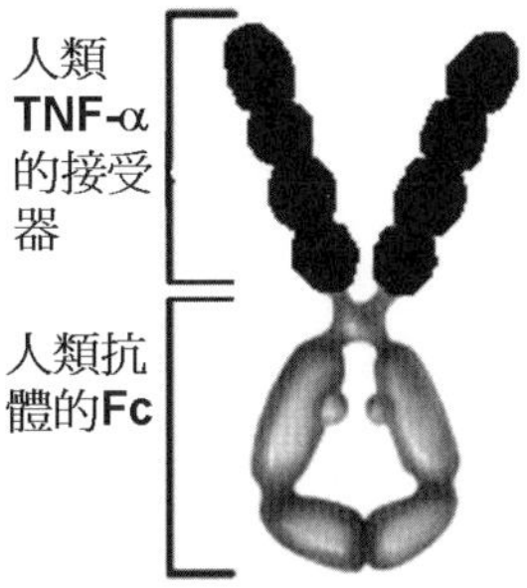 人類 TNF-α 的接受器 人類抗體的Fc	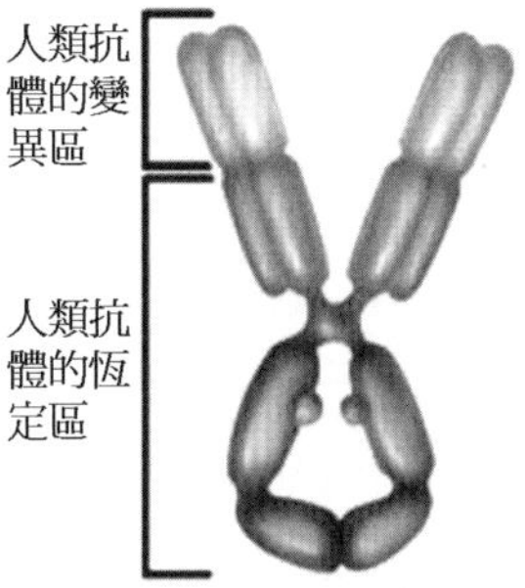 人類抗體的變異區 人類抗體的恆定區
特性	· 嵌合式抗體 · 分別含有 25%老鼠與 75%人類的蛋白質 · 與抗原結合的變異區來自於老鼠的單株抗體，而其餘的部分則是人類抗體 IgG 的恆定區 · 半衰期為 8~10 天 · 與 TNF-α 的親和力(affinity)高達 $k_a=10^{10}/M$	· TNF-α 接受器與人類 IgG 抗體 Fc 的混種蛋白質 · 含有 100%人類來源的蛋白質 · 半衰期為 3~5.5 天	· 全人類抗體 · 含有 100%人類來源的蛋白質 · 與抗原結合的變異區是利用「Phage Display 系統」所篩選出來，而其餘的部分則是來自於人類抗體 IgG 的恆定區 · 半衰期為 10~20 天

（取材自「生物科技產業實務」）

Info 13-1 單株抗體藥物的命名 (Nomenclature of therapeutic monoclonal antibodies)

此命名系統主要是用來區別不同醫療用途的單株抗體。這些醫療用抗體的學名，主要是由四個部分所組合而成：

[1]Prefix + [2]Target + [3]Source + [4]Suffix

1. Prefix（字首）：不需特別意義的英文字母，但每一種抗體藥物必須要有獨特的字首。
2. Target（治療的標的器官）：

治療的標的器官	代表字母	治療的標的器官	代表字母
bone	*-o (s)-*	melanoma	*-me (l)-*
viral	*-vi (r)-*	mammary tumor	*-ma (r)-*
bacterial	*-ba (c)-*	testicular tumor	*-go (t)-*
immune	*-li (m)-*	ovarian tumor	*-go (v)-*
infectious lesions	*-le (s)-*	prostate tumor	*-pr (o)-*
cardiovascular	*-ci (r)-*	miscellaneous tumor	*-tu (m)-*
musculoskeletal	*-mu (l)-*	nervous system	*-neu (r)-*
interleukin as target	*-ki (n)-*	toxin as target	*-tox (a)-*
colonic tumor	*-co (l)-*	fungal	*-fu (ng)-*

3. Source（抗體來源）：

抗體來源	代表字母	抗體來源	代表字母
human	*-u-*	primate	*-i-*
mouse	*-o-*	chimeric	*-xi-*
rat	*-a-*	humanized	*-zu-*
hamster	*-e-*	rat/murine hybrid	*-axo-*

4. **Suffix(字尾)**：均為"*mab*"，代表"monoclonal antibody"。

例如：Rituximab(商業名稱 Rituxan®)可以拆解成：*ri-tu-xi-mab*，其中-*tu*-代表"miscellaneous tumor"，-*xi*-代表"chimeric"型式的抗體。

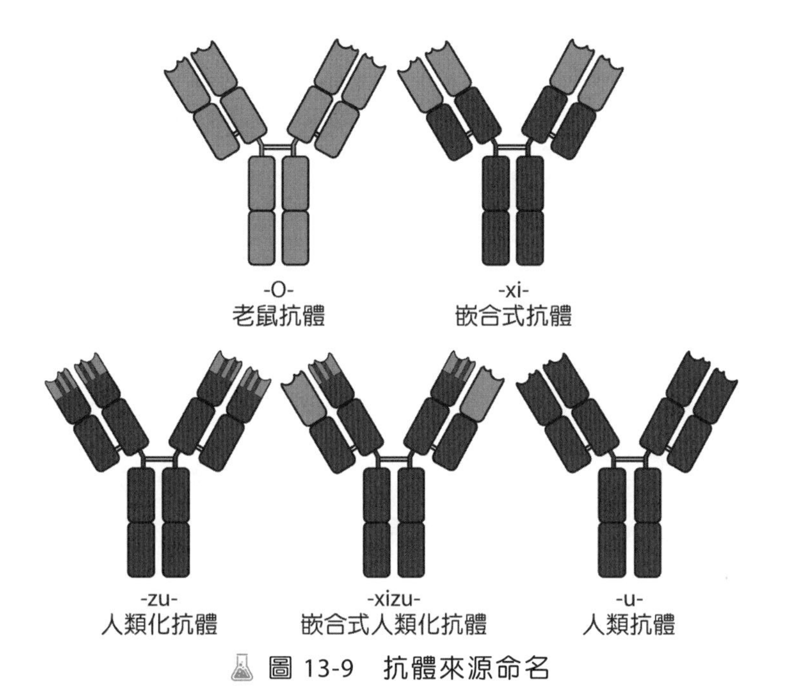

圖 13-9　抗體來源命名

(圖片來源：Wikimedia Commons，作者 Anypodetos)

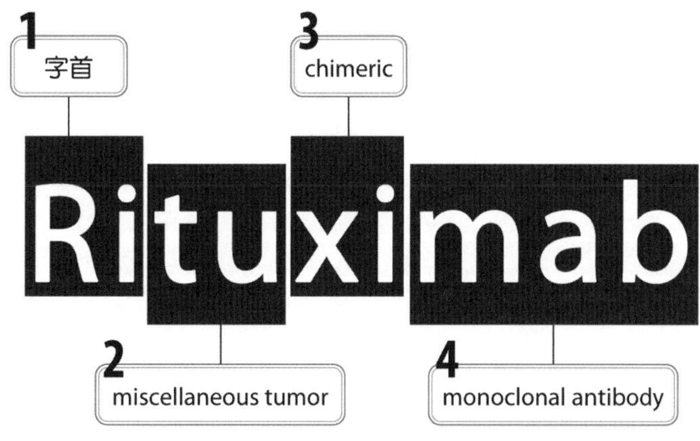

圖 13-10　單株抗體的命名範例

議題討論與家庭作業

1. 請描述乾癬（psoriasis，又稱為「牛皮癬」或「銀屑病」）這種疾病的致病機轉，並請討論為何 Raptiva®可以用來治療此種疾病。
2. 何謂抗體的“CDR”區域(complementarity determining region)？
3. 何謂“human anti-mouse antibodies”(HAMA)的過敏反應？
4. 請解釋何謂“chimeric antibody”和“humanized antibody”？
5. 請比較“Hybridoma Technology”和“Phage Display System”在產生單株抗體上的優劣點。
6. 請討論單株抗體藥物在人類疾病治療上的優劣點。

學習評量

1. 何謂“Hybridoma Technology”（融合瘤技術）？這項技術是由哪兩位科學家所提出的？
2. 「神奇子彈」(magic bullet)的概念最早是由哪位科學家所提出的？
3. 抗體的命名主要是由哪四個部分所組合而成的？
4. 近年來獲得 FDA 核准用來治療類風濕性關節炎等疾病的蛋白質藥物或是單株抗體藥物有哪些？
5. 第一個被核准用來治療過敏性氣喘(allergic asthma)的單株抗體藥物為何？是由哪位科學家所發明的？

附錄 Appendix

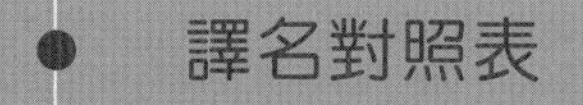

掃描QR Code下載
觀看『參考書目
與資料來源』

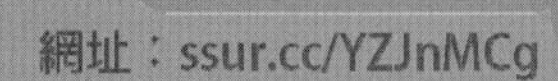

附錄　譯名對照表

機構及專有名詞

Center for Drug Evaluation, CDE　財團法人醫藥品查驗中心
Declaration of Helsinki　赫爾辛基宣言
Ebers Papyrus　埃伯斯紙草
Edwin Smith Papyrus　艾德溫・史密斯紙草
Ethical, Legal, and Social Implications (ELSI) program　倫理、法律和社會問題研究計畫
European Medicines Agency, EMA　歐洲藥品管理局
Genetically modified organism, GMO　基因改造生物
Green Revolution　綠色革命
Greenpeace　綠色和平組織
Hippocratic Corpus　希波克拉底語料庫
Human Genome Project, HGP　人類基因體計畫
Institutional Review Boards, IRB　人體試驗委員會
Investigational New Drug Applications, IND　新藥審查
Johns Hopkins University Medical School　翰斯・霍普金斯大學醫學院
Joint Institutional Review Board, JIRB　聯合人體試驗委員會
National Center for Human Genome Research　人類基因研究中心
National Institutes of Health, NI　美國國家衛生院
National Human Genome research Institute, NHGRI　國家人類基因體研究中心
New Drug Application, NDA　新藥上市許可
Organic Consumers Association　有機消費者協會
Post-approval surveillance　新藥監視期（臨床試驗第四期 Phase IV trial）
Scientific Advisory Board, SAB　科學諮詢委員會
The Biotechnology Industry Organization, BIO　生技產業組織
The Center for the Study of Human Polymorphisms　人類基因多型性研究中心
The European Convention on Human Rights and Biomedicine　歐洲人權與生物醫學大會
The International Rice Research Institute, IRRI　國際稻米研究中心
The Mexican Agricultural Program　墨西哥農業計畫
The National Academy of Sciences, Institute of Medicine, IOM　美國國家科學院醫學組
The North American Industry Classification System, NAICS　北美產業分類系統
The Organization of Economic Cooperation and Development (OECD) Group　經濟合作與發展組織
The Pharmaceutical Inspection Convention and Co-operation Scheme, PIC/S　醫藥品稽查協約組織

The Rockefeller and Ford Foundation　洛克菲勒和福特基金會
The U.S. Agency for International Development (USAID)　美國國際開發署
The U.S. Department of Commerce　美國商業部
The U.S. Energy Information Administration, EIA　美國能源資訊管理局
The United Nations Food and Agriculture Organization, FAO　美國國家食品與農業組織
The U.S. Department of Health and Human Services, US HHS　美國的公共衛生服務部
The Vaccines and Related Biological Products Advisory Committee　疫苗暨生物製劑諮議委員會
U.S. Department of Agriculture, USDA　美國農業部
U.S. Department of Energy, DOE　美國能源部
U.S. Environmental Protection Agency, EPA　美國環境保護局
U.S. Food and Drug Administration, FDA　美國食品藥物管理局
U.S. Food and Drug Administration, FDA　美國食品藥物管理局
U.S. National Center for Biotechnology Information, NCBI　美國國家生技資訊中心
U.S. Standard Industrial Classification system, SIC　美國標準產業分類系統
UN Convention on Biological Diversity　聯合國生物多樣性會議
The United States Office of Management and Budget, OMB　美國國家管理暨預算辦公室
World Health Organization, WHO　世界衛生組織

人名

Albert Levan (1905~1998)　阿爾伯特・萊文
Alec John Jeffreys (1950~)　亞歷克・約翰・傑弗里斯
Alexander Fleming (1881~1955)　亞歷山大・弗萊明
Alexander Maksimov (1874~1928)　亞歷山大・馬克西莫夫
Alfred Day Hershey (1908~1997)　阿弗雷德・赫希
Alfred Henry Sturtevant (1981~1970)　阿爾弗雷德・斯特蒂文特
Alfred Hershey (1908~1997)　阿弗雷德・赫希
Alfred Russel Wallace (1823~1913)　阿爾弗雷德・羅素・華萊士
Allan Maxam (1942~)　艾倫・馬克薩姆
Ananda Mohan Chakrabarty (1938~2020)　阿南達・莫漢・查克拉巴蒂
Andrei Nikolaevich Belozersky (1905~1972)　安德里・貝洛澤爾斯基
Antoni van Leeuwenhoek (1632~1723)　雷文霍克
Archibald Edward Garrod (1857~1936)　阿奇博爾德・加羅德
Aristotle (384~322 BC)　亞里斯多德
Arthur Kornberg (1918~2007)　阿瑟・科恩伯格

Arthur Riggs (1939~2022) 亞瑟・里格斯
August Weismann (1834~1914) 奧古斯特・魏斯曼
Avicenna (Ibn Sīnā) (980~1037) 伊本・西那
Axel Ullrich (1943~) 阿克塞爾・烏爾里希
Barbara McClintock (1902~1992) 芭芭拉・麥克林托克
Bernadine Patricia Healy (1944~2011) 伯納丁・希利
Bruce Ames (1928~) 布魯斯・埃姆斯
Carl Correns (1864~1933) 卡爾・科倫斯
César Milstein (1927~2002) 色薩・米爾斯坦
Charles Best (1899~1978) 查爾斯・赫伯特・貝斯特
Charles Cantor (1942~) 查爾斯・康托爾
Charles Darwin (1809~1882) 達爾文
Charles Peter DeLisi (1941~) 查爾斯・德利斯
Charles Vacanti (1951~) 查爾斯・維坎提
Charles Weissmann (1931~) 查爾斯・魏斯曼
Charles W. Woodworth (1865~1940) 查爾斯・W・伍德沃思
Colin MacLeod (1909~1972) 科林・麥克勞德
Daniel Nathans (1928~1999) 丹尼 爾・那森斯
David Baltimore (1938~) 戴維・巴爾的摩
David Goeddel (1951~) 戴維・戈德爾
David Schwartz 大衛・施瓦茨
Dennis Kleid 丹尼斯・克萊德
Dmitry Iosifovich Ivanovsky (1864~1920) 德米特里・伊凡諾夫斯基
Dorothy Crowfoot Hodgkin (1910~1994) 桃樂絲・霍奇金
Drew Weissman (1959~) 德魯・韋斯曼
Ernst Felix Immanuel Hoppe-Seyler (1825~1895) 恩斯特・費利克斯・伊曼紐爾・霍普-塞勒
Edmund Beecher Wilson (1856~1939) 埃德蒙・比徹・威爾遜
Edouard Van Beneden (1846~1910) 愛德華・凡・貝內登
Eduard Buchner (1860~1917) 愛德華・比希納
Edward Jenner (1749~1823) 愛德華・詹納
Edward Lawrie Tatum (1909~1975) 愛德華・勞里・塔特姆
Edward Penhoet 愛德華・彭霍特
Emil Adolf von Behring (1854~1917) 埃米爾・阿道夫・馮・貝林
Emil von Behring (1854~1917) 埃米爾・阿道夫・馮・貝林

Emory Leon Ellis (1906~2003)　埃莫里・艾利斯
Erich von Tschermak (1871~1962)　埃里克・馮・切爾馬克
Ernest A. McCulloch (1926~2011)　歐內斯特・麥卡洛克
Ernest Lyman Scott (1877~1966)　歐內斯特・萊曼・斯科特
Erwin Chargaff (1905~2002)　埃爾文・查戈夫
Esther Miriam Lederberg (1922~2006)　埃絲特・萊德伯格
Eugene Lindsay Opie (1873~1971)　尤金・林賽・奧皮
Félix d'Herelle (1873~1949)　費利克斯・德雷勒
Francis Crick (1916~2004)　弗朗西斯・克里克
Francis Harry Compton Crick (1916~2004)　弗朗西斯・哈利・康普頓・克里克
Francis Galton (1822~1911)　法蘭西斯・高爾頓
Francois Jacob (1920~2013)　方斯華・賈克柏
Frank Baldino, Jr. (1953~2010)　小弗蘭克・巴爾迪諾
Frank Eugene Lutz (1879~1943)　弗蘭克・尤金・盧茨
Franklin Stahl (1929~)　富蘭克林・史達
Frederick Banting (1891~1941)　弗雷德里克・班廷
Frederick Charles Bawden (1908~1972)　弗雷德・鮑登
Frederick Griffith (1879~1941)　弗雷德里克・格里菲斯
Frederick Sanger (1918~2013)　弗雷德里克・桑格
Fredrich Miescher (1844~1895)　弗雷德里希・米歇爾
Friedrich Loeffler (1852~1915)　弗里德里希・洛夫勒
Frederick William Twort (1877~1950)　弗雷德里克・威廉・圖爾特
Galen (129~200 or 216)　蓋倫
Georg Moritz Ebers (1837~1898)　喬治・莫里茨・埃伯斯
George Gamov (1904~1968)　喬治・伽莫夫
George Ludwig Zuelzer (1870~1949)　喬治・路德維希・祖澤
George M. Whitesides (1939~)　喬治・懷特塞茲
George Otto Gey (1899~1970)　喬治・奧托・蓋
George Pearson Smith (1941~)　喬治・皮爾森・史密斯
George Wells Beadle (1903~1989)　喬治・韋爾斯・比德爾
Georges Köhler (1946~1995)　喬治斯・克勒
Georgii Dmitrievich Karpechenko (1899~1941)　格奧爾基・德米特里耶維奇・卡爾佩琴科
Gregory Winter　格雷格・溫特
Gregor Johann Mendel (1822~1884)　孟德爾

Hamilton Smith (1931~) 漢彌爾頓・史密斯
Hans Christian Joachim Gram (1853~1938) 漢斯・克里斯蒂安・革蘭
Har Gobind Khorana (1922~2011) 哈爾・葛賓・科拉納
Harold Eliot Varmus (1939~) 哈羅德・艾利洛・瓦慕斯
Heinz Ludwig Fraenkel-Conrat (1910~1999) 海因茨・路德維希・弗倫克爾・康拉特
Heinrich Wilhelm Gottfried von Waldeyer-Hartz (1836~1921) 威廉・瓦爾代爾
Henrietta Lacks (1920~1951) 亨麗埃塔・拉克斯
Henry Agard Wallace (1888~1965) 亨利・阿加德・華萊士
Henry Blair 亨利・布萊爾
Herbert Boyer (1936~) 赫伯特・博耶
Herbert McLean Evans (1882~1971) 赫伯特・麥克林・伊文斯
Hermann J. Muller (1890~1967) 赫爾曼・約瑟夫・馬勒
Hippocrates of Cos II（或稱為 Hippokrates of Kos, 460~370 BC） 希波克拉底
Howard Martin Temin (1934~1994) 霍華德・馬丁・特明
H. Robert Horvitz (1947~) 霍華德・羅伯特・霍維茨
Hugo Marie de Vries (1848~1935) 許霍・德弗里斯
Hurmann Joseph Muller (1890~1967) 赫爾曼・約瑟夫・馬勒
Ibn Sīnā (980~1037) 伊本・西那
Ignaz Semmelweis (1818~1865) 伊格納茲・塞麥爾維斯
Israel Kleiner (Simon Kleiner, 1885~1966) 以色列西蒙・克萊納
J. Craig Venter (1946~) 克萊格・凡特
Jacques Monod (1910~1976) 賈克・莫諾
James Collip (1892~1965) 詹姆斯・科利普
James Dewey Watson (1928~) 詹姆斯・杜威・華生
James E. Till (1931~) 詹姆斯・蒂爾
Jean-Marie Camille Guérin (1872~1961) 馬里・卡米爾・介蘭
J. Craig Venter (1946~) 約翰・克萊格・凡特
J. Michael Bishop (1936~) 約翰・米高・畢曉普
Joe Hin Tjio (1916~2001) 蔣有興
Johan Friedrich Miescher (1844~1895) 弗雷德里希・米歇爾
Johan Kjeldhl (1849~1900) 約翰・古斯塔夫・克里斯多福・措斯艾厄・凱耶達爾
Johannes Heinrich Matthaei(1929~) J・海因里希・馬特伊
John Desmond Bernal (1901~1971) 約翰・戴斯蒙德・伯納爾
John E. Sulston (1942~2018) 約翰・愛德華・蘇爾斯頓爵士

John Ewald Siebel (1845~1919)　約翰・埃瓦爾德・西貝爾
John James Rickard Macleod (1876~1935)　約翰・麥克勞德
John McCafferty　約翰・麥卡弗蒂
John Turbeville Needham (1713~1781)　約翰・特伯維爾・李約瑟
Joseph Charles Arthur (1850~1942)　約瑟夫・查爾斯・亞瑟
Joseph Gottlieb Kölreuter (1733~1806)　約瑟夫・戈特利布・科爾路特
Joseph Lister (1827~1912)　約瑟夫・李斯特
Joseph von Mehring (1849~1908)　約瑟夫・馮・梅林
Joshua Lederberg (1925~2008)　喬舒亞・萊德伯格
Julius Richard Petri (1852~1921)　朱利斯・理查德・佩特里
Károly Ereky (1878~1952)　卡羅伊・埃雷基
Kary Banks Mullis (1944~2019)　凱利・穆利斯凱利・班克斯・穆利斯
Katalin Kariko (1955~)　卡塔琳・卡里科
Keith Campbell (1954~2012)　基思・坎貝爾
Kenneth Murray　肯尼斯・莫瑞
Kitasato Shibasaburō (1853~1931)　北里柴三郎
Léon Charles Albert Calmette (1863~1933)　萊昂・夏爾・阿爾貝・卡爾梅特
Leroy Hood (1938~)　勒羅伊・胡德
Lewis John Stadler (1896~1954)　路易斯・斯塔德勒
Linus Carl Pauling (1901~1994)　萊納斯・鮑林
Lore Zech (1923~2013)　洛雷・澤希
Louis Pasteur (1822~1895)　路易・巴斯德
Marcello Malpighi (1628~1694)　馬爾切洛・馬爾皮吉
Maclyn McCarty (1911~2005)　麥克林・麥卡蒂
Marshall Warren Nirenberg (1927~2010)　馬歇爾・沃倫・尼倫伯格
Martha Chase (1927~2003)　瑪莎・蔡斯
Martha Cowles Chase (1927~2003)　瑪莎・蔡斯
Martin Schlesinger　馬丁・施萊辛格
Martinus Willem Beijerinck (1851~1931)　馬丁努斯・威廉・拜耶林克
Mary Claire King (1946~)　瑪莉-克萊爾・金
Matthew Meselson (1930~)　馬修・梅瑟生
Matthias Jakob Schleiden (1804~1881)　馬蒂亞斯・雅各布・施萊登
Maurice Hugh Frederick Wilkins (1916~2004)　莫里斯・威爾金斯
Max Ludwig Henning Delbrück (1906~1981)　馬克斯・德爾布呂克

Maurice Lemoigne (1883~1967) 莫里斯・勒穆瓦涅
Michael L. Riordan 邁克爾・L・里奧爾丹
Muhammad ibn Zakariyā Rāzī (865~925) 拉齊
Nettie Maria Stevens (1861~1912) 內蒂・瑪麗亞・史蒂文斯
Nicolae Constantin Paulescu (1869~1931) 尼古拉・康斯坦丁・保雷斯庫
Niels Kaj Jerne (1911~1994) 尼爾斯・傑尼
Nikita Krushchev (1894~1971) 尼基塔・赫魯雪夫
Norman Borlaug (1914~2009) 諾曼・布勞格
Norton Zinder (1928~2012) 諾頓・津德爾
Oscar Minkowski (1858~1931) 奧斯卡・閔可夫斯基
Pablo DT Valenzuela 巴勃羅・DT・瓦倫祖拉
Paul Berg (1923~2023) 保羅・伯格
Paul Frosch (1860~1928) 保羅・弗羅施
Paul Langerhans (1847~1888) 保羅・蘭格爾翰斯
Peter Schultz (1956~) 彼得・舒爾茨
Phillip Sharp (1944~) 菲利普・夏普
Phoebus Aaron Theodore Levene (1869~1940) 菲巴斯・阿龍・西奧多・利文
Piero Donini 皮耶羅・多尼尼
Raymond Gosling (1926~2015) 雷蒙・葛斯林
Renato Dulbecco (1914~2012) 羅納托・杜爾貝科
Richard Lerner (1938~2021) 理察・勒納
Robert A. Swanson (1947~1999) 羅伯 特・A・斯旺森
Rosalyn Sussman Yalow (1921~2011) 羅莎琳・薩斯曼・雅洛
Rosalind Franklin (1920~1958) 羅莎琳・富蘭克林
Salvador Edward Luria (1912~1991) 薩爾瓦多・盧瑞亞
Severo Ochoa de Albornoz (1905~1993) 塞韋羅・奧喬亞
Sewall Green Wright (1889~1988) 休厄爾・賴特
Sergei Nikolaievich Winogradsky (1856~1953) 謝爾蓋・尼古拉耶維奇・維諾格拉茨基
Sheridan Snyder (1936~) 謝里丹・斯耐德
Shinya Yamanaka (1962~) 山中伸彌
Sidney A. Diamond (1914~1983) 西德尼・戴蒙德
Stanley Cohen (1922~2020) 斯坦利・科恩
Sydney Brenner (1927~2019) 西德尼・布瑞納
Theodor Boveri (1862~1915) 特奧多爾・博韋里

Thomas Hunt Morgan (1866~1945)　托馬斯・亨特・摩爾根
Torbjörn Oskar Caspersson (1910~1997)　托爾比約恩・卡斯佩森
Walter Gilbert (1932~)　華特・吉爾伯特
Walter Reed (1851~1902)　沃爾特・里德
Walter Stanborough Sutton (1877~1916)　沃爾特・薩頓
Wayne T. Hockmeyer (1944~)　韋恩・T・荷克邁耶
Werner Arber (1929~)　沃納・亞伯
William Astbury (1898~1961)　威廉・阿斯特伯里
William Ernest Castle (1867~1962)　威廉・歐內斯特・卡斯爾
William S. Gaud　威廉・高德
William J. Rutter　威廉・盧特
William James Beal (1833~1924)　威廉・詹姆斯・比爾
Wilhelm Johannsen (1857~1927)　威廉・約翰森
Wilhelm Kolle (1868~1935)　威廉・科勒
Oswald Theodore Avery (1877~1955)　奧斯瓦爾德・埃弗里
Paul Erlich (1854~1915)　保羅・埃爾利希
Peyton Rous (1879~1970)　裴頓・勞斯
Raymond Gosling (1926~)　雷蒙・葛斯林
Reginald Crundell Punnett (1875~1967)　雷吉納德・普內特
Rhazes (Muhammad ibn Zakariyā Rāzī) (865~925)　拉齊
Robert Hooke (1635~1703)　羅伯特・胡克
Robert Koch (1843~1910)　羅伯・柯霍
Ronald Ross (1857~1932)　羅納德・羅斯
Rosalind Franklin (1920~1958)　羅莎琳・富蘭克林
Rudolph Virchow (1821~1902)　魯道夫・菲爾紹
Salvador Edward Luria (1912~1991)　薩爾瓦多・盧瑞亞
Sonny Perdue　桑尼・珀杜
Selman Abraham Waksman (1888~1973)　賽爾曼・A・瓦克斯曼
Shinya Yamanaka (1962~)　山中伸彌
Socrates (470?~399 B.C.)　蘇格拉底
Sydney Brenner (1927~)　西德尼・布倫納
Theodor Schwann (1810~1882)　泰奧多爾・施旺
Thomas Hunt Morgan (1866~1945)　托馬斯・亨特・摩爾根

索 引

MEMO

MEMO

MEMO

MEMO

國家圖書館出版品預行編目資料

生物科技產業概論／王祥光著. － 第四版. －
新北市：新文京開發出版股份有限公司, 2023. 11
面；　公分

ISBN　978-986-430-986-3（平裝）

1. CST: 生物技術業

469.5　　112018541

生物科技產業概論（第四版）　（書號：**B153e4**）

作　　者	王祥光
出 版 者	新文京開發出版股份有限公司
地　　址	新北市中和區中山路二段 362 號 9 樓
電　　話	(02) 2244-8188（代表號）
F A X	(02) 2244-8189
郵　　撥	1958730-2
初　　版	西元 2010 年 05 月 25 日
初版修訂版	西元 2011 年 01 月 10 日
第 二 版	西元 2014 年 07 月 25 日
第 三 版	西元 2016 年 08 月 19 日
第 四 版	西元 2023 年 11 月 20 日

建議售價：450 元

法律顧問：蕭雄淋律師

ISBN　978-986-430-986-3

New Wun Ching Developmental Publishing Co., Ltd.

New Age · New Choice · The Best Selected Educational Publications — NEW WCDP

新文京開發出版股份有限公司

新世紀・新視野・新文京 — 精選教科書・考試用書・專業參考書